EDA 工程与应用丛书

LabVIEW 2015 虚拟仪器程序设计

王 超 王 敏 等编著

机械工业出版社

本书中心明确，结构紧凑，思路清晰，通过理论与实例相结合的方式，深入浅出地介绍了 LabVIEW 的使用方法和使用技巧。

全书共分 9 章，内容包括 LabVIEW 概述、图形编辑环境、前面板的设计、程序框图设计基础、程序结构、数据函数、文件操作、数据分析以及数学计算。每章中都配有必要的实例，便于读者结合实例更加快捷地掌握 LabVIEW 的编程方法。

本书面向 LabVIEW 初、中级用户编写，旨在帮助读者用较短的时间快速熟练地掌握虚拟仪器设计的技巧和方法，并提高读者的实践能力，达到所学即所用、一学即会的目的。

图书在版编目（CIP）数据

LabVIEW 2015 虚拟仪器程序设计/王超等编著. —北京：机械工业出版社，2016.3（2018.1 重印）
（EDA 工程与应用丛书）
ISBN 978-7-111-53194-4

Ⅰ. ①L… Ⅱ. ①王… Ⅲ. ①软件工具—程序设计 Ⅳ. ①TP311.56

中国版本图书馆 CIP 数据核字（2016）第 046640 号

机械工业出版社（北京市百万庄大街 22 号　邮政编码 100037）
责任编辑：尚　晨　责任校对：张艳霞
责任印制：李　飞
北京机工印刷厂印刷
2018 年 1 月第 1 版·第 3 次印刷
184mm×260mm·23.5 印张·582 千字
4 801—6 300 册
标准书号：ISBN 978-7-111-53194-4
　　　　　　ISBN 978-7-89405-988-8（光盘）
定价：69.00 元（含 1DVD）

凡购本书，如有缺页、倒页、脱页，由本社发行部调换

电话服务	网络服务
服务咨询热线：(010) 88361066	机 工 官 网：www.cmpbook.com
读者购书热线：(010) 68326294	机 工 官 博：weibo.com/cmp1952
(010) 88379203	教育服务网：www.cmpedu.com
封面无防伪标均为盗版	金　书　网：www.golden-book.com

前　言

虚拟仪器实际上是一个按照仪器需求而组织起来的数据采集系统。虚拟仪器的研究中涉及的基础理论主要有计算机数据采集和数字信号处理。目前在这一领域内，使用较为广泛的计算机语言是美国 NI 公司的 LabVIEW 软件。

虚拟仪器的起源可以追溯到 20 世纪 70 年代，当时计算机测控系统在国防、航天等领域已经有了相当好的发展。PC 出现以后，使仪器级的计算机化成为可能，甚至在 Microsoft 公司的 Windows 诞生之前，NI 公司已经在 Macintosh 计算机上推出了 LabVIEW 2.0 以前的早期版本。

对虚拟仪器和 LabVIEW 长期、系统、有效的研究开发使得 NI 公司成为业界公认的权威。LabVIEW 是图形化开发环境语言，又称 G 语言，结合了图形化编程方式的高性能与灵活性，以及专为测试测量与自动化控制应用设计的高性能模块及其配置功能，能为数据采集、仪器控制、测量分析与数据显示等各种应用提供必要的开发工具。

LabVIEW 2015 简体中文版是 NI 发布的最新中文版本。它的发布大大缩短了软件易用性和强大功能之间的差距，为工程师提供了效率与性能俱佳的开发平台。它适用于各种测量和自动化领域，并且，无论工程师是否有丰富的开发经验，都能顺利应用。

本书在编写过程中详细介绍了学习 LabVIEW 所要注意的问题，使读者更加深刻地理解各种函数与 VI，以"知识点——实例——知识点——实例"的形式介绍全书内容，以理论构建主干，以实例填补枝蔓，内容丰富全面，并充满实战性，有利于读者全面地掌握本书所介绍的内容，锻炼实际操作能力。

本书主要面向 LabVIEW 的初、中级用户，可作为大、中专院校相关专业的教学和参考用书，也可供有关工程技术人员和软件工程师参考。

为了方便广大读者更加形象直观地学习本书，随书配赠多媒体光盘，内容包含全书实例操作过程视频文件和实例源文件。

本书由军械工程学院的王超和王敏编著，其中王超编写了第 1～8 章，王敏编写了第 9 章。张辉、赵志超、徐声杰、朱豆莲、赵黎黎、张琪、宫鹏涵、李兵、许洪、闫国超、解江坤、张亭和秦志霞等也参加了部分章节的编写工作。

由于时间仓促，加上编者水平有限，书中存在不足之处在所难免，欢迎读者加入学习交流 QQ 群（379090620），或者登录网站 www.sjzswsw.com，或者联系 win760520@126.com，欢迎批评指正，编者将不胜感激。

编　者

目　　录

第1章 LabVIEW 概述

LabVIEW 是搭建虚拟仪器系统的软件，若想连接虚拟仪器，必须学习 LabVIEW 基本的知识。

本章首先介绍了虚拟仪器系统的基本概念、组成与特点，然后介绍 LabVIEW 虚拟仪器软件的简介与安装，最后对虚拟仪器系统 LabVIEW 软件的应用程序环境进行了介绍。

 学习要点

- 虚拟仪器
- LabVIEW 简介
- LabVIEW 的安装
- LabVIEW 应用程序

1.1 虚拟仪器

随着计算机技术、大规模集成电路技术和通信技术的飞速发展，仪器技术领域发生了巨大的变化。从最初的模拟仪器到现在的数字化仪器、嵌入式系统仪器和智能仪器；新的测试理论、测试方法不断应用于实践；新的测试领域随着学科门类的交叉发展而不断涌现；仪器结构也随着设计思想的更新而不断发展。仪器技术领域的各种创新积累使现代测量仪器的性能发生了质的飞跃，导致了仪器的概念和形式发生了突破性的变化，出现了一种全新的仪器概念——虚拟仪器（Virtual Instrument）。

虚拟仪器是把计算机技术、电子技术、传感器技术、信号处理技术和软件技术结合起来，除继承传统仪器的已有功能外，还增加了许多传统仪器所不能及的先进功能。虚拟仪器的最大特点是其灵活性，用户在使用过程中可以根据需要添加或删除仪器功能，以满足各种需求和各种环境，并且能充分利用计算机丰富的软硬件资源，突破传统仪器在数据处理、表达、传送以及存储方面的限制。

1.1.1 概念

虚拟仪器是指通过应用程序将计算机与功能化模块结合起来，用户可以通过友好的图形界面来操作计算机，就像在操作自己定义、自己设计的仪器一样，从而完成对被测量的采集、分析、处理、显示、存储和打印。

虚拟仪器的实质是利用计算机显示器的显示功能来模拟传统仪器的控制面板，以多种形式表达输出检测结果；利用计算机强大的软件功能实现信号的运算、分析和处理；利用 I/O 接口设备完成信号的采集与调理，从而完成各种测试功能的计算机测试系统。使用者用鼠标或键盘操作虚拟面板，就如同使用一台专用的测量仪器一样。因此，虚拟仪器的出现，使测

量仪器与计算机的界限模糊了。

虚拟仪器的"虚拟"两字主要包含以下两方面的含义。

1）虚拟仪器面板上的各种"图标"与传统仪器面板上的各种"器件"所完成的功能是相同的：由各种开关、按钮、显示器等图标实现仪器电源的"通""断"，实现被测信号的"输入通道"、"放大倍数"等参数的设置，以及实现测量结果的"数值显示"、"波形显示"等。

传统仪器面板上的器件都是实物，而且是由手动和触摸进行操作的；虚拟仪器前面板是外形与实物相像的"图标"，每个图标的"通""断""放大"等动作通过用户操作计算机鼠标或键盘来完成。因此，设计虚拟仪器前面板就是在前面板设计窗口中摆放所需要的图标，然后对图标的属性进行设置。

2）虚拟仪器测量功能是通过对图形化软件流程图的编程来实现的，虚拟仪器是在以 PC 为核心组成的硬件平台支持下，通过软件编程来实现仪器的功能。因为可以通过不同测试功能软件模块的组合来实现多种测试功能，所以在硬件平台确定后，就有"软件就是仪器"的说法。这也体现了测试技术与计算机深层次的结合。

1.1.2 开发环境

应用软件开发环境是设计虚拟仪器所必需的软件工具。应用软件开发环境的选择，因开发人员的喜好不同而不同，但最终都必须提供给用户一个界面友好、功能强大的应用程序。

软件在虚拟仪器中处于重要的地位，它肩负着对数据进行分析处理的任务，如数字滤波、频谱变换等。在很大程度上，虚拟仪器能否成功的运行，都取决于软件。因此，美国 NI 公司提出了"软件就是仪器"的口号。

通常在编制虚拟仪器软件时有两种方法。一种是传统的编程方法，采用高级语言，如 VC++、VB、Delphi 等；另一种是采用流行的图形化编程方法，如采用 NI 公司的 LabVIEW、LabWindows/CVI 软件以及 HP 公司的 VEE 等软件进行编程。使用图形化软件编程的优势是软件开发周期短，编程容易，适用于不具有专业编程水平的工程技术人员。

虚拟仪器系统的软件主要包括仪器驱动程序、应用程序和软面板程序。仪器驱动程序主要用来初始化虚拟仪器，设定特定的参数和工作方式，使虚拟仪器保持正常的工作状态。应用程序主要对采集来的数据信号进行分析处理，用户可以通过编制应用程序来定义虚拟仪器的功能。软面板程序用来提供用户与虚拟仪器的接口，它可以在计算机屏幕上生成一个和传统仪器面板相似的图形界面，用于显示测量和处理的结果，另一方面，用户也可以通过控制软面板上的开关和按钮，模拟传统仪器的操作，通过键盘和鼠标，实现对虚拟仪器系统的控制。

1.1.3 组成

从功能上来说，虚拟仪器通过应用程序将通用计算机与功能化硬件结合起来，完成对被测量的采集、分析、处理、显示、存储和打印等功能，因此，与传统仪器一样，虚拟仪器同样划分为数据采集、数据分析处理、结果表达三大功能模块。图 1-1 所示为其内部功能框图。虚拟仪器以透明的方式把计算机资源和仪器硬件的测试能力结合起来，实现了仪器的功能。

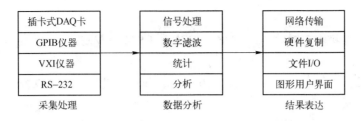

图 1-1　虚拟仪器构成方式

图 1-1 中采集处理模块主要完成数据的调理采集；数据分析模块对数据进行各种分析处理；结果表达模块则将采集到的数据和分析后的结果表达出来。

虚拟仪器由通用仪器硬件平台（简称硬件平台）和应用软件两大部分构成。其结构框图如图 1-2 所示。

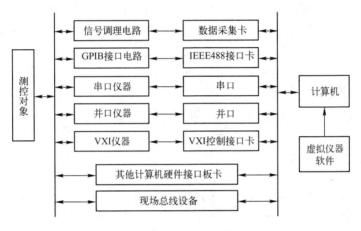

图 1-2　虚拟仪器结构框图

1. 硬件平台

虚拟仪器的硬件平台由计算机和 I/O 接口设备组成。

1）计算机是硬件平台的核心，一般为一台 PC 或者工作站。

2）I/O 接口设备主要完成被测输入信号的放大、调理、模数转换和数据采集。可根据实际情况采用不同的 I/O 接口硬件设备，如数据采集卡（DAQ）、GPIB 总线仪器、VXI 总线仪器和串口仪器等。虚拟仪器构成方式有五种类型，如图 1-3 所示。无论哪种 VI 系统，都是通过应用软件将仪器硬件与通用计算机相结合的。

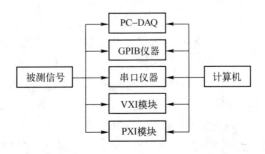

图 1-3　虚拟仪器构成方式

2．软件平台

虚拟仪器软件将可选硬件（如 DAQ、GPIB、RS232、VXI 和 PXI）和可以重复使用源码库函数的软件结合起来，实现模块间的通信、定时与触发，源码库函数为用户构造自己的虚拟仪器系统提供了基本的软件模块。当用户的测试要求变化时，可以方便地由用户自己来增减软件模块，或重新配置现有系统以满足其测试要求。

虚拟仪器软件包括应用程序和 I/O 接口设备驱动程序。

（1）应用程序

1）实现虚拟仪器前面板功能的软件程序，即测试管理层，是用户与仪器之间交流信息的纽带。虚拟仪器在工作时利用软面板去控制系统。与传统仪器前面板相比，虚拟仪器软面板的最大特点是软面板由用户自己定义。因此，不同用户可以根据自己的需要组成灵活多样的虚拟仪器控制面板。

2）定义测试功能的流程图软件程序，利用计算机强大的计算能力和虚拟仪器开发软件功能强大的函数库，极大提高了虚拟仪器的数据分析处理能力。如 HP-VEE 可提供 200 种以上的数学运算和分析功能，从基本的数学运算到微积分、数字信号处理和回归分析。LabVIEW 的内置分析能力能对采集到的信号进行平滑、数字滤波、频域转换等分析处理。

（2）I/O 接口设备驱动程序

I/O 接口设备驱动程序用来完成特定外部硬件设备的扩展、驱动与通信。

1.2 LabVIEW 简介

本节主要介绍了图形化编程语言 LabVIEW，并对当前最新版本 LabVIEW 2015 简体中文版的新功能和新特性进行了介绍。

1.2.1 LabVIEW 概述

LabVIEW 是实验室虚拟仪器集成环境（Laboratory Virtual Instrument Engineering Workbench）的简称，是美国国家仪器公司（NATIONAL INSTRUMENTS，NI）的创新软件产品，也是目前应用最广、发展最快、功能最强的图形化软件开发集成环境，又称为 G 语言。和 Visual Basic、Visual C++、Delphi、Perl 等基于文本型程序代码的编程语言不同，LabVIEW 采用图形模式的结构框图构建程序代码，因而，在使用这种语言编程时，基本上不写程序代码，取而代之的是用图标、连线构成的流程图。它尽可能地利用了开发人员、科学家、工程师所熟悉的术语、图标和概念，因此，LabVIEW 是一个面向最终用户的工具。它可以增强用户构建自己的工程系统的能力，提供了实现仪器编程和数据采集系统的便捷途径。使用它进行原理研究、设计、测试并实现仪器系统时，可以大大提高工作效率。

LabVIEW 是一个标准的图形化开发环境，它结合了图形化编程方式的高性能与灵活性以及专为测试、测量与自动化控制应用设计的高端性能与配置功能，能为数据采集、仪器控制、测量分析与数据显示等各种应用提供必要的开发工具，因此，LabVIEW 通过降低应用系统开发时间与项目筹建成本帮助科学家与工程师们提高工作效率。

LabVIEW 被广泛应用于各种行业中，包括汽车、半导体、航空航天、交通运输、科学实验、电信、生物医药与电子等。无论在哪个行业，工程师与科学家们都可以使用

LabVIEW 创建功能强大的测试、测量与自动化控制系统，在产品开发中进行快速原型创建与仿真工作。在产品的生产过程中，工程师们也可以利用 LabVIEW 进行生产测试，监控各个产品的生产过程。总之，LabVIEW 可用于各行各业产品开发的阶段。

LabVIEW 的功能非常强大，它是可扩展函数库和子程序库的通用程序设计系统，不仅可以用于一般的 Windows 桌面应用程序设计，而且还提供了用于 GPIB 设备控制、VXI 总线控制、串行口设备控制，以及数据分析、显示和存储等应用程序模块，其强大的专用函数库使得它非常适合编写用于测试、测量以及工业控制的应用程序。LabVIEW 可方便地调用 Windows 动态链接库和用户自定义的动态链接库中的函数，还提供了 CIN(Code Interface Node)节点使得用户可以使用由 C 或 C++语言，如 ANSI C 等编译的程序模块，使得 LabVIEW 成为一个开放的开发平台。LabVIEW 还直接支持动态数据交换（DDE）、结构化查询语言（SQL）、TCP 和 UDP 网络协议等。此外，LabVIEW 还提供了专门用于程序开发的工具箱，使得用户可以很方便地设置断点，动态的执行程序可以非常直观形象地观察数据的传输过程，而且可以方便地进行调试。

当我们困惑基于文本模式的编程语言，陷入函数、数组、指针、表达式乃至对象、封装、继承等枯燥的概念和代码中时，迫切需要一种代码直观、层次清晰、简单易用却不失功能强大的语言。G 语言就是这样一种语言，而 LabVIEW 则是 G 语言的杰出代表。LabVIEW 基于 G 语言的基本特征——用图标和框图产生块状程序，这对于熟悉仪器结构和硬件电路的硬件工程师、现场工程技术人员及测试技术人员来说，编程就像是设计电路图一样。因此，硬件工程师、现场技术人员及测试技术人员学习 LabVIEW 可以驾轻就熟，在很短的时间内就能够学会并应用 LabVIEW。

从运行机制上看，LabVIEW——这种语言的运行机制就宏观上讲已经不再是传统的冯·诺伊曼计算机体系结构的执行方式了。传统的计算机语言（如 C 语言）中的顺序执行结构在 LabVIEW 中被并行机制所代替；从本质上讲，它是一种带有图形控制流结构的数据流模式（Data Flow Mode），这种方式确保了程序中的函数节点（Function Node），只有在获得它的全部数据后才能够被执行。也就是说，在这种数据流程序的概念中，程序的执行是数据驱动的，它不受操作系统、计算机等因素的影响。

LabVIEW 的程序是数据流驱动的。数据流程序设计规定，一个目标只有当它的所有输入都有效时才能执行；而目标的输出，只有当它的功能完全时才是有效的。这样，LabVIEW 中被连接的方框图之间的数据流控制程序的执行次序，而不像文本程序受到行顺序执行的约束。因而，我们可以通过相互连接功能方框图快速简洁地开发应用程序，甚至还可以有多个数据通道同步运行。

1.2.2　LabVIEW 2015 的新功能

LabVIEW 2015 是 NI 公司推出的 LabVIEW 软件的最新版本，是目前功能最为强大的 LabVIEW 系列软件，也是 NI 公司推出的第一个简体中文版本的 LabVIEW 软件。

LabVIEW 2015 优化了性能，改进了生成优化机器代码的后台编译器，使得执行速度提高了 60%。启动速度比上一版本更快。

与原来的版本相比，新版本的 LabVIEW 有以下一些主要的新功能和更改。

1. 添加自定义项至快捷菜单

通过创建快捷菜单插件，可添加自定义项至前面板/程序框图对象的快捷菜单。创建的快捷菜单插件可出现在右键单击编辑时的前面板和程序框图对象，或右键单击运行时的程序框图对象。

> 转换为数组或元素：将标量值转换为该类型的数组，或将数组转换为数组元素类型的标量。该插件影响输入控件、显示控件、输入控件和显示控件接线端以及常量。该插件支持多对象选择。

> 清空列表框：删除列表框或多列列表框的全部行。该插件影响前面板上的列表框和多列列表框。该插件支持多对象选择。

> 浏览：查看子 VI、类或自定义类型在磁盘上的文件位置。该插件影响子 VI、类控件、类控件接线端、类常量、自定义类型控件、自定义类型控件接线端以及自定义类型常量。

> 删除并重连对象：删除所选程序框图对象及与其相连的连线和常量，并为先前连接至该对象输入、输出端的相同数据类型连线。该插件对所有可删除的程序框图对象都有影响。该插件支持多对象选择。

> 调整数组常量为内容大小：重新调整数组常量的宽度，使其与数组中最宽元素的宽度匹配。该插件影响数组常量。

> 二维数组转置：转置二维数组的内容。该插件影响二维数组输入控件、显示控件以及常量。该插件支持多对象选择。

> 连线所有未连线的接线端：为所选程序框图对象所有未连接的输入和输出创建输入或显示控件。该插件对所有可连线的程序框图对象都有影响。该插件支持多对象选择。

2. 探针的改进

> 大多数探针可进行缩放，以匹配探针监视窗口的探针显示子选板。

> 数组数据的通用探针显示多个元素。元素与探针显示子选板不适合时将显示滚动条。

> 字符串数据的默认探针为自定义探针。右键单击连线，从快捷菜单中选择"自定义探针"→"默认字符串探针"可使用该探针。单击探针显示子选板左侧的灰色条可选择字符串显示类型。

3. 自由标签中的超链接

在 LabVIEW 2015 中，LabVIEW 检测自由标签中的 URL 并将其转换为带下划线蓝色文本的超链接。可在默认网络浏览器中单击打开超链接。在默认状态下，LabVIEW 2015 启用超链接。如需禁用前面板标签的超链接，可右键单击自由标签并在快捷菜单中取消选择启用超链接，但是无法禁用程序框图标签中的超链接。

4. 创建操作者框架的操作者和消息类

创建操作者框架的操作者和消息类无须加载使用操作者框架的项目。通过项目浏览器窗口中新增的快捷菜单选项可创建操作者框架的操作者和消息类。项目浏览器窗口中的快捷菜单选项替换操作者框架消息制作器对话框。

> 右键单击项目浏览器窗口中的终端并从快捷菜单中选择"新建"→"操作者"，可创建一个操作者类。

> 右键单击操作者类的公共方法 VI 并从快捷菜单中选择"操作者框架"→"创建消息"，可创建一个消息类。也可右键单击多个公共方法 VI 并从快捷菜单中选择"操作者框架"→"创建消息"，为所选的每个公共方法 VI 创建一个消息类。

- 右键单击操作者类并从快捷菜单中选择"操作者框架"→"创建操作者消息",可为操作者类的每个公共方法 VI 创建一个消息类。也可右键单击多个操作者类并从快捷菜单中选择创建操作者消息,为所选操作者类的每个公共方法 VI 创建一个消息类。
- 右键单击操作者类并从快捷菜单中选择"操作者框架"→"创建调用方抽象消息",可为操作者类创建一个抽象消息类。抽象消息类仅定义了消息数据,并没有定义接收消息类的操作者类。
  - 创建抽象消息类的子消息类前必须创建抽象消息类。右键单击接收抽象消息类的操作者类公共方法 VI 并选择"操作者框架"→"创建抽象消息子类",可创建一个子消息类。接收抽象消息类的操作者类可使用新建的子消息类与发送抽象消息类的操作者类进行通信。发送抽象消息类的操作者类无须了解接收抽象消息类的操作者类及其接收方式。
- 如在对应方法 VI 的连线板发生改变后重新创建现有的消息类,可右键单击消息类并从快捷菜单中选择"操作者框架"→"重写消息"。

5. 前面板的改进

按〈Tab〉键时忽略错误输入簇:在 LabVIEW 2015 中,新增的错误输入簇在其属性对话框的快捷键页上,按〈Tab〉键时忽略该控件选项默认情况下为勾选。VI 运行时按下〈Tab〉键,LabVIEW 将忽略错误输入簇控件。如需要在〈Tab〉键顺序中包含错误输入簇,可取消勾选该选项。

6. 编程环境的改进

- LabVIEW 2015 编译器优化改进了超出 VI 代码复杂度阈值的大型 VI 的执行性能。这些改进可能会减缓编译时间。可在选项对话框环境页的编译器中调整复杂度阈值。编译基于 VI 代码复杂度(相对于阈值)的 VI 时,调整复杂度阈值将继续影响使用的编译器优化配置文件。
- 可在内嵌至调用 VI 的子 VI 中使用错误下拉列表。
- LabVIEW 2015 包含用于 Windows 和 Linux 的升级版数学核心库(MKL)11.1.3 软件。MKL 是第三方软件,LabVIEW 用来改善线性代数 VI 的性能。

7. 加载 VI 后罗列缺失组件

加载 VI 时,LabVIEW 不再提示用户查找缺失组件(例如 LabVIEW 模块、工具包、驱动和第三方附加软件)的 VI。LabVIEW 加载 VI 后,可在加载警告摘要或保存为前期警告摘要对话框中单击显示详细信息,或选择"查看"→"加载并保存"警告列表可显示加载并保存警告列表对话框。加载并保存警告列表对话框包含新增的缺失组件,该部分列出了 LabVIEW 加载 VI 时所需要的缺失组件。

8. 对话框的改进

- 安装程序属性对话框附加安装程序页包含新增的仅显示运行时安装程序复选框,用于过滤显示运行时安装程序。勾选该复选框表示仅查看运行时安装程序。该复选框默认为选中。
- 查找项目项对话框包含新增的导出按钮。单击该按钮将搜索结果导出至文本文件。

9. 新增和改动的 VI、函数和节点

(1)高级 TDMS VI 和函数

高级 TDMS 选板上新增了内存中 TDMS 子选板,可用于打开、关闭、读取和写入内存中的.tdms文件。该子选板包括下列函数：

➤ 关闭内存中 TDMS；

➤ 打开内存中 TDMS；

➤ 读取内存中 TDMS 字节。

高级 TDMS 选板中还新增了TDMS 删除数据函数。该函数可用于删除组中一个或多个通道的数据。

（2）数据类型解析 VI

变体选板新增了数据类型解析子选板，其中包括下列 VI：

➤ 检查包含的数据类型；

➤ 断开连接自定义类型；

➤ 获取数组信息；

➤ 获取簇信息；

➤ 获取定点信息；

➤ 获取 LabVIEW 类信息；

➤ 获取数值信息；

➤ 获取多态 VI 信息；

➤ 获取引用句柄信息；

➤ 获取标签信息；

➤ 获取自定义类型路径；

➤ 获取类型信息；

➤ 获取用户定义引用句柄信息；

➤ 获取用户定义标签信息；

➤ 获取 VI 信息；

➤ 获取波形信息；

➤ 属于或包含自定义类型。

使用数据类型解析 VI 可以获取变体数据类型和数据类型的信息，也可检查变体的数据类型是否与特定的数据类型匹配。

（3）读取和写入带分隔符电子表格。

文件 I/O选板新增了下列 VI。

➤ 读取带分隔符电子表格（Read Delimited Spreadsheet.vi）：读取带分隔符的文本文件。该 VI 替换"读取电子表格文件" VI（Read From Spreadsheet File.vi）。

➤ 写入带分隔符电子表格（Write Delimited Spreadsheet.vi）：将数据转换为带分隔符的文本字符串并写入字符串至文件。该 VI 替换"写入电子表格文件" VI（Write To Spreadsheet File.vi）。

10．新增或改动的类、属性、方法和事件

在 LabVIEW 2015 中新增了下列 VI 服务器属性和方法。

➤ 启用超链接属性（类：文本）：读取或写入的设置控制文本是否检测自由标签中的 URL，以及将其转换为带下划线蓝色文本的超链接。

➤ 断开接线端连接方法（类：连线）：断开连线上的接线端，但不删除接线端。

➢ 查找依赖关系名称属性（类：图形对象）：读取加载至对象内存的所有外部文件依赖关系的合法名称数组。例如，控件可能与.ctl 或.xctl 文件存在依赖关系。如该依赖关系位于内存，则其合法名称包含在数组中。

➢ 查找依赖关系路径属性（类：图形对象）：读取加载至对象内存的所有外部文件依赖关系的路径数组。例如，控件可能与.ctl 或.xctl 文件存在依赖关系。如该依赖关系位于内存中，则其路径包含在数组中。

➢ 丢失依赖关系名称属性（类：图形对象）：读取对象丢失的所有外部文件依赖关系的合法名称数组。例如，控件可能与.ctl 或.xctl 文件存在依赖关系。如该依赖关系丢失，则其合法名称包含在数组中。

➢ 丢失依赖关系路径属性（类：图形对象）：读取对象丢失的所有外部文件依赖关系的路径数组。例如，控件可能与.ctl 或.xctl 文件存在依赖关系。如该依赖关系丢失，则其路径包含在数组中。

➢ 丢失 VI 名称属性（类：子 VI）：当且仅当子 VI 节点调用的 VI 丢失时读取 VI 的合法名称。否则返回空字符串。

➢ 丢失 VI 路径属性（类：子 VI）：当且仅当子 VI 节点调用的 VI 丢失时读取 VI 的路径。否则返回空字符串。

➢ 值（可撤销）属性（类：控件）：效果与写入控件的值属性相同，唯一不同的是脚本操作系统对写入进行注册，从而可撤销值改变操作。该属性为只写属性。

➢ 默认值（可撤销）属性（类：控件）：效果与写入控件的默认值属性相同，唯一不同的是脚本操作系统对写入进行注册，从而可撤销值改变操作。该属性为只写属性。

1.2.3   LabVIEW 的使用

LabVIEW 作为目前国际上优秀的编译型图形化编程语言，是把复杂、烦琐和费时的语言编程简化成用菜单或图标提示的方法选择功能（图形），使用线条把各种功能连接起来的简单图形编程方式。LabVIEW 中编写的框图程序，很接近程序流程图，因此，只要把程序流程图画好，程序也就基本编好了。

LabVIEW 中的程序查错不需要先编译，若存在语法错误，LabVIEW 会马上告诉用户。只要用鼠标点击两三下，用户就可以快速查到错误的类型、原因以及错误的准确位置，这个特性在程序较大的情况下使用特别方便。

LabVIEW 中的程序调试方法同样令人称道。程序测试的数据探针工具最具典型性。用户可以在程序调试运行的时候，在程序的任意位置插入任意多的数据探针，检查任意一个中间结果。增加或取消一个数据探针，只需要点击两下鼠标就行了。

同传统的编程语言相比，采用 LabVIEW 图形编程方式可以节省大约 60%的程序开发时间，并且其运行速度几乎不受影响。

除了具备其他语言所提供的常规函数功能外，LabVIEW 中还集成了大量的生成图形界面的模板、丰富实用的数值分析、数字信号处理功能以及多种硬件设备驱动功能（包括RS232、GPIB、VXI、数据采集板卡和网络等）。另外，免费提供的几十家仪器厂商的数百种源码仪器级驱动程序，可为用户开发仪器控制系统节省大量的编程时间。

1.3　LabVIEW 的安装

在安装 LabVIEW 2015 之前，用户首先需要了解它对个人计算机软硬件的基本配置要求。

1.3.1　安装要求

建议至少留出 1.4 GB 的磁盘空间用于 LabVIEW 完整安装。部署新创建的应用程序时，LabVIEW 运行时引擎（Run-Time Engine）至少需要 Pentium III/Celeron 866 MHz（或同等性能）/更高主频的处理器（32 位）；Pentium 4 G1（或同等性能）/更高主频的处理器（64 位），建议使用 Pentium 4M（或同等性能）/更高主频的处理器（32 位）：Pentium 4 G1（或同等性能）/更高主频的处理器（64 位）。

LabVIEW 运行时引擎（Run-Time Engine）至少需要 256 MB 磁盘空间，但如需从 NI 设备驱动程序 CD 光盘中安装设备驱动程序，则建议预留 1 GB 磁盘空间。LabVIEW 不支持 Windows 2000/NT/Me/98/95 以及 Windows XP x64。

系统要求：

➢ 处理器：Pentium III/Celeron 866 MHz（或同等性能）/更高主频的处理器（32 位）。

➢ 内存：1 GB。

➢ 屏幕分辨率：1024 x 768 像素。

➢ 操作系统：Windows 8.1/8/7/Vista（32 位和 64 位）；
　　　　　　　Windows XP SP3（32 位）；
　　　　　　　Windows Server 2012 R2（64 位）；
　　　　　　　Windows Server 2008 R2（64 位）；
　　　　　　　Windows Server 2003 R2（32 位）。

➢ 磁盘空间：5 GB（包括 NI 设备驱动程序光盘中的默认驱动程序）。

➢ 颜色选板：N/A，LabVIEW 和 LabVIEW 帮助包含 16 位彩色图形。LabVIEW 至少需要 16 位彩色配置。

➢ 临时文件目录：N/A，LabVIEW 使用专用目录存储临时文件。NI 建议预留磁盘空间存储临时文件。

➢ Adobe Reader：N/A，如需要搜索 PDF 格式的 LabVIEW 用户手册，必须安装 Adobe Reader。

大多数 NI 产品都可通过命令行自动安装，通过设置命令行参数完成安装程序用户界面或对话框的设置。从 2012 年 8 月发行的版本（NI Installers 3.1 或更高版本）开始，实现无人值守的 NI 软件安装时需要做一些额外的设置。

如待安装的 NI 产品依赖于 Microsoft .NET 4.0，则安装 NI 软件之前，.NET 安装程序会首先启动并在完成后提示重启。要避免上述情况，可在安装 NI 软件之前先单独安装.NET 4.0。

关于自动安装 NI 产品的详细信息，具体可查阅下列知识库文章。

➢ 关于在无人值守的情况下，安装单个 NI 产品的详细信息，具体可查阅知识库文章 KB 4CJDP38M (Automating the Installation of a Single Installer)。

➢ 关于在无人值守的情况下，安装套件（例如，NI 开发者套件）中 NI 产品的详细信息，具体可查阅知识库文章 KB 4GGGDQH0（How Do I Automate the Installation of a Suited Installer?）。

➢ 如果需要确定当前产品的 NI Installers 版本，具体可查阅知识库文章 KB 4CJDR18M（How Can I Determine the Type and Version of My National Instruments Installer?）。

注意：2016 年 7 月 1 日起，LabVIEW 将不再支持 Microsoft Windows Vista、Windows XP 和 Windows Server 2003。2016 年 7 月 1 日以后发布的新版本 LabVIEW 将无法在 Windows Vista、Windows XP 或 Windows Server 2003 上安装运行。

1.3.2　安装步骤

由 LabVIEW 2015 对计算机软、硬件配置的要求来看，目前的主流计算机都可以比较顺畅地运行这套软件。安装 LabVIEW 2015 的过程也相对比较简单。以下通过 LabVIEW 2015 在 Windows 7 中的安装过程进行详细演示。

1）插入 LabVIEW 2015 的安装光盘，光盘会自动运行安装程序，安装程序的启动界面如图 1-4 所示。

图 1-4　LabVIEW 2015 安装程序的启动界面

2）单击"下一步"按钮，显示用户信息，使用默认信息如图 1-5 所示，单击"下一步"按钮，提示输入用户信息及序列号，如图 1-6 所示。

图 1-5　提示输入用户信息

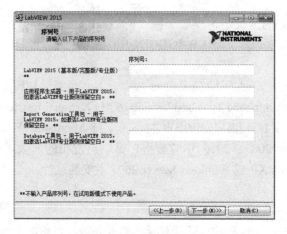

图 1-6　提示输入序列号

3）将产品序列号输入到图 1-6 相应位置中。继续执行安装步骤。

4）单击"下一步"按钮，提示选择目标安装路径，如图 1-7 所示。

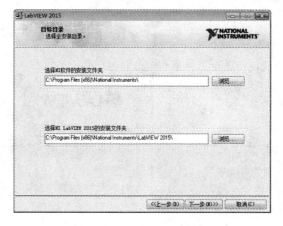

图 1-7　选择安装目标目录

5）单击"下一步"按钮，提示对需要安装的组件进行选择，如图 1-8 所示。

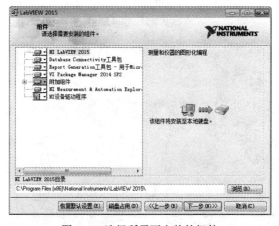

图 1-8　选择所需要安装的组件

6）单击"下一步"按钮，提示用户已经选择的配置信息，如图1-9所示。

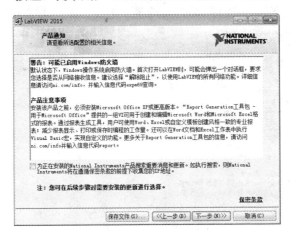

图1-9　已经选择的配置信息

7）依次单击"下一步"按钮，NI软件使用许可协议。本环节只有选择同意才可继续，如图1-10所示。

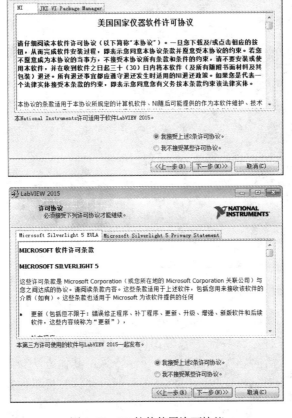

图1-10　NI软件使用许可协议

8）对用户所选择的安装资源进行提示。单击"下一步"按钮进行安装，若显示的安装资源不符合用户要求，可单击"上一步"按钮重新配置资源，如图 1-11 所示。

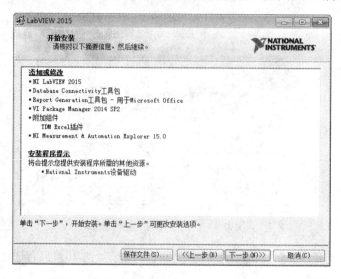

图 1-11　安装摘要

9）软件界面将显示开始复制 LabVIEW 2015 到本地硬盘，在图 1-12 所示的窗口中显示复制文件的进度。

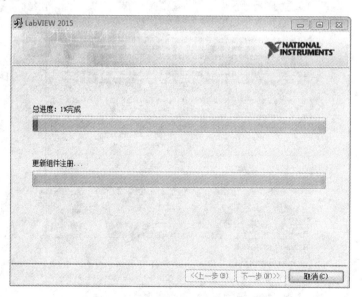

图 1-12　LabVIEW 2015 中文版的安装进度

10）文件复制结束后，安装程序会弹出图 1-13 所示的窗口，显示安装完成。单击"下一步"，弹出"NI 激活向导"，如图 1-14 所示，采用其他方法激活软件，单击"取消"按钮，弹出图 1-15 所示对话框，提示用户是否重新启动计算机以便完成 LabVIEW 2015 的安装。

图 1-13　提示安装完成

这里用户有 3 种选择，分别是重新启动计算机、关闭计算机和退出安装程序。

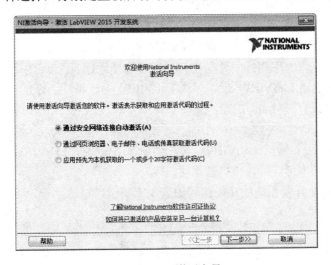

图 1-14　NI 激活向导

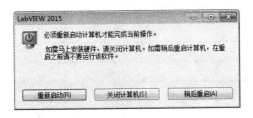

图 1-15　重新重启

完成所有选项激活后，关闭对话框，重启计算机。

重新启动计算机后，用户就可以启动 LabVIEW 2015 进行程序设计了，启动界面如图 1-16 所示。

图 1-16　启动界面

LabVIEW 临时许可证有 7 天试用期。如不激活 LabVIEW 许可证，在默认情况下，LabVIEW 以试用模式运行 7 天。试用期到期时，必须激活合法的 LabVIEW 许可证才能继续使用 LabVIEW。下列任一方式均可激活 LabVIEW 许可证。

➢ 安装过程中，输入序列号，并在安装结束时选择运行 NI 激活向导。

➢ 以试用模式启动 LabVIEW 后，单击 LabVIEW 对话框中的激活按钮。

➢ 以试用版模式打开 LabVIEW，选择"帮助"→"激活 LabVIEW"。重启 LabVIEW 后，许可证激活才生效。

在安装过程中如没有激活 LabVIEW，运行 LabVIEW 时，LabVIEW 将提醒用户激活软件。激活 LabVIEW 许可证后，该提醒不再出现。

各版本 LabVIEW 开发系统的功能比较如表 1-1 所示。

表 1-1　各版本 LabVIEW 开发系统的比较

	基础版	完整版	专业版	开发者套件
用户界面开发	✔	✔	✔	✔
数据采集函数和向导	✔	✔	✔	✔
仪器控制函数和向导	✔	✔	✔	✔
报告生成和数据存储	✔	✔	✔	✔
调用外部代码	✔	✔	✔	✔
模块化和面向对象的开发	✔	✔	✔	✔
网络通信	✔	✔	✔	✔
附带的 LabVIEW SignalExpress	✖	✔	✔	✔
数学、分析和信号处理	✖	✔	✔	✔
事件驱动型编程	✖	✔	✔	✔
应用发布	✖	✖	✔	✔
软件工程工具	✖	✖	✔	✔
附带的生产力工具包 (Productivity Toolkit)	✖	✖	✖	✔

1.4 LabVIEW 应用程序

在图 1-17 所示的窗口中可创建项目、打开现有文件、查找驱动程序和附加软件、社区和支持以及欢迎使用 LabVIEW 信息。同时还可查看 LabVIEW 新闻、搜索功能信息。

图 1-17　LabVIEW 界面

所有的 LabVIEW 应用程序，即虚拟仪器（VI），它包括前面板（front panel）、程序框图（block diagram）以及图标/连接器（icon/connector）三部分。

1.4.1　前面板

前面板是图形用户界面，也就是 VI 的虚拟仪器面板，这一界面上有用户输入和显示输出两类对象，具体表现有开关、旋钮、图形以及其他控制（control）和显示对象（indicator），如图 1-18 所示。

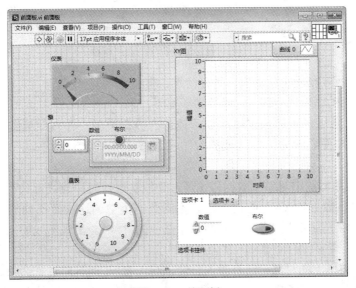

图 1-18　前面板

虚拟仪器并非简单地画两个控件就可以运行，在前面板后还有一个与之配套的程序框图。

前面板由输入控件和显示控件组成。这些控件是 VI 的输入、输出端口。输入控件是指旋钮、按钮、转盘等输入装置。显示控件是指图表、指示灯等显示装置。输入控件模拟仪器的输入装置为 VI 的程序框图提供数据。显示控件模拟仪器的输出装置用以显示程序框图获取或生成的数据。

1.4.2 程序框图

程序框图提供 VI 的图形化源程序。在流程图中对 VI 编程，以控制和操纵定义在前面板上的输入和输出功能。流程图中包括前面板上的控件的连线端子，还有一些前面板上没有，但编程必须有的内容，例如函数、结构和连线等。

由框图组成的图形对象共同构造出通常所示的源代码。框图与文本编程语言中的文本行相对应。事实上，框图是实际的可执行的代码。框图是通过将完成特定功能的对象连接在一起而构建出来的。

如图 1-19 所示，框图程序由下列 3 种组件构建而成。

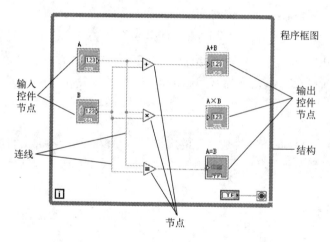

图 1-19　框图演示程序的程序框图

1）节点：是程序框图上的对象，具有输入、输出端，在 VI 运行时进行运算。节点相当于文本编程语言中的语句、运算符、函数和子程序。

2）接线端：用以表示输入控件或显示控件的数据类型。在程序框图中可将前面板的输入控件或显示控件显示为图标或数据类型接线端。在默认状态下，前面板对象显示为图标接线端。

3）连线：程序框图中对象的数据传输通过连线实现。每根连线都只有一个数据源，但可以与多个读取该数据的 VI 和函数连接。不同数据类型的连线有不同的颜色、粗细和样式。断开的连线显示为黑色的虚线，中间有个红色的“×”。出现断线的原因有很多，如试图连接数据类型不兼容的两个对象时就会产生断线。

节点是程序框图上的对象，带有输入、输出端，在 VI 运行时进行运算。节点类似于文本编程语言中的语句、运算符、函数和子程序。LabVIEW 有以下类型的节点。

- ➢ 函数：内置的执行元素，相当于操作符、函数或语句。
- ➢ 子 VI：用于另一个 VI 程序框图上的 VI，相当于子程序。
- ➢ Express VI：协助常规测量任务的子 VI。Express VI 是在配置对话框中配置的。
- ➢ 结构：执行控制元素，如 For 循环、While 循环、条件结构、平铺式和层叠式顺序结构、定时结构和事件结构。
- ➢ 公式节点和表达式节点：公式节点可以直接向程序框图输入方程，其大小可以调节。表达式节点用于计算含有单变量表达式或方程。
- ➢ 属性节点和调用节点：属性节点用于设置或寻找类的属性。调用节点用于设置对象执行方式。
- ➢ 通过引用节点调用：用于调用动态加载的 VI。
- ➢ 调用库函数节点：调用大多数标准库或 DLL。
- ➢ 代码接口节点（CIN）：调用以文本编程语言所编写的代码。

1.4.3 图标/连接器

VI 具有层次化和结构化的特征。一个 VI 可以作为子程序，这里称为子 VI（subVI），可以被其他 VI 调用。图标与连接器在这里相当于图形化的参数，如图 1-20 所示，详细情况稍后介绍。

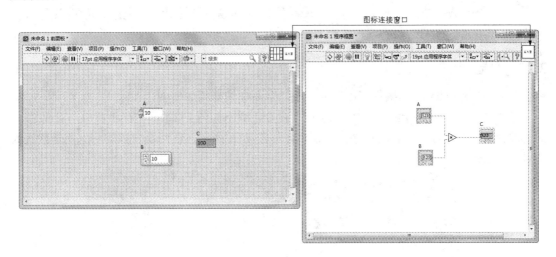

图 1-20　图标连接器

第2章　图形编辑环境

本章主要介绍了 LabVIEW 的主界面，包括菜单栏、工具栏等主要使用工具，并对前面板的控件的分类进行了大致介绍。

 学习要点

- LabVIEW 操作模板
- 菜单设计
- 控件

2.1　文件管理

在启动界面利用菜单命令可以创建新 VI、选择最近打开的 LabVIEW 文件、查找范例以及打开 LabVIEW 帮助。同时还可查看各种信息和资源，如用户手册、帮助主题以及 National Instruments 网站上的各种资源等。

2.1.1　新建 VI

创建 VI 是 LabVIEW 编程应用中的基础，下面详细介绍如何创建 VI。

选择菜单栏中的"新建"→"新建 VI"命令，弹出如图 2-1 所示的 VI 窗口。前面是 VI 的前面板窗口，后面是 VI 的程序框图窗口，如图 2-1 所示，在两个窗口的右上角是默认的 VI 图标/连线板。

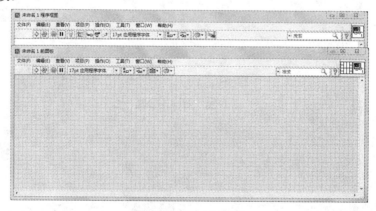

图 2-1　新建 VI 窗口

2.1.2　编辑 VI 图标

双击前面板窗口或框图程序窗口右上角的 VI 图标，或在 VI 图标出单击鼠标右键，并在弹出的快捷菜单中选择"编辑图标",将弹出"图标编辑器"对话框,如图 2-2 所示。

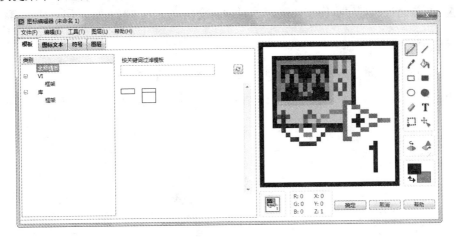

图 2-2 "图标编辑器"对话框

该对话框包括以下部分。

➤ 模板:显示作为图标背景的图标模板。显示 LabVIEW Data\Icon Templates 目录中的所有.png、.bmp 和.jpg 文件。

➤ 图标文本:指定在图标中显示的文本。

➤ 符号:显示图标中可包含的符号。"图标编辑器"对话框可显示 LabVIEW Data\Glyphs 中所有的.png、.bmp 和.jpg 文件。在默认情况下,该页包含 NI 公司网站上图标库中所有的符号。选择"工具"→"同步 ni.com"图标库,打开"同步图标库"对话框,使 LabVIEW Data\Glyphs 目录与最新的图标库保持同步。

➤ 图层:显示图标图层的所有图层。如未显示该页,选择"图层"→"显示所有图层"可显示该页。

➤ 图标:显示图标的实际大小预览。图标显示可通过"图标编辑器"对话框进行的更改。

➤ 预览:显示图标的放大预览。预览可显示通过"图标编辑器"对话框进行的更改。

➤ RGB:显示光标所在位置像素的 RGB 颜色组成。

➤ XYZ:显示光标所在位置像素的 X-Y 位置。Z 值为图标的用户图层总数。

➤ 工具:用于显示手动修改图标的编辑工具。如使用编辑工具时单击左键,LabVIEW 将使用线条颜色工具。如使用编辑工具时单击右键,LabVIEW 将使用填充颜色工具。

如需创建自定义编辑环境,可修改"图标编辑器"对话框。在修改"图标编辑器"对话框前,应保存位于 labview\resource\plugins 的原有文件 lv_icon.vi 和 IconEditor 文件夹。创建自定义图标编辑器时,可使用 labview\resource\plugins\IconEditor\Discover Who Invoked the Icon Editor.vi 目录中的"搜索图标库调用方"VI 获取当前编辑项图标的名称、路径和应用程序引用。通过该信息可自定义图标。

2.1.3　保存 VI

在前面板窗口或程序框图窗口中选择菜单栏中的"文件"→"保存"命令,然后在弹出的保存文件对话框中选择适当的路径和文件名保存该 VI。如果一个 VI 在修改后没有存盘，那么在 VI 的前面板和程序框图窗口的标题栏中就会出现一个"*"，提示用户注意存盘。

2.1.4 新建文件

单击启动界面上的新建 VI 图标，可以建立一个空白的 VI。

单击启动界面中文件菜单下的"新建"按钮将打开图 2-3 所示的"新建"对话框，在这里，可以选择多种方式来建立文件。

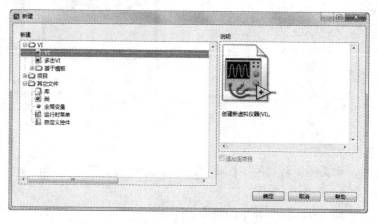

图 2-3　LabVIEW"新建"对话框

利用"新建"对话框，可以创建 3 种类型的文件，分别是 VI、项目和其他文件。

其中，新建 VI 是经常使用的功能，包括新建空白 VI、创建多态 VI 以及基于模板创建 VI。如果选择 VI，将创建一个空的 VI，VI 中的所有空间都需要用户自行添加。如果选择基于模板，有很多种程序模板供用户选择，如图 2-4 所示。

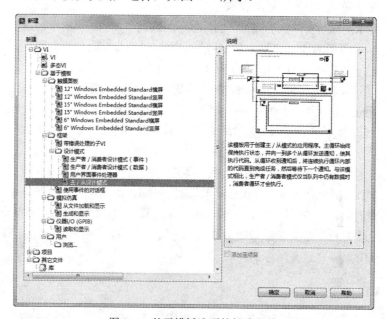

图 2-4　基于模板选项的新建文件

新建项目包括空白项目文件和基于向导的项目。

其他文件则包括库、类、全局变量、运行时菜单和自定义控件。

用户根据需要可以选择相应的模板进行程序设计，在各种模板中，LabVIEW 已经预先设置了一些组件构成了应用程序的框架，用户只需要对程序进行一定程度的修改和功能上的增减就可以在模板的基础上构建自己的应用程序。

2.1.5　创建项目

1）在启动界面单击"创建项目"按钮或选择菜单栏中的"文件"→"创建项目"命令，弹出"创建项目"对话框，如图 2-5 所示。

图 2-5　"创建项目"对话框

2）在"创建项目"对话框中主要分为左右两部分，分别是文件和资源。在这个界面上用户可以选择新建空白 VI、新建空的项目、简单状态机，并且可以打开已有的程序。同时，用户也可以从这个界面获得帮助支持，例如可以查找 LabVIEW 2015 的帮助文件、互联网上的资源以及 LabVIEW 2015 的程序范例等。

3）在 LabVIEW 2015 的启动界面上有文件、操作、工具和帮助 4 个菜单，在下一节中将详细介绍 LabVIEW 2015 的操作选板。

2.2　LabVIEW 操作选板

在 LabVIEW 的用户界面上，应特别注意它提供的操作选板，包括工具选板、控件选板和函数选板。这些选板集中反映了该软件的功能与特征。

2.2.1 控件选板

控件选板仅位于前面板。控件选板包括创建前面板所需要的
输入控件和显示控件。根据不同输入控件和显示控件的类型，可
以将控件归入不同的子选板中。

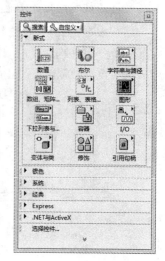

如需要显示控件选板，请选择"查看"→"控件选板"或在
前面板活动窗口单击右键。LabVIEW 将记住控件选板的位置和
大小，因此当 LabVIEW 重启时选板的位置和大小保持不变。在
控件选板中可以进行内容修改。

控件选板中包括了用于创建前面板对象的各种控制量和显示
量，是用户设计前面板的工具，LabVIEW 2015 中的控件选板如
图 2-6 所示。

在控件选板中，按照所属类别、各种控制量和显示量被分门
别类地安排在不同的子选板中。

图 2-6 控件选板

2.2.2 工具选板

在前面板和程序框图中都可看到工具选板。工具选板上的每一个工具都对应于鼠标的一
个操作模式。光标对应于选板上所选择的工具图标。可选择合适的工具对前面板和程序框图
上的对象进行操作和修改。

如果自动工具选择已打开，当光标移到前面板或程序框图的对象上
时，LabVIEW 将自动从工具选板中选择相应的工具。打开工具选板，选
择查看工具选板。LabVIEW 将记住工具选板的位置和大小，因此当
LabVIEW 重启时选板的位置和大小保持不变。

LabVIEW 2015 简体中文版的工具选板如图 2-7 所示。利用工具选板
可以创建、修改 LabVIEW 中的对象，并对程序进行调试。工具选板是在
LabVIEW 中对对象进行编辑的工具，按<Shift>键并单击右键，光标所在
位置将出现工具选板。

图 2-7 工具选板

工具选板中各种不同工具的图标及其相应的功能如下。

➤ 自动选择工具![]：如已经打开自动工具选择，光标移到前面板或程序框图的对
象上时，LabVIEW 将从工具选板中自动选择相应的工具。也可禁用自动工具选择，
手动选择工具。

➤ 操作值工具![]：改变控件值。

➤ 定位/调整大小/选择工具![]：定位、选择或改变对象大小。

➤ 编辑文本工具![]：用于输入标签文本或者创建标签。

➤ 进行连线工具![]：用于在后面板中连接两个对象的数据端口，当用连线工具接近对
象时，会显示出其数据端口以供连线之用。如果打开了帮助窗口，那么当用连线工
具至于某连线上时，会在帮助窗口显示其数据类型。

➤ 对象快捷菜单工具![]：当用该工具单击某对象时，会弹出该对象的快捷菜单。

- ➢ 滚动窗口工具 ：使用该工具，无须滚动条就可以自由滚动整个图形。
- ➢ 设置/清除断点工具 ：在调试程序过程中设置断点。
- ➢ 探针数据工具 ：在代码中加入探针，用于调试程序过程中监视数据的变化。
- ➢ 获取颜色工具 ：从当前窗口中提取颜色。
- ➢ 设置颜色工具 ：用来设置窗口中对象的前景色和背景色。

2.2.3 函数选板

函数选板仅位于程序框图。函数选板中包含创建程序框图所需要的 VI 和函数。按照 VI 和函数的类型，将 VI 和函数归入不同子选板中。

如需要显示函数选板，可选择"查看"→"函数选板"或在程序框图活动窗口单击右键。LabVIEW 将记住函数选板的位置和大小，因此当 LabVIEW 重启时选板的位置和大小不变。在函数选板中可以进行内容修改。

在函数选板中，按照功能分门别类地存储相关函数、VIs 和 Express VIs。

LabVIEW 2015 简体中文专业版的函数选板如图 2-8 所示，在后面的章节中将详细介绍该选板中的各个函数。

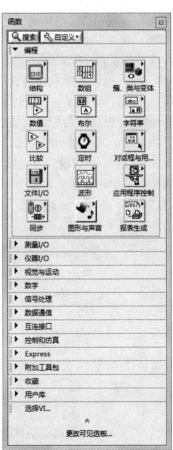

图 2-8 函数选板

2.2.4 选板可见性设置

使用控件和函数选板工具栏上的下列按钮，可查看、配置选板以及搜索控件、VI 和函数，如图 2-9 所示。

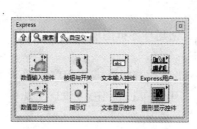

图 2-9 函数选板

> 返回所属选板 ⬆️：转到选板的上级目录。单击该按钮并保持光标位置不动，将显示一个快捷菜单，列出当前子选板路径中包含的各个子选板。单击快捷菜单上的子选板名称进入子选板。只有当选板模式设为图标、图标和文本时，才会显示该按钮。

> 搜索 🔍搜索：用于将选板转换至搜索模式，通过文本搜索来查找选板上的控件、VI 或函数。选板处于搜索模式时，可单击返回按钮，将退出搜索模式并显示选板。

> 查看 🔍自定义▾：用于选择当前选板的视图模式，显示或隐藏所有选板目录，在文本和树形模式下按字母顺序对各项排序。在快捷菜单中选择选项，可打开选项对话框中的控件/函数选板页，为所有选板选择显示模式。只有当单击选板左上方的图钉标识将选板锁定时，才会显示该按钮。

> 恢复选板大小 ⬓：将选板恢复至默认大小。只有单击选板左上方的图钉标识锁定选板，并调整控件或函数选板的大小后，才会出现该按钮。

> 单击 更改可见选板 ... 按钮：调整选板大小。单击此按钮，系统弹出"更改可见选板"对话框，如图 2-10 所示，在该选板中可以更改选板类别可见性。

图 2-10 更改可见选板

2.3 项目浏览器

项目浏览器窗口用于创建和编辑 LabVIEW 项目。

选择菜单栏中的"文件"→"创建项目"命令,打开"创建项目"对话框,如图 2-11 所示,选择"项目"模板,单击"完成"按钮,即可打开"项目浏览器"窗口。

图 2-11 "创建项目"对话框

也可选择"文件"→"新建",打开"新建"对话框,双击项目选项,如图 2-12 所示,打开"项目浏览器"窗口。

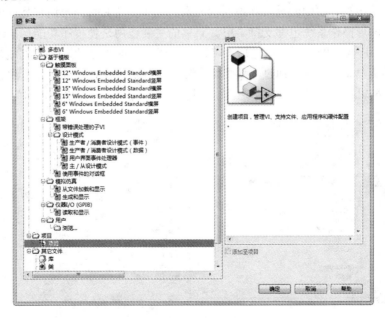

图 2-12 "新建"对话框

在默认情况下，项目浏览器窗口包括以下各项。

1）我的电脑：表示可作为项目终端使用的本地计算机。

2）依赖关系：用于查看某个终端下 VI 所需要的项。

3）程序生成规范：包括对源代码发布编译配置以及 LabVIEW 工具包和模块所支持的其他编译形式的配置。如已安装 LabVIEW 专业版开发系统或应用程序生成器，可使用程序生成规范配置独立应用程序（EXE）、动态链接库（DLL）、安装程序及 Zip 文件。

在项目中添加其他终端时，LabVIEW 会在项目浏览器窗口中创建代表该终端的选项。各个终端也包括依赖关系和程序生成规范，在每个终端下可添加文件。

可将 VI 从项目浏览器窗口中拖放到另一个已打开 VI 的程序框图中。在项目浏览器窗口中选择需要作为子 VI 使用的 VI，并把它拖放到其他 VI 的程序框图中。

使用项目属性和方法，可通过编程配置和修改项目以及项目浏览器窗口，如图 2-13 所示。

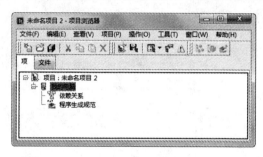

图 2-13　项目管理器窗口

2.4　菜单设计

菜单是图形用户界面中的重要和通用的元素，几乎每个具有图形用户界面的程序都包含菜单，流行的图形操作系统也都支持菜单。菜单的主要作用是使程序功能层次化，而且用户在掌握了一个程序菜单的使用方法之后，可以没有任何困难地使用其他程序的菜单。

建立和编辑菜单的工作是通过"菜单编辑器"来完成的。在前面板或程序框图窗口的主菜单里选择"编辑"→"运行时菜单…"，打开图 2-14 所示的"菜单编辑器"对话框。

图 2-14　"菜单编辑器"对话框

菜单编辑器本身的菜单条有"文件""编辑"和"帮助"3 个菜单项。菜单栏下面是工具栏，在工具栏的左边有 6 个按钮：第 1 个按钮的功能是在被选中菜单项的后面插入生成一个新的菜单项；第 2 个按钮的功能是删除被选中的菜单项；第 3 个按钮的功能是把被选中的菜单项提高一级，使得被选中菜单项后面的所有同级菜单项成为被选中菜单项的子菜单项；第 4 个按钮的功能是把被选中菜单项降低一级，使得被选中的菜单项成为前面最接近的统计菜单项的子菜单项；第 5 个按钮的功能是把被选中菜单项向上移动一个位置；第 6 个按钮的功能是把被选中菜单项向下移动一个位置。对于第 5、6 个按钮的移动动作，如果该选项是一个子菜单，则所有子菜单项将随之移动。

在工具栏按钮的右侧是菜单类型下拉列表框，包括 3 个列表项："默认""最小化"和"自定义"，它们决定了与当前 VI 关联的运行时菜单的类型。"默认"选项表示使用 LabVIEW 提供的标准默认菜单；"最小化"选项是在"默认"菜单的基础上进行简化而得到；"自定义"选项表示完全由程序员生成菜单，这样的菜单保存在扩展名为.rtm 的文件里。

工具栏的"预览"给出了当前菜单的预览；菜单结构列表框中给出了菜单的层次结构显示。

在"菜单项属性"区域内设定被选中菜单项或者新建菜单项的各种参数。"菜单项类型"下拉列表框定义了菜单项的类型，可以是"用户项""分隔符"和"应用程序项"三者之一。"用户项"表示用户自定义的选项，必须在程序框图中编写代码，才能响应这样的选项。每一个"用户项"菜单选项都有选项名和选项标记符两个属性，这两个属性在"菜单项名称"和"菜单项标识符"文本框中指定。"菜单项名称"作为菜单项文本出现在运行时的菜单里，"菜单项标识符"作为菜单项的标识出现在程序框图上。在"菜单项名称"文本框中输入菜单项文本时，菜单编辑器会自动地把该文本复制到"菜单项标识符"文本框中，即在默认情况下菜单选项的文本和框图表示相同。可以修改"菜单项标识符"文本框的内容，使之不同于"菜单项名称"的内容。"分隔符"选项建立菜单里的分割线，该分割线表示不同功能菜单项组合之间的分界。"应用程序项"实际上是一个子菜单，在里面包含了所有系统预定义的菜单项。可以在"应用程序项"菜单里选择单独的菜单项，也可以选中整个子菜单。类型为"应用程序项"的菜单项的"菜单项名称""菜单项标识符"属性都不能修改，而且不需要在框图上对这些菜单项进行响应，因为它们都是已经定义好的标准动作。

"菜单项名称"和"菜单项标识符"文本框分别定义菜单项文本和菜单项标识。"菜单项名称"中出现的下画线具有特殊的意义，即在真正的菜单中，下画线将显示在"菜单项名称"文本中紧接在下画线后面的字母下面，在菜单项所在的菜单里按下这个字符，将会自动选中该菜单项。如果该菜单项是菜单栏上的最高级菜单项，则按下<Alt+字符>键将会选中该菜单项。例如可以自定义某个菜单项的名字为"文件（_F）"，这样在真正的菜单里显示的文本将为"文件（F）"。如果菜单项没有位于菜单栏中，则在该菜单项所在菜单里按下<F>键，将自动选择该菜单项。如果"文件（F）"是菜单栏中的最高级菜单项，则按下<Alt+F>键将打开该菜单项。所有菜单项的"菜单项标识符"必须不同，因为"菜单项标识符"是菜单项在程序框图代码中的唯一标识符。

"启用"复选框指定是否禁用菜单项，"勾选"复选框指定是否在菜单项左侧显示对号确认标记。"快捷方式"文本框中显示了为该菜单项指定的快捷键，单击该文本框之后，可以按下适当的按键，定义新的快捷键。

下面给出一个菜单实例，来说明菜单编辑器窗口的使用方法。

在图 2-15 给出的菜单中，菜单条上有"文件"和"帮助"两个菜单。"文件"菜单作为菜单项时的"菜单项名称"为"文件（_F）"，显示出来的实际文本为"文件（F）"，"菜单项标识符"为"文件"，运行时按下组合键<Alt+F>将自动打开该菜单。"文件"菜单下有 3 项内容，第 1 项是"保存"菜单项，其"菜单项标识符"为"文件_保存"，"菜单项名称"为"保存（_S）"。该菜单项指定的组合键<Ctrl+S>自动出现在菜单项文本"保存（S）"的后面，打开"文件"菜单后按下<S>键将自动选中该菜单项。第 2 项是一个"分隔符"。第 3 项是"退出"菜单项，其"菜单项标识符"为"文件_退出"，"菜单项名称"为"退出（_Q）"。该菜单项指定的组合键<Ctrl+Q>自动出现在菜单项文本"退出（Q）"的后面，打开"文件"菜单后，按下<Q>键将自动选中该菜单项。

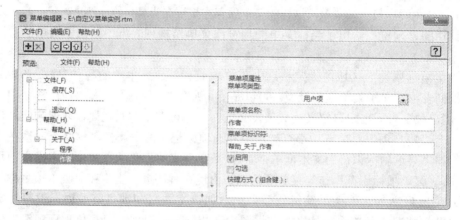

图 2-15　自定义菜单实例

"帮助"菜单作为菜单项时的"菜单项名称"为"帮助（_H）"，显示出来的实际文本为"帮助（H）"，"菜单项标识符"为"帮助"，按下组合键<Alt+H>将自动打开该菜单。"帮助"菜单下有两项内容：第 1 项是"菜单项标识符"为"帮助_帮助"，"菜单项名称"为"帮助（_H）"的帮助菜单项，该菜单项指定的组合键<Ctrl+H>自动出现在菜单项文本"帮助（_H）"的后面，打开"帮助"主菜单后，按下<H>键将自动选中该菜单项。第 2 项是"菜单项标识符"为"帮助_关于"，"菜单项名称"为"关于（_A）"的关于子菜单，打开"帮助"主菜单后，按下〈A〉键将自动打开该子菜单。

"关于"子菜单下有"程序"和"作者"两个菜单项。"程序"菜单项的"作者"两个菜单项。"程序"菜单项的"菜单项名称"为"程序"，"菜单项标识符"为"帮助_关于_程序"；"作者"菜单项的"菜单项名称"为"作者"，"菜单项标识符"为"帮助_关于_作者"。可以看到，在这个菜单实例中菜单项的"菜单标识符"是按层次进行组织的。可以在程序框图中对定义的菜单进行编程。在函数选板中选择"编程"→"对话框与用户界面"→"菜单"子选板，菜单子选板中包含了所有对菜单进行操作的 LabVIEW 节点。用户可以根据需要进行选用。关于这些节点的详细使用方法，请参考 LabVIEW 自带的帮助文件。

2.5 控件

控件是 LabVIEW 图形语言的基石，没有控件，LabVIEW 编程语言就是一纸空谈，因此，对控件的熟悉掌握，对读者学习该语言至关重要。

随着 LabVIEW 的不断升级，控件样式越来越多，功能越来越合理，但系统仍保留旧版控件，因此控件数量直线上升，同时，图形化语言的表达能力也越来越强。

系统控件的外观取决于 VI 运行的平台，因此在 VI 中创建的控件外观应与所有 LabVIEW 平台兼容。在不同的平台上运行 VI 时，系统控件将改变其颜色和外观，与该平台的标准对话框控件相匹配。

控件分为 6 类：新式、银色、经典、系统、Express、.NET 与 Active。

2.5.1 新式控件

新式控件包含编程常用的大部分控件，有相应的低彩对象，如图 2-16 所示。

1. 数值型控件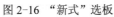

数值选板上的数值对象可用于创建滑动杆、滚动条、旋钮、转盘和数值显示框，如图 2-17 所示。

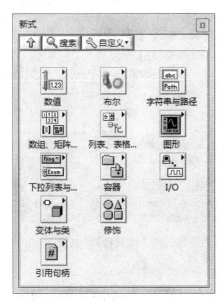

图 2-16 "新式"选板

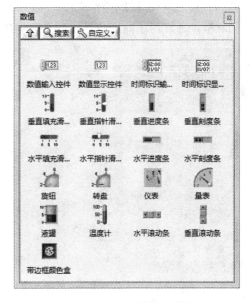

图 2-17 "数值"选板

2. 布尔型控件

布尔控件可用于创建按钮、开关和指示灯，如图 2-18 所示。

3. 字符串和路径控件

字符串和路径控件可用于创建文本输入框和标签、输入或返回文件或目录的地址，如图 2-19 所示。

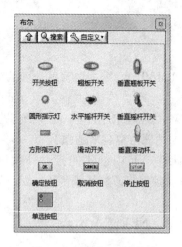

图 2-18 "布尔"选板

图 2-19 "字符串和路径"选板

4. 数组、矩阵和簇控件

数组、矩阵和簇控件可用来创建数组、矩阵和簇。数组是同一类型数据元素的集合。簇将不同类型的数据元素归为一组。矩阵是若干行列实数或复数数据的集合，用于线性代数等数学操作，如图 2-20 所示。

5. 列表、表格和树形控件

列表框控件，用于向用户提供一个可供选择项的列表，如图 2-21 所示。

图 2-20 "数组、矩阵和簇"选板

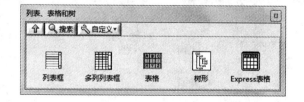

图 2-21 "列表框、表格和树"选板

（1）列表框控件

列表框可配置为单选或多选。多选列表可显示更多条目信息，如大小和创建日期等。

（2）树形控件

树形控件用于向用户提供一个可供选择的层次化列表。用户将输入树形控件的项组织为若干组项或若干组节点。单击节点旁边的展开符号可展开节点，显示节点中的所有项。单击节点旁的符号还可折叠节点。

（3）表格控件

表格控件可用于在前面板上创建表格。

6. 图形控件

图形控件可用于以图形和图表的形式绘制数值数据，如图 2-22 所示。关于图形和图表的详细介绍请参见本书后面章节。

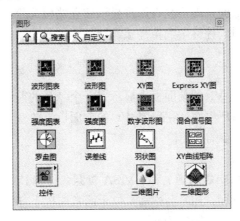

图 2-22 "图形"选板

7. 下拉列表与枚举控件

下拉列表与枚举控件可用于创建可循环浏览的字符串列表，如图 2-23 所示。

（1）下拉列表控件

下拉列表控件是将数值与字符串或图片建立关联的数值对象。下拉列表控件以下拉菜单的形式出现，用户可在循环浏览的过程中作出选择。下拉列表控件可用于选择互斥项，如触发模式。例如，用户可在下拉列表控件中从连续、单次和外部触发中选择一种模式。

（2）枚举控件

枚举控件用于向用户提供一个可供选择的项列表。枚举控件类似于文本或菜单下拉列表控件，但是，枚举控件的数据类型包括控件中所有项的数值和字符串标签的相关信息，下拉列表控件则为数值型控件。

8. 容器控件

容器控件可用于组合控件，或在当前 VI 的前面板上显示另一个 VI 的前面板。（Windows）容器控件还可用于在前面板上显示.NET 和 ActiveX 对象，如图 2-24 所示。

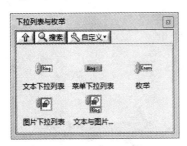

图 2-23 "下拉列表与枚举"选板

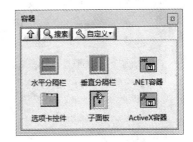

图 2-24 "容器"选板

（1）选项卡控件

选项卡控件用于将前面板的输入控件和显示控件重叠放置在一个较小的区域内。选项卡控件由选项卡和选项卡标签组成。可将前面板对象放置在选项卡控件的每一个选项卡中，并将选项卡标签作为显示不同页的选择器。可使用选项卡控件组合在操作某一阶段需要用到的前面板对象。例如，某 VI 在测试开始前可能要求用户先设置几个选项，然后在测试过程中允许用户修改测试的某些方面，最后允许用户显示和存储相关数据。在程序框图上，选项卡控件默认为枚举控件。选项卡控件中的控件接线端与程序框图上的其他控件接线端在外观上是一致的。

（2）子面板控件

子面板控件用于在当前 VI 的前面板上显示另一个 VI 的前面板。例如，子面板控件可用于设计一个类似向导的用户界面。在顶层 VI 的前面板上放置上一步和下一步按钮，并用子面板控件加载向导中每一步的前面板。

9．I/O 控件

I/O 控件可将所配置的 DAQ 通道名称、VISA 资源名称和 IVI 逻辑名称传递至 I/O VI，与仪器或 DAQ 设备进行通信。I/O 名称常量位于函数选板上。常量是在程序框图上向程序框图提供固定值的接线端，如图 2-25 所示。

（1）波形控件

波形控件可用于对波形中的单个数据元素进行操作。波形数据类型包括波形的数据、起始时间和时间间隔(delta t)。

关于波形数据类型的详细信息见图形和图表中的波形数据类型一节内容。

（2）数字波形控件

数字波形控件可用于对数字波形中的单个数据元素进行操作。

（3）数字数据控件

数字数据控件显示行列排列的数字数据。数字数据控件可用于创建数字波形或显示从数字波形中提取的数字数据。将数字波形数据输入控件连接至数字数据显示控件，可查看数字波形的采样和信号。

10．变体与类控件

变体与类控件可在前面板中放置变体和 LabVIEW 对象控件，如图 2-26 所示。

图 2-25 "I/O" 选板

图 2-26 "变体与类" 选板

11．修饰控件 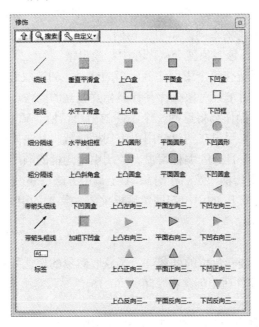（注：图标在标题旁）

修饰控件包括一系列线、箭头、方框、圆形、三角形等形状的修饰模块，这些模块如同搭建一些美观的程序界面的积木，合理组织、搭配这些模块可以构造出绚丽的程序界面。该控件可对前面板对象进行组合或分隔。这些对象仅用于修饰，并不显示数据。

在前面板上放置修饰后，使用重新排序下拉菜单可对层叠的对象重新排序，也可在程序框图上使用修饰，如图 2-27 所示。

图 2-27 "修饰"选板

"修饰"子选板中的各种控件只有其前面板的图形，而没有在程序框图中与之相对应的图标，这些控件的主要功能就是进行界面的修饰，是 LabVIEW 中最为特殊的前面板控件。将这些控件进行适当的组合，可以设计出非常美观的程序界面。

12．引用句柄控件

引用句柄控件可用于对文件、目录、设备和网络连接进行操作。引用句柄控件用于将前面板对象信息传送给子 VI，如图 2-28 所示。

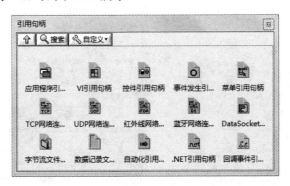

图 2-28 "引用句柄"选板

引用句柄是对象的唯一标识符，这些对象包括文件、设备或网络连接等。打开一个文件、设备或网络连接时，LabVIEW 会生成一个指向该文件、设备或网络连接的引用句柄。对打开的文件、设备或网络连接进行的所有操作均使用引用句柄来识别每个对象。引用句柄控件用于将一个引用句柄传进或传出 VI。例如：引用句柄控件可在不关闭或不重新打开文件的情况下修改其指向的文件内容。

由于引用句柄是一个打开对象的临时指针，因此它仅在对象打开期间有效。如关闭对象，LabVIEW 会将引用句柄与对象分开，引用句柄即失效。如再次打开对象，LabVIEW 将创建一个与第一个引用句柄不同的新引用句柄。LabVIEW 将为引用句柄所指的对象分配内存空间。关闭引用句柄，该对象就会从内存中释放出来。

由于 LabVIEW 可以记住每个引用句柄所指的信息，如读取或写入的对象的当前地址和用户访问情况，因此可以对单一对象执行并行但相互独立的操作。如一个 VI 多次打开同一个对象，那么每次的打开操作都将返回一个不同的引用句柄。VI 结束运行时 LabVIEW 会自动关闭引用句柄，但如果用户在结束使用引用句柄时就将其关闭将可以最有效地利用内存空间和其他资源，这是一个良好的编程习惯。关闭引用句柄的顺序与打开时相反。例如，如对象 A 先获得了一个引用句柄，然后在对象 A 上调用方法以获得一个指向对象 B 的引用句柄，在关闭时应先关闭对象 B 的引用句柄然后再关闭对象 A 的引用句柄。

2.5.2 经典控件

许多前面板对象具有高彩色位的外观。为了获取对象的最佳外观，显示器最低应设置为 16 色位。经典选板上的控件适于创建在 256 色和 16 色显示器上显示的 VI。选板如图 2-29 所示。

1）经典数值控件 ：与新式子选板上的控件相比，经典数值选板上还有经典颜色盒和经典颜色梯度选项，用于设置颜色值，如图 2-30 所示。

图 2-29 "经典"选板

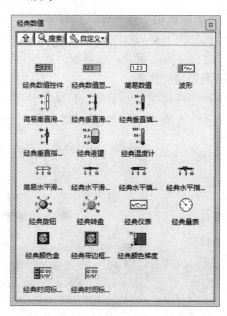

图 2-30 "经典数值型"选板

2）经典布尔控件 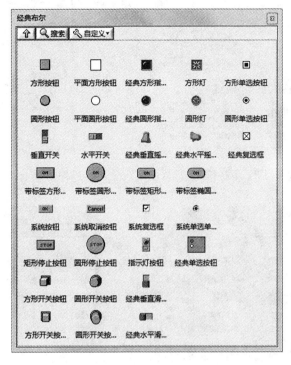：经典布尔选板上的布尔控件，如图 2-31 所示。

图 2-31 "经典布尔"选板

3）经典字符串及路径控件 ：经典字符串与路径选板上的控件，如图 2-32 所示。
4）经典数组、矩阵与簇控件 ：经典数组、矩阵与簇选板上的控件，如图 2-33 所示。

图 2-32 "经典字符串及路径"选板

图 2-33 "经典数组、矩阵与簇"选板

5）经典列表、表格和树控件 ：经典列表、表格和树选板上的控件，如图 2-34
所示。

6）经典图形 ：经典图形选板上的图形控件，如图 2-35 所示。

7）下拉列表及枚举控件 ：经典下拉列表及枚举选板上的控件，如图 2-36 所示。

8）经典容器控件 ：经典容器选板上的控件，如图 2-37 所示。

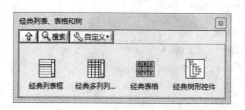

图 2-34 "经典列表、表格和树"选板

图 2-35 "经典图形"选板

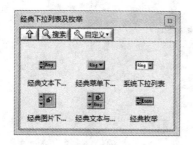

图 2-36 "经典下拉列表及枚举"选板

图 2-37 "经典容器"选板

9）经典 I/O 控件 ⬚：经典 I/O 选板上的控件，如图 2-38 所示。

10）经典引用句柄控件 ⬚：经典引用句柄选板上的控件，如图 2-39 所示。

图 2-38 "经典 I/O"选板

图 2-39 "经典引用句柄"选板

2.5.3 银色控件

银色子选板是 LabVIEW 2013 版后新增的新型控件，对比之前的旧版控件，银色控件在外观上更形象、逼真，控件类型上与之间版本大致相同，稍有改动。下面详细介绍子选板中

的控件，如图 2-40 所示。

1）数值控件 ：数值选板上的控件，如图 2-41 所示。

图 2-40 "银色"子选板

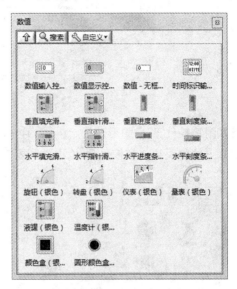

图 2-41 "数值"选板

2）布尔控件 ：布尔选板上的控件，如图 2-42 所示。

3）字符串与路径控件 ：字符串与路径选板上的控件，如图 2-43 所示。

图 2-42 "布尔"选板

图 2-43 "字符串和路径"选板

4）数组、矩阵与簇控件 ：数组、矩阵与簇选板上的控件，如图 2-44 所示。

图 2-44 "数组、矩阵与簇"选板

5）列表、表格和树控件：列表、表格和树选板上的控件，如图2-45所示。

图2-45 "列表、表格和树"选板

6）图形控件▓：图形选板上的图形控件，如图2-46所示。

7）下拉列表与枚举控件▓：下拉列表与枚举选板上的控件，如图2-47所示。

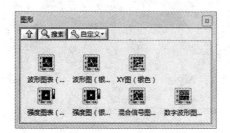

图2-46 "图形"选板

图2-47 "下拉列表和枚举"选板

8）修饰控件▓：修饰选板上的控件，如图2-48所示。

9）I/O控件▓：I/O选板上的控件，如图2-49所示。

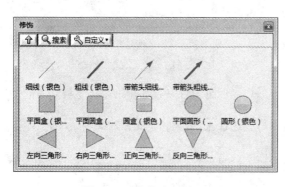

图2-48 "修饰选"板

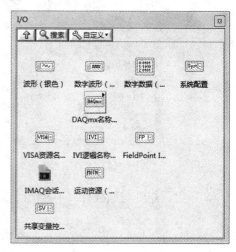

图2-49 "I/O"选板

2.5.4 系统控件

位于系统选板上的系统控件可用在用户创建的对话框中。系统控件专为在对话框中使用而特别设计，包括下拉列表和旋转控件、数值滑动杆、进度条、滚动条、列表框、表格、字符串和路径控件、选项卡控件、树形控件、按钮、复选框、单选按钮和自动匹配父对象背景色的不透明标签。这些控件仅在外观上与前面板控件不同，颜色与系统设置的颜色一致，如图 2-50 所示。

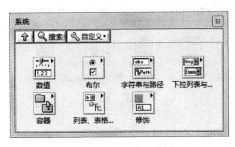

图 2-50 "系统"选板

1）数值控件：数值选板上的控件，如图 2-51 所示。

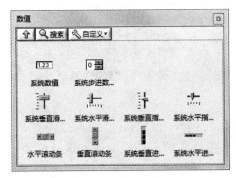

图 2-51 "数值"选板

2）布尔控件：布尔选板上的控件，如图 2-52 所示。

3）字符串与路径控件：字符串与路径选板上的控件，如图 2-53 所示。

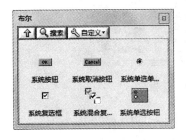

图 2-52 "布尔"选板

图 2-53 "字符串与路径"选板

4）下拉列表与枚举控件：下拉列表与枚举选板上的控件，如图 2-54 所示。

5）容器控件：容器选板上的控件，如图 2-55 所示。

图 2-54 "下拉列表与枚举"选板

图 2-55 "容器"选板

6）列表、表格和树控件：列表、表格和树选板上的控件，如图 2-56 所示。

图 2-56 "列表、表格和树"选板

7）修饰控件：修饰选板上的控件，如图 2-57 所示。

图 2-57 "修饰"选板

2.5.5 Express 控件

Express 控件按照输入控件与输出控件的区别进行分类，多为常用空间，如图 2-58 所示。

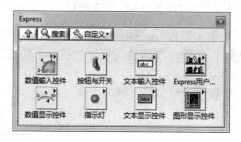

图 2-58 "Express"选板

1）数值输入控件：数值输入控件选板上的控件，如图 2-59 所示。

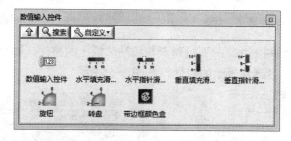

图 2-59 "数值输入控件"选板

2）按钮与开关控件：按钮与开关选板上的控件，如图 2-60 所示。

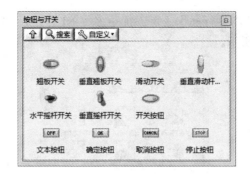

图 2-60 "按钮与开关"选板

3）文本输入控件 ： 文本输入控件选板上的控件，如图 2-61 所示。

4）Express 用户控件 ： Express 用户控件选板上的控件，如图 2-62 所示。

图 2-61 "文本输入控件"选板   图 2-62 "Express 用户控件"选板

5）数值显示控件 ： 数值显示控件选板上的控件，如图 2-63 所示。

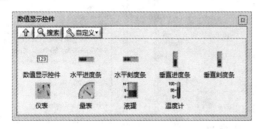

图 2-63 "数值显示控件"选板

6）指示灯控件 ： 指示灯选板上的控件，如图 2-64 所示。

7）文本显示控件 ： 文本显示控件选板上的控件，如图 2-65 所示。

8）图形显示控件 ： 图形显示控件选板上的控件，如图 2-66 所示。

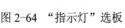  

图 2-64 "指示灯"选板   图 2-65 "文本显示控件"选板   图 2-66 "图形显示控件"选板

2.5.6 NET 与 ActiveX 控件

位于".NET"与"ActiveX"选板上的".NET"和"ActiveX"控件用于对常用的

".NET"或"ActiveX"控件进行操作。可添加更多".NET"或"ActiveX"控件至该选板,供日后使用,如图2-67所示。

图2-67 ".NET 与 ActiveX"选板

选择"工具"→"导入"→".NET 控件至选板",弹出"添加.NET 控件至选板"对话框,如图2-68所示。

选择"工具"→"导入"→"ActiveX 控件至选板",弹出"添加 ActiveX 控件至选板"对话框,如图 2-69 所示,可分别转换.NET 或 ActiveX 控件集,自定义控件并将这些控件添加至.NET 与 ActiveX 选板。

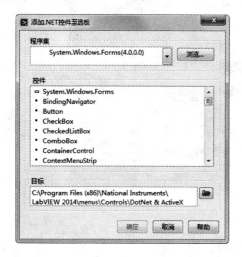

图2-68 "添加.NET 控件至选板"对话框

图2-69 "添加 ActiveX 控件至选板"对话框

创建.NET 对象并与之通信需要安装.NET Framework 1.1 Service Pack 1 或更高版本。建议只在 LabVIEW 项目中使用.NET 对象。如装有 Microsoft .NET Framework 2.0 或更高版本,可使用应用程序生成器生成.NET 互操作程序集。

第3章 前面板的设计

本章主要介绍了前面板设计的方法。其实质是针对前面板的主要组成——控件，它的类型、布局、位置的设置将直接控制前面板的显示。

 学习要点

● 前面板组成
● 对象的选择与删除
● 对象属性编辑
● 设置前面板的外观
● 设置对象的位置关系

3.1 前面板组成

前面板由控件构成，前面板的设计不单单是将选中的控件放置到一起就结束的，还需要进行"内外"设置，在内，需要设置控件属性；在外，需要将控件排列美观。

前面板中的控件本身也不是杂乱无章的，是有一定规律的，控件根据功能需要按照类型进行选择。

3.1.1 数值、布尔、字符串与路径

数值、布尔、字符串与路径均包括输入、输出控件，如图 3-1 所示，在图中选板中选择的控件显示如图 3-2 所示。

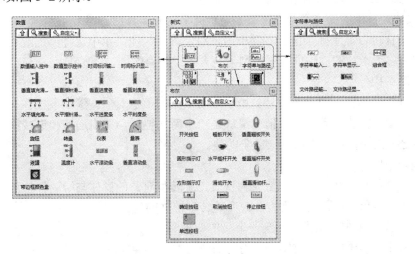

图 3-1　数值对象

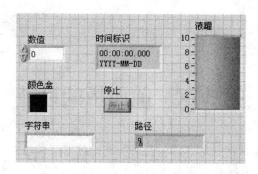

图 3-2　数值、布尔、字符串与路径控件

1. 数值型控件

数值选板上的数值对象用于输入和显示数值。

（1）数值控件

数值控件是输入和显示数值数据的最简单方式。这些前面板对象可在水平方向上调整大小，以显示更多位数。使用下列方法可以改变数值控件的值。

➢ 用操作工具或标签工具单击数字显示框，然后通过键盘输入数字。

➢ 用操作工具单击数值控件的递增或递减箭头。

➢ 使用操作工具或标签工具将光标放置于需要改变的数字右边，然后在键盘上按向上或向下箭头键。

➢ 在默认状态下，LabVIEW 的数字显示和存储与计算器类似。数值控件一般最多显示 6 位数字，超过 6 位则自动转换为科学计数法表示。右键单击数值对象并从快捷菜单中选择格式与精度，打开数值属性对话框的格式与精度选项卡，从中配置 LabVIEW 在切换到科学计数法之前所显示的数字位数。

（2）滑动杆控件

滑动杆控件是带有刻度的数值对象。滑动杆控件包括垂直和水平滑动杆、液罐和温度计。可使用下列方法改变滑动杆控件的值。

➢ 使用操作工具单击或拖曳滑块至新的位置。

➢ 与数值控件中的操作类似，在数字显示框中输入新数据。

滑动杆控件可以显示多个值。右键单击该对象，在快捷菜单中选择添加滑块，可添加更多滑块。带有多个滑块的控件的数据类型为包含各个数值的簇。

（3）滚动条控件

与滑动杆控件相似，滚动条控件是用于滚动数据的数值对象。滚动条控件有水平和垂直滚动条两种。使用操作工具单击或拖曳滑块至一个新的位置，单击递增和递减箭头，或单击滑块和箭头之间的空间都可以改变滚动条的值。

（4）旋转型控件

旋转型控件包括旋钮、转盘、量表和仪表。旋转型对象的操作与滑动杆控件相似，都是带有刻度的数值对象。可使用下列方法改变旋转型控件的值。

➢ 用操作工具单击或拖曳指针至一个新的位置。

➢ 与数值控件中的操作类似，在数字显示框中输入新数据。

旋转型控件可显示多个值。右键单击该对象，选择添加指针，可添加新指针。带有多个指针的控件的数据类型为包含各个数值的簇。

（5）时间标识控件

时间标识控件用于向程序框图发送或从程序框图获取时间和日期值，如图 3-3 所示。

可使用下列方法改变时间标识控件的值。

➢ 单击"时间/日期浏览"按钮 🔳，显示"设置时间和日期"对话框，如图 3-4 所示。

图 3-3　时间标识控件　　　　图 3-4　"设置日期和时间"对话框

➢ 右键单击该控件并从快捷菜单中选择"数据操作"→"设置时间和日期"，显示"设置时间和日期"对话框。

➢ 右键单击该控件，从快捷菜单中选择"数据操作"→"设置为当前时间"。

2．布尔型控件

布尔控件可用于创建按钮、开关和指示灯。

布尔输入控件有 6 种机械动作。自定义布尔对象，可创建运行方式与现实仪器类似的前面板。快捷菜单可用于自定义布尔对象的外观，以及模拟单击这些对象时它们的运行方式。

单选按钮控件向用户提供一个列表，每次只能从中选择一项。如允许不选任何项，右键单击该控件然后在快捷菜单中选择允许不选，该菜单项旁边将出现一个勾选标志。单选按钮控件为枚举型，所以可用单选按钮控件选择条件结构中的条件分支。

3．字符串与路径控件

（1）字符串控件

操作工具或标签工具可用于输入或编辑前面板上字符串控件中的文本。在默认状态下，新文本或经改动的文本在编辑操作结束之前不会被传至程序框图。运行时，单击面板的其他位置，切换到另一窗口，单击工具栏上的"确定"按钮，或按<Enter>键，都可结束编辑状态。在主键区按<Enter>键将输入回车符。右键单击字符串控件为其文本选择显示类型，如以密码形式显示或十六进制数显示。

（2）组合框控件

组合框控件可用来创建一个字符串列表，在前面板上可循环浏览该列表。组合框控件类似于文本型或菜单型下拉列表控件。但是，组合框控件是字符串型数据，而下拉列表控件是数值型数据。

（3）路径控件

路径控件用于输入或返回文件或目录的地址。（Windows 和 Mac OS 系统）如允许运行时拖放，则可从 Windows 浏览器中拖曳一个路径、文件夹或文件放置在路径控件中。

路径控件与字符串控件的工作原理类似，但 LabVIEW 会根据用户使用操作平台的标准句法将路径按一定格式处理。

3.1.2 实例——气温测试系统

通过本例报警系统前面板的基本设计，熟悉对数值控件的认识，练习控件的属性放置。

1）新建 VI。选择菜单栏中的"文件"→"新建 VI"命令，新建一个 VI，一个空白的 VI 包括前面板及程序框图。

2）保存 VI。选择菜单栏中的"文件"→"另存为"命令，输入 VI 名称为"气温测试系统"。

3）固定控件选板。单击右键，在前面板打开"控件"选板，单击选板左上角"固定"按钮📌，将"控件"选板固定在前面板界面。

4）选择"新式"→"数值"→"数值输入"控件，并放置在前面板的适当位置，如图 3-5 所示，双击控件标签，修改控件名称，结果如图 3-6 所示。

图 3-5　选择控件 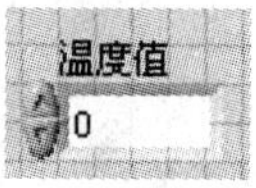　　　　　　　　图 3-6　修改控件名称

5）选择"新式"→"数值"→"仪表"控件，并放置在前面板的适当位置，如图 3-7 所示，双击控件标签，修改控件名称，结果如图 3-8 所示。

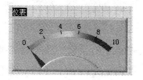

图 3-7　选择控件　　　　　　　　图 3-8　修改控件名称

6）选择"新式"→"数值"→"时间标识"控件，并放置在前面板的适当位置，如图 3-9 所示，双击控件标签，修改控件名称，结果如图 3-10 所示。

图 3-9　选择控件 　　　　　　　　图 3-10　修改控件名称

7）选择"新式"→"字符串与路径"→"字符串显示"控件，并放置在前面板的适当位置，如图 3-11 所示，双击控件标签，修改控件名称，结果如图 3-12 所示。

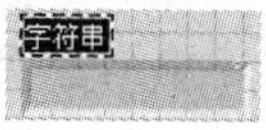

图 3-11　选择控件　　　　　　　　图 3-12　修改控件名称

8）选择"新式"→"布尔"→"圆形指示灯"控件，并放置在前面板的适当位置，如图 3-13 所示，双击控件标签，修改控件名称，结果如图 3-14 所示。

图 3-13　选择控件　　　　　　　　　　图 3-14　修改控件名称

9）对前面板中的控件进行合理布局，结果如图 3-15 所示。

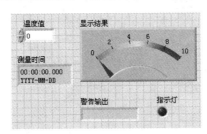

图 3-15　程序前面板

3.1.3　数组

在程序设计语言中，"数组"是一种常用的数据结构，是相同数据类型数据的集合，是一种存储和组织相同类型数据的方式。与其他程序设计语言一样，LabVIEW 中的数组是数值型、布尔型、字符串型等多种数据类型中的同类数据的集合，在前面板的数组对象往往由一个盛放数据的容器和数据本身构成。

数组是由同一类型数据元素组成的大小可变的集合。当有一串数据需要处理时，它们可能是一个数组，当需要频繁地对一批数据进行绘图时，使用数组将会事半功倍，数组作为组织绘图数据的一种机制是十分有用的。当执行重复计算，或解决能自然描述成矩阵向量符号的问题时数组也是很有用的，如解答线形方程。在 VI 中使用数组能够压缩框图代码，并且由于具有大量的内部数组函数和 VI，使得代码开发更加容易。

可通过以下两步来实现数组输入控件或数组显示控件的创建。

1）从控件选板中选取数组、矩阵控件，再选其中的数组拖入前面板中，如图 3-16 所示。

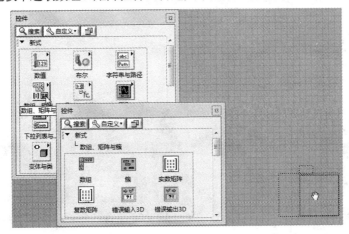

图 3-16　数组的创建第 1 步

2）将需要的有效数据对象拖入数组框，切记此要点，如果
不分配数据类型，该数组将显示为带空括号的黑框。

如图 3-17 所示，数组 1 未分配数据类型，数组 2 未分配了
布尔类型的数组，所以此时边框显示为绿色。

图 3-17　数组创建第 2 步

在数组框图的左端或左上角为数组的索引值，显示在数组左边方框中的索引值对应数组
中第一个可显示的元素，通过索引值的组合可以访问到数组中的每一个元素。LabVIEW 中
的数组与其他编程语言相比比较灵活，任何一种数据类型的数据（数组本身除外）都可以组
成数组。其他的编程语言如 C 语言，在使用一个数组时，必须首先定义数组的长度，但
LabVIEW 却不必如此，它会自动确定数组的长度。在内存允许的情况下，数组中每一维的
元素最多可以达 $2^{31}-1$ 个。数组中元素的数据类型必须完全相同，如都是无符号 16 位整数，
或全为布尔型等。当数组中有 n 个元素时，元素的索引号从 0 开始，到 $n-1$ 结束。

3.1.4　簇

簇是 LabVIEW 中一个比较特别的数据类型，它可以将几种不同的数据类型集中到一个
单元中形成一个整体，类似于 C 语言中的结构。

簇通常用于将出现在框图上的有关数据元素分组管理。因为簇在框图中仅用唯一的连线
表示，所以可以减少连线混乱和子 VI 需要的连接器端子个数。使用簇有着积极的效果，可
以将簇看作是一捆连线，其中每个连线表示簇不同的元素。在框图上，只有当簇具有相同元
素类型、相同元素数量和相同元素顺序时，才可以将簇的端子连接。

簇和数组的异同：簇可以包含不同类型的数据，而数组仅可以包含相同的数据类型，簇
和数组中的元素都是有序排列的，但访问簇中元素最好是通过释放方法同时访问其中的部分
或全部元素，而不是通过索引一次访问一个元素，簇和数组的另一差别是簇具有固定的大
小。簇和数组的相似之处是二者都是由输入控件或输出控件组成的，不能同时包含输入控件
和输出控件。

簇的创建类似于数组的创建。首先在控制选板中的"数组、矩阵与簇"子选板中创建簇
的框架，如图 3-18 所示。

然后向簇框架中添加所需要的元素，并且可以根据需要更改簇和簇中各元素的名称，如
图 3-19 所示。

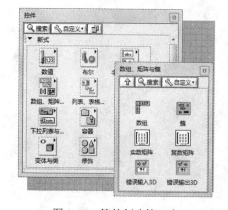

图 3-18　簇的创建第 1 步

图 3-19　簇的创建第 2 步

一个簇变为输入控件簇或显示控件簇取决于放进簇中的第 1 个元素,若放进簇框架中的第 1 个元素是布尔控件,那么后来给簇添加的任何元素都将变成输入对象,簇变成了输入控件簇,并且当从任何簇元素的快捷菜单中选择转换为输入控件或显示控件时,簇中的所有元素都将发生变化。

在簇框架上单击右键弹出快捷菜单,在菜单中的"自动调整大小"中的 3 个选项可以用来调整簇框架的大小以及簇元素的布局,选择匹配大小选项调整簇框架的大小,以适合所包含的所有元素;水平排列选项水平压缩排列所有元素;垂直排列选项垂直压缩排列所有元素。图 3-20 给出了这 3 种调整的示例。

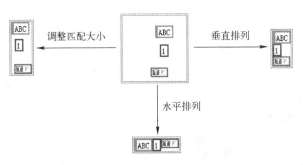

图 3-20 簇元素的调整

簇的元素有一定的排列顺序,簇元素按照它们放入簇中的先后顺序排序,而不是按照簇框架内的物理顺序排序,簇框架中的第 1 个对象标记为 0,第 2 个为 1,依次排列。在簇中删除元素时,剩余元素的顺序将自行调整,在簇的解除捆绑和捆绑函数中,簇顺序决定了元素的显示顺序。如果要访问簇中的单个元素,必须记住簇的顺序,因为簇中的单个元素都是按顺序访问的,例如图 3-21 中的顺序是:先是字符串常量 ABC,再是数值常量 1,最后是布尔常量。在使用了水平排列和垂直排列后,分别按顺序号从左向右和从上到下排列了这 3 个簇元素。

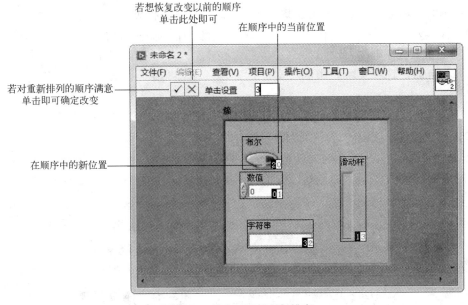

图 3-21 簇中元素的重新排序

在前面板上，从簇边框上右键单击在弹出的快捷菜单中选择"重新排序簇中控件"，可以检查和改变簇内元素的顺序，此时图中的工具变成了一组新按扭，簇的背景也有变化，连光标也改变为簇排序光标，选择"重新排序簇中控件"后，簇中每一个元素右下角都出现了并排的框、白框和黑框。白框指出该元素在簇顺序中的当前位置，黑框指出在用户改变顺序的新位置，在此顺序改变前，白框和黑框中的数字是一样的，用簇排序光标单击某个元素，该元素在簇顺序中的位置就会变成顶部工具条显示的数字，单击 ☒ 按扭后可恢复到以前的排列顺序，如图 3-21 所示。

应注意簇顺序的重要性，例如图 3-21 中原来的顺序如图 3-22 所示，改变顺序前创建显示控件，可以正常输出，如图 3-23 的上图，但当改变为图 3-22 的排序时，显示控件和输入控件则不能正常连接，如图 3-23 的下图。因为，没改变前，第 1 个组件是布尔控件，而改变后的第 1 个组件是数值控件。使用簇时应当遵循的原则是：在一个高度交互的面板中，不要把一个簇既作为输入又作为输出。

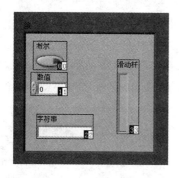

图 3-22　改变了的簇元素

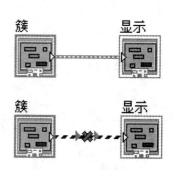

图 3-23　簇中元素的重要性

3.1.5　实例——簇数组筛选

通过本例，熟悉对数组、簇的认识，练习在簇中放置各种对象的方法。

1）新建 VI。选择菜单栏中的"文件"→"新建 VI"命令，新建一个 VI，一个空白的 VI 包括前面板及程序框图。

2）保存 VI。选择菜单栏中的"文件"→"另存为"命令，输入 VI 名称为"簇数组筛选"。

3）固定控件选板。单击右键，在前面板打开"控件"选板，单击选板左上角"固定"按钮 📌，将"控件"选板固定在前面板界面。

4）选择"新式"→"数组、矩阵与簇"→"簇"控件，将其放置在前面板的适当位置，如图 3-24 所示，选择"实数矩阵"控件，将其放置到簇控件内部，如图 3-25 所示。

图 3-24　放置簇控件

图 3-25　放置实数矩阵

5）在控件上单击鼠标右键，弹出快捷菜单，选择"自动调整大小"→"调整为匹配大小"命令，将矩阵与簇调整为适当比例，如图3-26所示。

6）选择"新式"→"数组、矩阵与簇"→"簇"控件，将其放置在前面板的适当位置，如图3-27所示，选择"数组"控件，将其放置到簇控件内部，如图3-28所示。

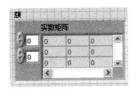

图 3-26　调整大小　　　　图 3-27　放置簇控件　　　图 3-28　放置数组控件

7）选择"新式"→"数值"→"数值输入控件"控件，并放置在簇 2 中，如图 3-29所示。

8）在控件上单击鼠标右键，弹出快捷菜单，选择"自动调整大小"→"调整为匹配大小"命令，将矩阵与簇调整为适当比例，结果如图 3-30所示。

图 3-29　放置数值控件　　　　　　图 3-30　调整控件大小

9）选中簇 2 中的数组控件，单击右键选择"添加维度"命令，将一维数组调整为二维数组，如图3-31所示。

10）将鼠标放置在数组右下角，鼠标变为 形状，拖动该图标，调整数组大小，结果如图3-32所示。

11）选择"新式"→"布尔"→"停止按钮"控件，并放置在前面板的适当位置，如图3-33所示。

　　　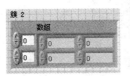　　　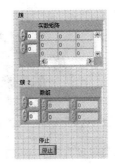

图 3-31　二维数组　　　　图 3-32　调整数组大小　　　图 3-33　放置停止按钮

3.1.6　图形

LabVIEW 强大的显示功能增强了用户界面的表达能力，除了数据的显示，图形化波形显示是 LabVIEW 在虚拟仪器设计中的特点。

波形显示不单单是几条曲线的显示，根据不同的功能数据输出，可以将波形分为 13 种，如图 3-34 所示，下面主要介绍波形图、波形图表、XY 图、强度图和强度图表。

图 3-34 图形显示

1. 波形图

波形图用于将测量值显示为一条或多条曲线。波形图仅绘制单值函数，即在 $y = f(x)$ 中，各点沿 x 轴均匀分布。波形图可显示包含任意个数据点的曲线。波形图接收多种数据类型，从而最大程度地降低了数据在显示为图形前进行类型转换的工作量。波形图显示波形是以成批数据一次刷新方式进行的，数据输入基本形式是数据数组（一维或二维数组）、簇或波形数据，如图 3-35、3-36 所示。

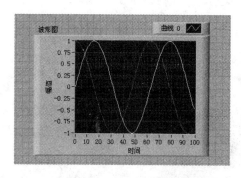

图 3-35 波形图的简单使用

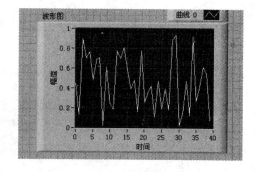

图 3-36 产生随机数的程序框图和前面板

波形图是一次性完成显示图形刷新出来的，所以其输入数据必须是完成一次显示所需要的所有数据数组，而不能把测量结果一次一次的输入，因此不能把随机数函数的输出节点直接与波形图的端口相连。

波形图显示的每条波形，其数据都必须是一个一维数组，这是波形图的特点，所以要显示 n 条波形就必须有 n 组数据。至于这些数据数组如何组织，用户可以根据不同的需要来确定。

应当注意的是，如果不同曲线间的数据量或数据的大小差距太大，则不适合用一个波形图来进行显示。因为波形图总是要在一个显示屏的范围内把一个数组的数据完全显示出来，如果一维数据与另一组数据的数据量相差太大，长度长的波形将被压缩，影响显示效果。

除了数组和簇，波形图还可以显示波形数据。波形数据是 LabVIEW 的一种数据类型，本质上还是簇。

2. 波形图表

波形图表是一种特殊的指示器，在图形子选板中找到，选中后拖入前面板即可，如图 3-37 所示。

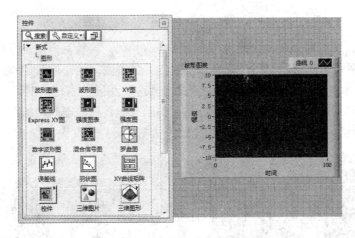

图 3-37　波形图表位于图形子选板中

波形图表在交互式数据显示中有 3 种刷新模式：示波器图表、带状图表和扫描图。用户可以在右键菜单中的高级中选择刷新模式即可，如图 3-38 所示。

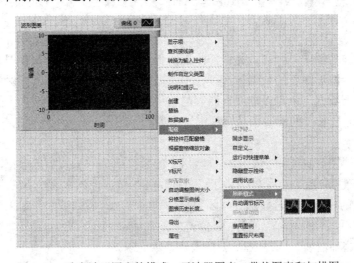

图 3-38　改变波形图表的模式：示波器图表、带状图表和扫描图

示波器图表、带状图表和扫描图在处理数据时略有不同。带状图表有一个滚动显示屏，当新的数据到达时，整个曲线会向左移动，最原始的数据点将移出视野，而最新的数据则会添加到曲线的最右端。这一过程与实验中常见的纸带记录仪的运行方式非常相似，如图 3-39 所示。

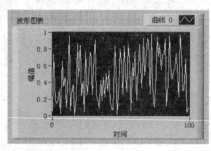

图 3-39　带状图表

示波器图表、扫描图表和示波器的工作方式十分相似。当数据点多到足以使曲线到达示波器图表绘图区域的右边界时，将清除整个曲线，并从绘图区的左侧开始重新绘制，扫描图表和示波器图表非常类似，不同之处在于当曲线到达绘图区的右边界时，不是将旧曲线消除，而是用一条移动的红线标记新曲线的开始，并随着新数据的不断增加在绘图区中逐渐移动，如图 3-40 所示。示波器图表和扫描图表比带状图表运行速度快。

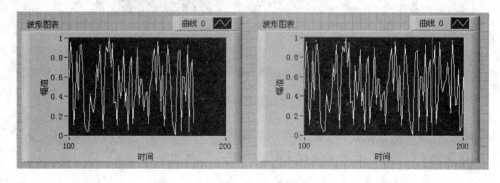

图 3-40　示波器图表和扫描图表

波形图表和波形图的不同之处是：波形图表保存了旧的数据，所保存旧数据的长度可以自行指定。新传给波形图表的数据被接续在旧数据的后面，这样就可以在保持一部分旧数据显示的同时显示新数据。也可以把波形图表的这种工作方式想象为先进先出的队列，新数据到来之后，会把同样长度的旧数据从队列中挤出去。

3．XY 图

波形图和波形图表只能用于显示一维数组中的数据或是一系列单点数据，对于需要显示横、纵坐标对的数据，它们就无能为力了。前面讲述的波形图的 Y 值对应实际的测量数据，X 值对应测量点的序号，适合显示等间隔数据序列的变化。例如按照一定采样时间采集数据的变化，但是它不适合描述 Y 值随 X 值变化的曲线，也不适合绘制两个相互依赖的变量（如 Y/X）。对于这种曲线，LabVIEW 专门设计了 XY 图。

与波形图相同，XY 波形图也是一次性完成波形显示刷新，不同的是 XY 图的输入数据类型是由两组数据打包构成的簇，簇的每一对数据都对应一个显示数据点的 X、Y 坐标。

用 XY 图时，也要注意数据类型的转换，以绘制单位圆为例，如图 3-41 所示。

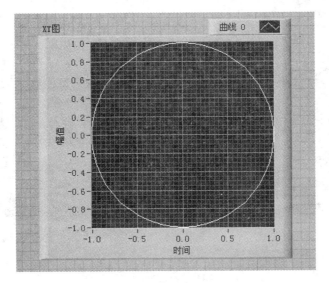

图 3-41　绘制单位圆

对于 Express XY 图，可以双击打开其属性对话框，如图 3-42 所示，在其属性对话框中可以设置是否在每次调用时清除数据。

对于上一个示例，也可将正弦函数和余弦函数分开来做，使用两个正弦波来实现，当输入相位 1 的值和相位 2 的值相差为 90°或 270°时，输出波形与上个示例相同，如图 3-43 所示，显示了单位圆。

图 3-42　Express XY 图属性对话框

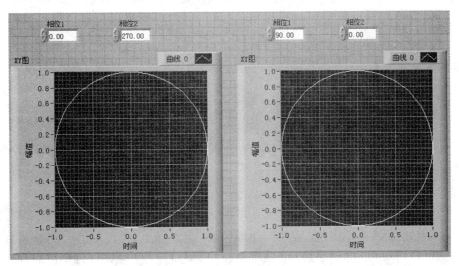

图 3-43　单位圆的显示

当相位差为 0°时，绘制的图形为直线，当相位差不为 0°、90°、270°时，图形为椭圆。如图 3-44 所示，直线和椭圆的显示。

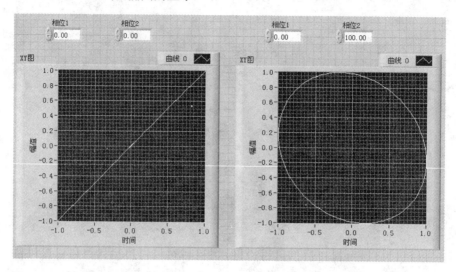

图 3-44　直线和椭圆的显示

4．强度图

强度图是 LabVIEW 提供的另一种波形显示，它用一个二维强度图表示一个三维的数据类型，一个典型的强度图如图 3-45 所示。

从图中可以看出强度图与前面介绍过的曲线显示工具在外形上的最大区别是，强度图表拥有的标签为幅值的颜色控制组件，如果把标签为时间和频率的坐标轴分别理解为 X 轴和 Y 轴，则幅值组件相当于 Z 轴的刻度。

在使用强度图前先介绍一下颜色梯度，颜色梯度在控制选板中的"经典"→"经典数值"子选板中，当把这个控件放在前面板时，默认建立一个指示器，如图 3-46 所示。

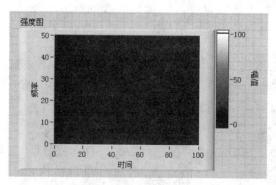

图 3-45　强度图

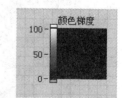

图 3-46　前面板上的颜色梯度指示器

可以看到颜色梯度指示器的左边有一个颜色条，颜色条上有数字刻度，当指示器得到数值输入数据时，输入值作为刻度在颜色条上对应的颜色显示在控件右侧的颜色框中。若输入值不在颜色条边上的刻度值范围之内，当超过 100 时，显示颜色条上方小矩形内的颜色，默认时为白色；当超过下界时，显示颜色条下方小矩形内的颜色，默认时为红色。当输入为

100 和-1 时，分别显示为白色和红色，如图 3-47 所示。

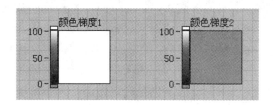

图 3-47　默认超界时的颜色

在编辑和运行程序时，用户可单击上下两个小矩形，这时会弹出颜色拾取器，在里面可定义越界颜色，如图 3-48 所示。

实际上，颜色梯度只包含 5 个颜色值：0 对应黑色，50 对应蓝色，100 对应白色。0～50 之间和 50～100 之间的颜色都是插值的结果。在颜色条上弹出的快捷菜单中选择添加刻度可以增加新的刻度，如图 3-49 所示。添加刻度之后，可以改变新刻度对应的颜色，这样就为刻度梯度增加了一个数值颜色对。

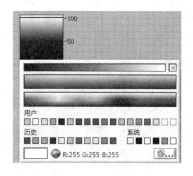

图 3-48　定义超界颜色

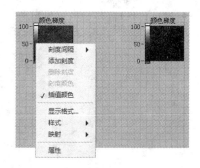

图 3-49　添加刻度

在使用强度图时，要注意其排列顺序，如图 3-50 所示。原数组的第 0 行在强度图中对应于最左面的一列，而且元素对应色块按从下到上的排列。值为 100 时，对应的白色在左上方，值为 0 时，对应的黑色在底端的中间。

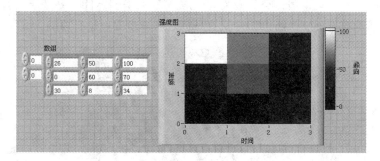

图 3-50　原数组在强度图中的排序

5．强度图表

与强度图一样，强度图表也是用一个二维的显示结构来表达一个三维的数据类型，它们之间的主要区别在于图像的刷新方式不同：当强度图接收到新数据时，会自动清除旧数据的显示；而强度图表会把新数据的显示接续到旧数据的后面。也就是波形图表和波形图的区别。

强度图的数据格式为一个二维的数组，它可以一次性把这些数据显示出来。虽然强度图表也是接收和显示一个二维的数据数组，但它显示的方式不一样。它可以一次性显示一列或几列图像，它在屏幕及缓冲区保存一部分旧的图像和数据，每次接收到新的数据时，新的图像紧接着在原有图像的后面显示。当下一列图像将超出显示区域时，将有一列或几列旧图像移出屏幕。数据缓冲区同波形图表一样，也是先进先出，大小可以自己定义，但结构与波形图表（二维）不一样，而强度图表的缓冲区结构是一维的。这个缓冲区的大小是可以设定的，默认为 128 个数据点，若想改变缓冲区的大小，可以在强度图表上单击右键，从弹出的快捷菜单中选择图表历史长度，即可改变缓冲区的大小，如图 3-51 所示。

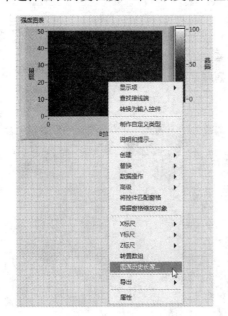

图 3-51　设置图表历史长度

图 3-52 显示了强度图表的使用，在这个过程中，先让正弦函数在循环的边框通道上形成一个一维数组，然后再形成一个列数为 1 的二维数组送到控件中去显示。因为二维数组是强度图表所必需的数据类型，所以即使只有一行，这一步骤也是必要的。

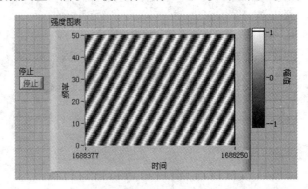

图 3-52　强度图表的使用

3.1.7　三维图形

在很多情况下，把数据绘制在三维空间里会更形象和更有表现力。大量实际应用中的数据，例如某个平面的温度分布、联合时频分析、飞机的运动等，都需要在三维空间中可视化显示数据。三维图形可令三维数据可视化，修改三维图形属性可改变数据的显示方式。

LabVIEW 中包含以下三维图形，如图 3-53 所示。

- ➢ 散点图：显示两组数据的统计趋势和关系。
- ➢ 杆图：显示冲激响应并按分布组织数据。
- ➢ 彗星图：创建数据点周围有圆圈环绕的动画图。
- ➢ 曲面图：在相互连接的曲面上绘制数据。
- ➢ 等高线图：绘制等高线图。
- ➢ 网格图：绘制有开放空间的网格曲面。
- ➢ 瀑布图：绘制数据曲面和 y 轴上低于数据点的区域。
- ➢ 箭头图：生成速度曲线。
- ➢ 带状图：生成平行线组成的带状图。
- ➢ 条形图：生成垂直条带组成的条形图。
- ➢ 饼图：生成饼状图。
- ➢ 三维曲面图：在三维空间绘制一个曲面图。
- ➢ 三维参数图：在三维空间中绘制一个参数图。
- ➢ 三维线条图：在三维空间绘制线条图。
- ➢ ActiveX 三维曲面图：使用 ActiveX 技术，在三维空间绘制一个曲面图。
- ➢ ActiveX 三维参数图：使用 ActiveX 技术，在三维空间绘制一个参数图。
- ➢ ActiveX 三维曲线图：使用 ActiveX 技术，在三维空间绘制一条曲线图。

图 3-53　三维图形

前 14 项位于"控件"选板下"新式"→"图形"→"三维图形"子选板下，即图 3-53 左侧图形；后三项位于"经典"→"经典图形"子选板下，即图 3-53 右侧图形第 3 行。

ActiveX 三维图形控件仅在 Windows 平台上的 LabVIEW 完整版和专业版开发系统上可用。与其他 LabVIEW 控件不同，这 3 个三维图形模块不是独立的。实际上这 3 个三维图形模块都是包含了 ActiveX 控件的 ActiveX 容器与某个三维绘图函数的组合。

1. 三维曲面图

三维曲面图用于显示三维空间的一个曲面。在前面板放置一个三维曲面图时，程序框图将出现两个图标，如图 3-54 所示。

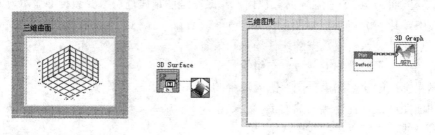

图 3-54　经典选板 ActiveX 三维曲面图、新式选板中的三维曲面图

在左图中可以看出，三维曲面图相应的程序框图由两部分组成：**3D Surface** 和三维曲面。其中 **3D Surface** 只负责图形显示，作图则由三维曲面来完成。

三维曲面的图标和端口如图 3-55 所示。三维图形输入端口是 ActiveX 控件输入端，该端口的下面是两个一维数组输入端，用以输入 X、Y 坐标值。Z 矩阵端口的数据类型为二维数组，用以输入 Z 坐标。三维曲面在作图时采用的是描点法，即根据输入的 X、Y、Z 坐标在三维空间确定一系列数据点，然后通过插值得到曲面。在作图时，三维曲面根据 X 和 Y 的坐标数组在 XY 平面上确定一个矩形网络，每个网格结点都对应着三维曲线上的一个点在 XY 坐标平面的投影。Z 矩阵数组给出了每个网格节点所对应的曲面点的 Z 坐标，三维曲面根据这些信息就能够完成作图。三维曲面不能显示三维空间的封闭图形，如果显示封闭图形应使用三维参数曲面。

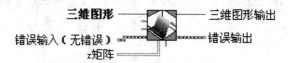

图 3-55　三维曲面的图标和端口

如图 3-56 所示，使用三维曲面图输出了正弦信号。需要注意的是，此时用的是信号处理子选板中的信号生成的正弦信号，而不是波形生成中的正弦波形。因为正弦波形函数输出的是簇数据类型，而 Z 矩阵输入端口接收的是二维数组。如图 3-57 所示。

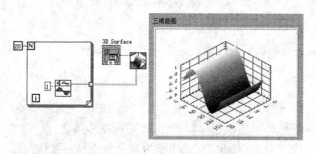

图 3-56　正弦信号的三维曲面图

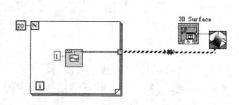

图 3-57　三维曲面图的错误使用

图 3-58 显示的是用三维曲面图显示 $z = \sin(x)\cos(y)$，其中 x 和 y 都在 $0\sim2\pi$ 的范围内，X、Y 坐标轴上的步长为 $\pi/50$。

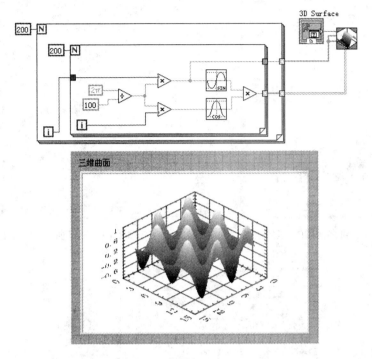

图 3-58　曲面 $z = \sin(x)\cos(y)$

框图中的 For 循环边框的自动索引功能将 Z 坐标组成了一个二维数组。但对于输入 **x** 向量和 **y** 向量来说，由于要求不是二维数组，所以程序框图中的 For 循环的自动索引应禁止使用，否则将出错，如图 3-59 所示。

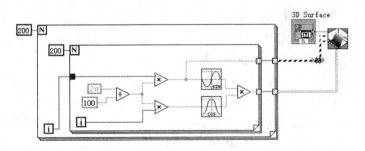

图 3-59　三维曲面图的错误使用

对于前面板的三维曲面图，按鼠标左键并移动鼠标可以改变视点位置，三维曲面图发生了旋转，松开鼠标后将显示新视点的观察图形，如图 3-60 所示。

在 LabVIEW 中可以更改三维曲面图的显示方式，方法是在三维曲面图上单击右键，从弹出的快捷菜单中选择 "CWGraph3D"，从下一级菜单中选择 "属性"，如图 3-61 所示。将弹出属性设置的对话框，同时会出现一个小的 CWGraph3D 控件面板，如图 3-62 所示。

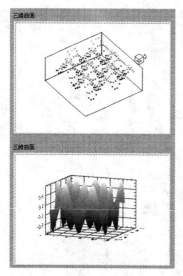

图 3-60　三维曲面图的旋转操作

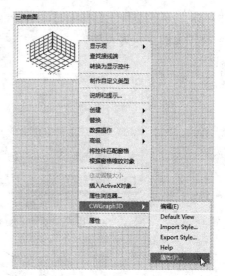

图 3-61　三维曲面图属性的选择

图 3-62　CWGraph3D 控件的属性设置对话框

　　属性对话框中共有 7 个选项卡，包括 Graph、Plots、Axes、Value Pairs、Format、Cursors 和 About。下面对常用的几项进行介绍，其他各项属性的设置方法相似。

　　Graph 选项卡中包含 4 部分：General、3D、Light 和 Grid Planes，即常规属性设置、三维显示设置、灯光设置和网格平面设置。

　　General 常规属性设置用来设置 CWGraph3D 控件的标题。其中，Font 用于设置标题的字体。Graph frame Visible 用于设置图像边框的可见性。Enable dithering 用于设置是否开启抖动，开启抖动可以使颜色过渡更为平滑。Use 3D acceleration 用于设置是否使用 3D 加速。Caption color 用于设置标题颜色。Background color 用于设置标题的背景色。Track mode 用于设置跟踪的时间类型。

　　3D 三维显示设置中的 Projection 用于设置投影类型，有正交投影（Orthographic）和透视（Perspective）。Fast Draw for Pan/Zoom/Rotate 用于设置是否开启快速画法，此项开启时，在进行移动、缩放、旋转时只用数据点来代替曲面，以提高作图速度，默认为选中状态。Clip Data to Axes Ranges 用于设置是否剪切数据，当选中此项时只显示坐标轴范围内的数据，默认为选中状态。View Direction 用来设置视角。User Defined View Direction 用于设置用户视角，共有 3 个参数：纬度（Latitude）、精度（Longitude）、视点距离（Distance），如图 3-63 所示。

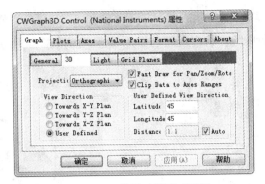

图 3-63　三维显示设置对话框

在 Light 灯光选项卡里，除了默认的光照，CWGraph3D 控件还提供了 4 个可控制的灯。Enable Lighting 用于设置是否开启辅助灯光照明。Ambient Color 用于设置环境光的颜色。Enable Light 用于设置具体设置每一盏灯的属性，包括纬度（Latitude）、精度（Longitude）、距离（Distance）和率减（Attenuation），如图 3-64 所示。

例如若想添加光影效果，可单击 Enable Light 图标，添加光影效果后的正弦曲面如图 3-65 所示。

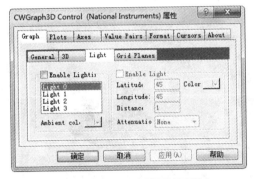

图 3-64　灯光设置对话框

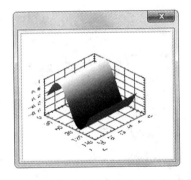

图 3-65　添加了光影效果的三维曲面图

在 Grid Plane 网格平面设置里，Show Grid Plane 用于设定显示网格的平面 Smooth grid lines 用来选中该项以平滑网格线。Grid frame color 用于设置网格边框的颜色，如图 3-66 所示。

在 CWGraph3D 的 Plots 选项卡中，可以更改图形的显示风格。Plots 选项卡对话框如图 3-67 所示。

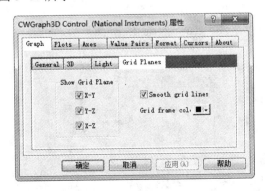

图 3-66　网格平面设置对话框

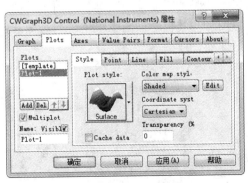

图 3-67　Plot 项对话框

若要改变显示风格，可单击 Plot Style 按钮，将显示 9 种风格，如图 3-68 所示。默认为 Surface，例如若选择 Surf+Line 将出现新的显示风格，如图 3-69 所示。

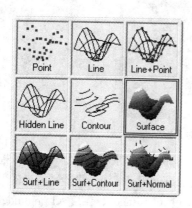

图 3-68　图形的显示风格

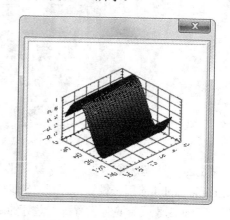

图 3-69　Surf+Line 显示风格

在三维曲面图中，经常会使用到光标，用户可在 CWGraph3D 的 Cursor 选项卡中选择。添加方法是单击 Add 按钮，设置需要的坐标即可，如图 3-70 所示。添加了光标的三维曲面图如图 3-71 所示。

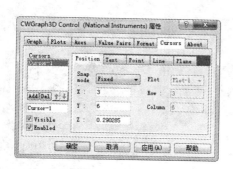

图 3-70　光标的添加

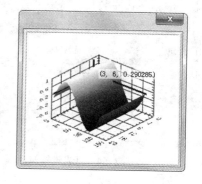

图 3-71　添加了光标的三维曲面图

2．三维参数图

三维曲面可以显示三维空间的一个曲面，但在显示三维空间的封闭图形时就无能为力了，这时就需要使用三维参数图了。如图 3-72 所示，是三维参数图的前面板显示和程序框图。在其程序框图中将出现两个图标：一个是 3D Parametric Surface，另一个是三维参数曲面。

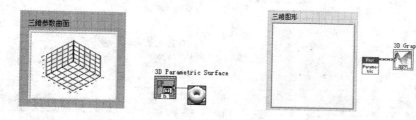

图 3-72　经典选板 ActiveX 三维参数图、新式选板中的三维参数图

图 3-73 所示为三维参数曲面，三维参数曲面各端口的含义是：三维图形表示 3D Parametric 输入端，**x** 矩阵表示参数变化时 *x* 坐标所形成的二维数组；**y** 矩阵表示参数变化时 *y* 坐标所形成的二维数组，**z** 矩阵表示参数变化时 *z* 坐标所形成的二维数组。三维参数曲面的使用较为复杂，但借助参数方程的形式可以很容易的理解，需要 3 个方程：$x=fx(i，j)$；$y=fy(i，j)$；$z=fz(i，j)$。其中，*x*、*y*、*z* 是图形中点的三维坐标，*i*、*j* 是两个参数。

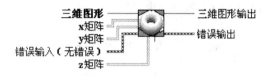

图 3-73　三维参数曲面的图标和端口

若球面的参数方程为

$$x=\cos\alpha\cos\beta$$
$$y=\cos\alpha\sin\beta$$
$$z=\sin\beta$$

其中 α 为球到球面任意一点的矢径与 Z 轴之间的夹角，β 是该矢径在 XY 平面上的投影与 X 轴的夹角。令 α 从 0 变化到 π，步长为 $\pi/24$，β 从 0 变化到 2π，步长为 $\pi/12$，通过球面的参数方程将确定一个球面。程序框图如图 3-74 所示，前面板如图 3-75 所示，前面板显示时要将特性中的 Plots 的 Plot Style 设置为 Surf+Line，以利于观察。

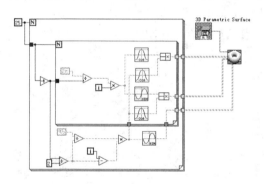

图 3-74　程序框图

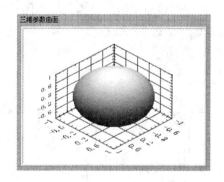

图 3-75　前面板显示

3．三维曲线图

三维曲线图是用于显示三维空间中的一条曲线。三维曲线图的前面板和程序框图如图 3-76 所示。程序框图中将出现两个图标。一个是 3D Curve 图标，另一个是三维曲线的图标。

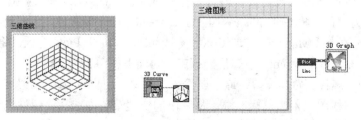

图 3-76　经典选板 ActiveX 三维曲线图、新式选板中的三维线条图

如图 3-77 所示，三维曲线有 3 个重要的输入数据端口，分别是 **x** 向量、**y** 向量和 **z** 向量。分别对应曲线的 3 个坐标向量。在编写程序时，只要分别在 3 个坐标向量上连接一维数组数据就可以显示三维曲线。

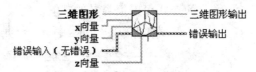

图 3-77　三维曲线的图标及其端口

如图 3-78 所示，三维曲线图显示了余弦的三维曲线。

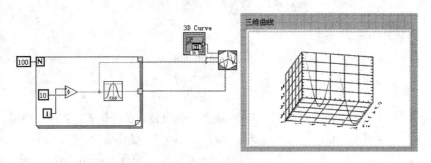

图 3-78　三维的余弦曲线

三维曲线图在绘制三维的数学图形时是比较方便的，如绘制螺旋线：$x=\cos\theta$，$y=\sin\theta$，$z=\theta$。其中 θ 在 $0\sim2\pi$ 的范围内，步长为 $\pi/12$。具体程序框图如图 3-79 所示。相应的前面板如图 3-80 所示。

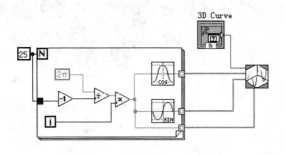 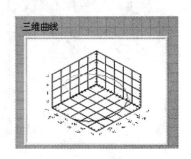

图 3-79　绘制螺旋线的程序框图　　　　　　图 3-80　螺旋线的直接显示

从图中可以看出若不加设置而直接输出特性效果不好，所以要进行特性设置，三维曲线的特性设置与三维曲面图的设置类似。对于特性对话框中的 General 选项，将其中的 Plot area color 设置为黑色，将 Grid planes 中的 Grid frame color 设置为红色；对于 Axes 选项，将其中的 Grid 的子选项 Major Grid 的 Color 设置为绿色；对于 Plots 选项，将 Style 的 Color map style 设置为 Color Spectrum。设置后的螺旋线前面板如图 3-81 所示。

三维曲线图有属性浏览器窗口，通过属性浏览器窗口用户可以很方便地浏览并修改对象的属性，在三维曲线图上单击鼠标右键，从弹出的快捷菜单中选择"属性浏览器"，将弹出三维曲线"属性浏览器"框图，如图 3-82 所示。

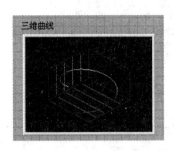

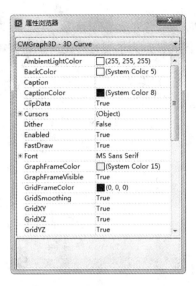

图 3-81　经过特性设置后的螺旋线前面板　　　　　图 3-82　"属性浏览器"窗口

3.1.8　极坐标图

极坐标图实际上是一个图片控件，极坐标的使用相对简单，极坐标图的前面板和程序框图如图 3-83 所示。

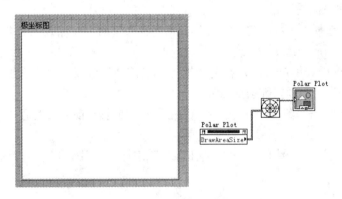

图 3-83　极坐标图的前面板和程序框图

在使用极坐标图时，需要提供以极径、极角方式表示的数据点的坐标。极坐标图的图标和端口如图 3-84 所示。数据数组[大小、相位（度）]端口连接点列的坐标数组，尺寸（宽度、高度）端口设置极坐标图的尺寸。在默认设置下，该尺寸等于新图的尺寸。极坐标属性端口用于设置极坐标图的图形颜色、网格颜色和显示象限等属性。

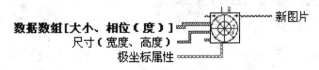

图 3-84　极坐标图的图标和端口

图 3-85 显示的是数学函数 $\rho=\sin3\alpha$ 的极坐标图。在极坐标属性端口创建簇输入控件创建极坐标图属性，为了观察方便可以将其中的网格颜色设置为红色。

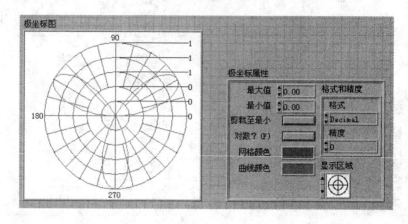

图 3-85　使用极坐标图绘制 $\rho=\sin3\alpha$

3.1.9　实例——信号生成系统

通过本例，加深对波形控件的认识，练习波形控件的应用。

1）新建 VI。选择菜单栏中的"文件"→"新建 VI"命令，新建一个 VI，一个空白的 VI 包括前面板及程序框图。

2）保存 VI。选择菜单栏中的"文件"→"另存为"命令，输入 VI 名称为"信号生成系统"。

3）固定控件选板。单击右键，在前面板打开"控件"选板，单击选板左上角"固定"按钮，将"控件"选板固定在前面板界面。

4）选择"新式"→"图形"→"波形图"控件，并放置在前面板的适当位置，如图 3-86 所示。

5）选择"新式"→"数值"→"数值输入"控件，并放置在前面板的适当位置，如图 3-87 所示。

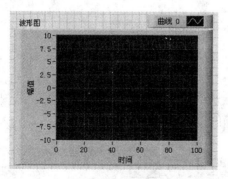

图 3-86　选择控件

图 3-87　放置数值输入控件

6）选择"新式"→"数值"→"数值显示"控件，并放置在前面板的适当位置，如图 3-88 所示。

7）选择"新式"→"下拉列表与枚举"→"文本下拉列表"控件，并放置在前面板的适当位置，如图 3-89 所示。

8）选择"新式"→"布尔"→"滑动开关"控件，并放置在前面板的适当位置，如图 3-90 所示。

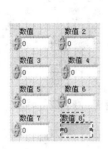

图 3-88　放置数值显示控件

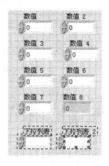

图 3-89　放置文本下拉控件

图 3-90　放置滑动开关控件

9）依次双击控件标签，修改标签内容为波形图基本参数，并对参数进行布局，结果如图 3-91 所示。

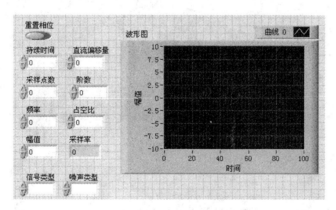

图 3-91　波形图参数控件布局

3.2　对象的选择与删除

新建 VI 后，还需要对 VI 进行编辑，使 VI 的图形化交互式用户界面更加美观、友好而易于操作，使 VI 框图程序的布局和结构更加合理，易于理解、修改。

3.2.1　选择对象

在工具选板中将鼠标切换为对象操作工具。当选择单个对象时，直接用鼠标左键单击需要选中的对象；如果需要选择多个对象，则要在窗口空白处拖动鼠标，使拖出的虚线框包含要选择的目标对象，或者按住〈Shift〉键，用鼠标左键单击多个目标对象，如图 3-92 所示。

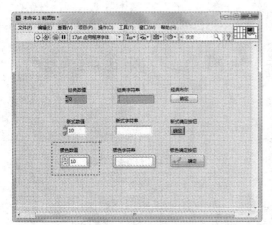
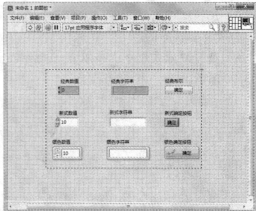
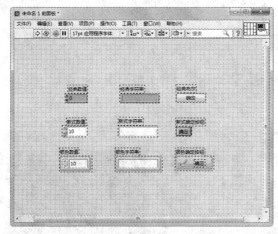

图 3-92 选择对象

3.2.2 删除对象

选中对象按<Delete>键，或在窗口菜单栏中选择"编辑"→"删除"命令，即可删除对象。其结果如图 3-93 所示。

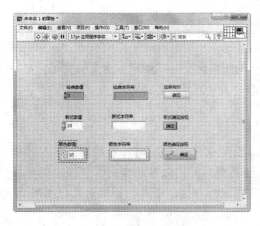
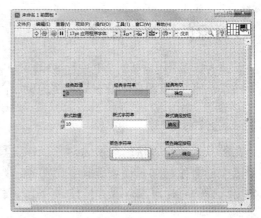

图 3-93 删除对象

3.2.3 变更对象位置

使用对象操作工具拖动目标对象到指定位置，如图 3-94 所示。

在拖动对象时，窗口中会出现一个红色的文本框，实时显示对象移动的相对坐标。

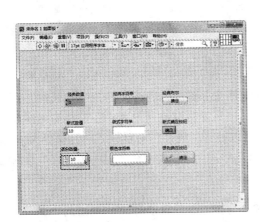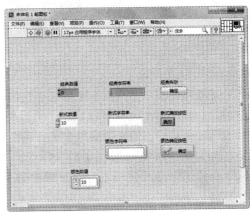

图 3-94 移动的对象位置

3.3 对象属性编辑

上一节主要介绍了设计前面板用到的控件选板，在用 LabVIEW 进行程序设计的过程中，对前面板的设计主要是编辑前面板控件和设置前面板控件的属性。为了更好地操作前面板的控件，设置其属性是非常必要的，这一节将主要介绍设置前面板控件属性的方法。

不同类型的前面板控件有着不同的属性，下面分别介绍设置数值型控件、文本型控件、布尔型控件以及图形显示控件的方法。

3.3.1 设置数值型控件的属性

LabVIEW 2015 中的数值型控件（位于控件模板中的 Numeric 子模板中）有着许多共有属性，每个控件又有自己独特的属性，这里只能对控件的共有属性做比较详细的介绍。

下面以数值型控件——量表为例介绍数值型控件的常用属性及其设置方法。

数值型控件的常用属性如下。

➤ 标签：用于对控件的类型及名称进行注释。

➤ 标题：控件的标题，通常和标签相同。

➤ 数字显示：以数字的方式显示控件所表达的数据。

在前面板的控件图标上单击鼠标右键，弹出图 3-95 所示的快捷菜单，从菜单中可以通过选择"标签""标题"和"数字显示"等属性可以切换是否显示控件的这些属性，如图 3-96 所示。

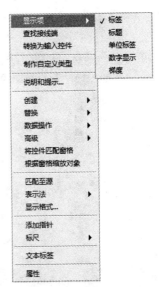

图 3-95 数值型控件
（以量表为例）的属性快捷菜单

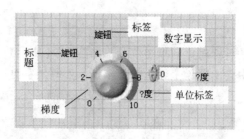

图 3-96　控件的基本属性

另外，还可以通过工具模板中的文本按钮 $\boxed{\text{A}}$ 来修改标签和标题的内容。

数值型控件的其他属性可以通过"旋钮类的属性"对话框进行设置，在控件的图标上单击鼠标右键，并从弹出的快捷菜单中选择属性，可以打开"属性"对话框。对话框分为 8 个选项页，分别是"外观""数据类型""标尺""显示格式""文本标签""说明信息""数据绑定"和"快捷键"。8 个选项页分别如图 3-97 所示。

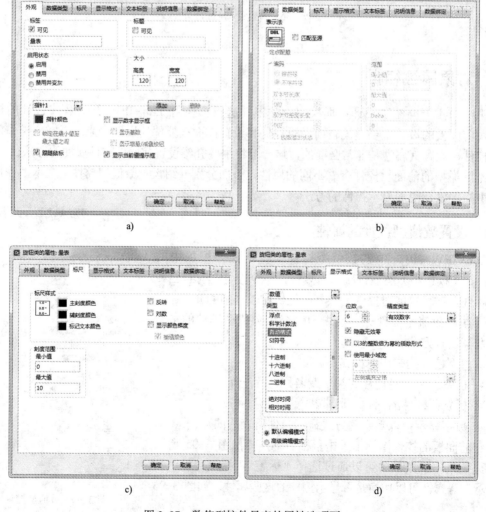

图 3-97　数值型控件量表的属性选项页

e)   f)

g)   h)

图 3-97　数值型控件量表的属性选项页（续）

a)"外观"选项卡　b)"数据类型"选项卡　c)"标尺"选项卡　d)"显示格式"选项卡　e)"文本标签"选项

f)"说明信息"选项卡　g)"数据绑定"选项卡　h)"快捷键"选项卡

> "外观"选项卡：用户可以设置与控件外观有关的属性。用户可以修改控件的标签和标题属性以及设置其是否可见；可以设置控件的启用状态，以决定控件是否可以被程序调用；在外观选项页中用户也可以设置控件的颜色和风格。

> "数据类型"选项卡：用户可以设置数值型控件的数据范围以及默认值。

> "标尺"选项卡：用户可以设置数值型控件的标尺样式及刻度范围。可以选择的刻度样式类型，如图 3-98 所示。

图 3-98　用户可以选择的数值型控件刻度样式

> "显示格式"选项卡：与数据类型和标尺选项页一样，显示格式选项也是数值型控件所特有的属性。在显示格式选项页中用户可以设置控件的数据显示格式以及精度。该选项也包含两种编辑模式，分别是默认编辑模式和高级编辑模式，在高级编辑模式下，用户可以对控件的格式与精度做更为复杂的设置。

➢ "文本标签"选项卡：用于配置带有标尺的数值对象的文本标签。

➢ "说明信息"选项卡：用于描述该对象的目的并给出使用说明。

➢ "数据绑定"选项卡：用于将前面板对象绑定至网络发布项目项以及网络上的 PSP 数据项。

➢ "快捷键"选项卡：用于设置控件的快捷键。

LabVIEW 2015 为用户提供了丰富、形象而且功能强大的数值型控件，用于数值型数据的控制和显示，合理地设置这些控件的属性是使用它们进行前面板设计的有力保证。

3.3.2 设置文本型控件的属性

LabVIEW 中的文本型控件主要负责字符串等文本类型数据的控制和显示，这些控件位于 LabVIEW 控件选板中的字符串和路径子选板中。

LabVIEW 2015 中的文本型控件可以分为 3 种类型，分别是：用于输入字符串的输入与显示控件，用于选择字符串的输入与显示控件以及用于文件路径的输入与显示控件。下面分别详细说明设置三种类型文本型控件的方法。

文本输入控件和文本显示控件是最具代表性的用于输入字符串的控件，在 LabVIEW 的前面板中它们的图标分别是"新式" ▭ 和 ▭；"经典" ▭ 和 ▭；"银色" ▭ 和 ▭。这两种控件的属性可以通过其"属性"对话框进行设置。文本输入控件和文本输出控件的"属性"对话框如图 3-99 所示。

文本输入控件和文本输出控件的"属性"对话框由外观、说明信息等选项卡组成。在外观选项卡中，与上一节介绍的数值型控件的"属性"对话框不同的是，在文本控件的属性对话框中，用户不仅可以设置标签和标题等属性，而且可以设置文本的显示方式。

图 3-99　文本输入控件和文本输出控件的属性对话框

文本输入控件和文本输出控件中的文本可以以 4 种方式进行显示，分别为正常、反斜杠符号、密码和十六进制。其中反斜杠符号显示方式表示文本框中的字符串以反斜杠符号的方式显示，例如"\n"代表换行，"\r"代表按〈Enter〉键，而"\b"代表退格；"密码"表示以密码的方式显示文本，即不显示文本内容，而代之以"*"；十六进制表示以十六进制数来显示字符串。

在字符串属性对话框中，如果复选"限于单行输入"，那么将限制用户按行输入字符串，而不能通过按〈Enter〉键换行；如果复选"自动换行"，那么将根据文本的多少自动换行；如果复选"键入时刷新"，那么文本框的值会随用户键入的字符而实时改变，不会等到用户键入〈Enter〉键后才改变；如果复选"显示垂直滚动条"，则当文本框中的字符串不只一行时显示垂直滚动条；如果复选"显示水平滚动条"，则当文本框中的字符串在一行显示不下时显示水平滚动条；如果复选"调整为文本大小"，则调整字符串控件在竖直方向上的大小以显示所有文本，但不改变字符串控件在水平方向上的大小。

文本型控件的另一种类型是用于选择字符串的控制，主要包括文本下拉列表 、菜单下拉列表 和组合框 。与输入字符串的文本控件不同，这类控件需要预先设定一些选项，用户在使用时可以从中选择一项作为控件的当前值。

这类控件的设置同样可以通过其"属性"对话框来完成，下面以组合框为例介绍设置这类控件属性的方法。

组合框属性的外观、说明信息、数据绑定和数值型控件的相应选项卡相似，设置方法也类似，这里不再赘述，下面主要介绍编辑项选项卡。

在编辑项选项卡中，用户可以设定该控件中能够显示的文本选项。在"项"中填入相应的文本选项，单击"插入"便可以加入这一选项，同时标签的右侧显示当前选项的选项值。

选择某一选项，单击"删除"可以删除此选项，单击"上移"可以将该选项向上移动，单击"下移"将该选项向下移动。

3.3.3　设置布尔型控件的属性

布尔型控件是 LabVIEW 中运用的相对较多的控件，它一般作为控制程序运行的开关或者作为检测程序运行状态的显示等。

布尔型控件的"属性"对话框有两个常用的选项卡，分别为"外观"和"操作"，如图 3-100 所示。在"外观"选项卡中，用户可以调整开关或按钮的颜色等外观参数。"操作"是布尔型控件所特有的属性卡，在这里用户可以设置按钮或者开关的机械动作类型，对每种动作类型有相应的说明，并可以预览开关的动作效果以及开关的状态。

a)　　　　　　　　　　　　　　　　b)

图 3-100　布尔型控件的属性选项卡

a)"外观"选项卡　b)"操作"选项卡

布尔型控件可以用文字的方式在控件上显示其状态，例如没有显示开关状态的按钮为 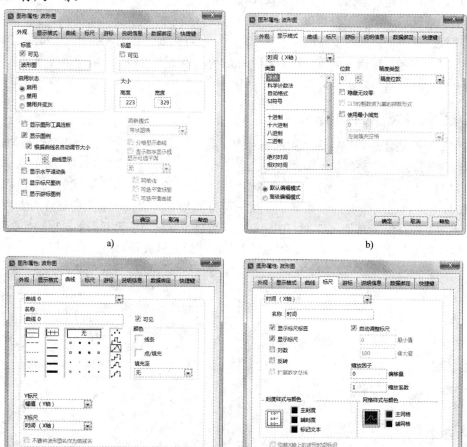，而显示了开关状态的按钮为 。如果要显示开关的状态，只需要在布尔型控件的显示选项卡中复选"显示布尔文本"，或者右键单击控件选择"显示项"→"布尔文本"。

3.3.4 设置图形显示控件的属性

图形显示控件是 LabVIEW 中相对比较复杂的专门用于数据显示的控件，如"波形图表"和"波形图"。这类控件的属性相对前面板数值型控件、文本型控件和布尔型控件而言更加复杂，其使用方法在下面的章节中将详细介绍，这里只对其常用的一些属性及其设置方法做简略的说明。

如同前面 3 种控件，图形型控件的属性可以通过其"属性"对话框进行设置。下面以图形型控件"波形图"为例，介绍设置图形型控件属性的方法。

1. 属性设置

波形图控件属性对话框的选项卡分别如图 3-101 所示，分别为"外观""显示格式""曲线"和"标尺"等。

图 3-101　波形图的属性选项卡

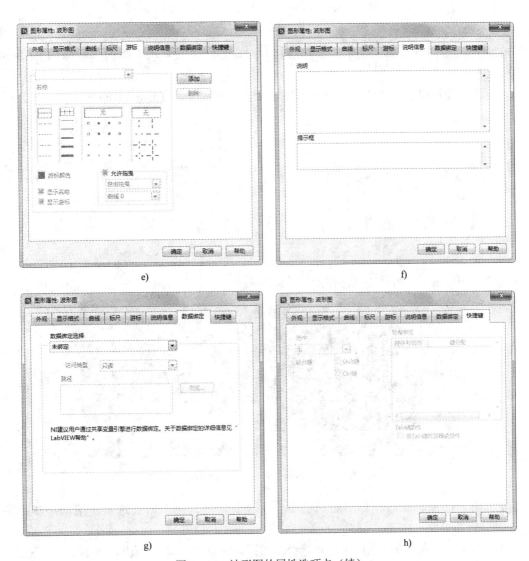

图 3-101 波形图的属性选项卡（续）

a) 外观 b) 显示格式 c) 曲线 d) 标尺 e) 游标 f) 说明信息 g) 数据绑定 h) 快捷键

其中，在"外观"选项卡中，用户可以设定是否需要显示控件的一些外观参数选项，如"标签""标题""启用状态""显示图形工具选板""显示图例"和"显示游标图例"等。"显示格式"选项卡可以在"默认编辑模式"和"高级编辑模式"之间进行切换，用于设置图形型控件所显示的数据的格式与精度。"曲线"选项卡用于设置图形型控件绘图时需要用到的一些参数，包括数据点的表示方法、曲线的线型及其颜色等。在"标尺"选项卡中，用户可以设置图形型控件有关标尺的属性，例如是否显示标尺，标尺的风格、颜色以及栅格的颜色和风格等。在"游标"选项卡里，用户可以选择是否显示游标以及显示游标的风格等。

在一般情况下，LabVIEW 2015 中几乎所有控件的"属性"对话框中都会有"说明信息"选项卡。在该选项卡中，用户可以设置对控件的注释以及提示。当用户将鼠标指针指向前面板上的控件时，程序将会显示该提示。

2．个性化设置

在使用波形图时，为了便于分析和观察，经常使用"显示项"中的"游标图例"，如图 3-102 所示。

游标的创建可以在游标图例菜单的创建游标子菜单中创建，如图 3-103 所示。

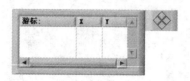

图 3-102　游标图例

图 3-103　游标的创建

如图 3-104 所示，为使用了游标图例的波形图。

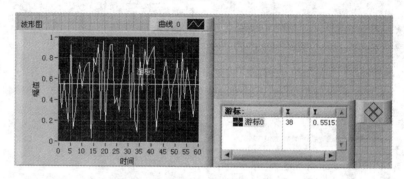

图 3-104　添加了游标图例的波形图

波形图表除了具有与波形图相同的个性特征外，还有两个附加选项：滚动条和数字显示。

波形图表中的滚动条可以用于显示已经移出图表的数据，如图 3-105 所示。

数字显示也是在显示项中添加，添加了数字显示后，在波形图表的右上方将出现数字显示，内容为最后一个数据点的值，如图 3-106 所示。

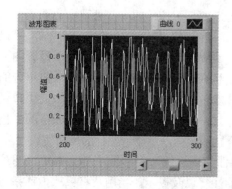

图 3-105　使用了滚动条的波形图表

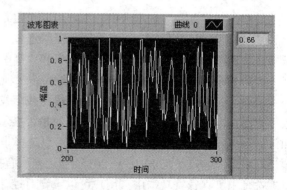

图 3-106　添加了数字显示的波形图表

当为多曲线图表时，则可以选择层叠或重叠模式，即分格显示曲线或层叠显示曲线，如图 3-107 和图 3-108 所示。

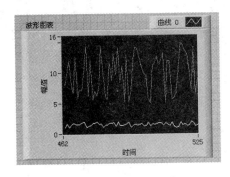

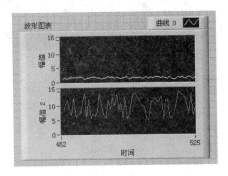

图 3-107　层叠显示曲线　　　　　　　　图 3-108　分格显示曲线

3.3.5　实例——波形比较

通过本例，练习对控件属性的设置，提高前面板的设计水平。

1）新建 VI。选择菜单栏中的"文件"→"新建 VI"命令，新建一个 VI，一个空白的 VI 包括前面板及程序框图。

2）保存 VI。选择菜单栏中的"文件"→"另存为"命令，输入 VI 名称为"波形比较"。

3）固定控件选板。单击右键，在前面板打开"控件"选板，单击选板左上角"固定"按钮，将"控件"选板固定在前面板界面。

4）选择"新式"→"图形"→"波形图"控件，在前面板上放置两个波形图，调整波形图形状，修改波形图名称为比较信号、混合信号，如图 3-109 所示。

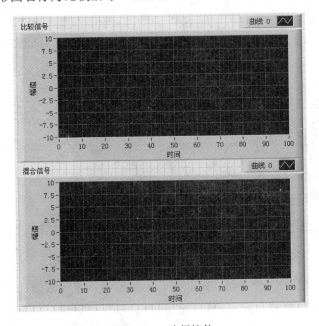

图 3-109　选择控件

5）选中"比较信号"控件，单击右键选择"属性"命令，弹出"图形属性：比较信号"对话框，打开"外观"选项卡，在"曲线显示"选项中设置波形图中显示的曲线为 2，如图 3-110 所示，单击"确定"按钮，退出对话框。

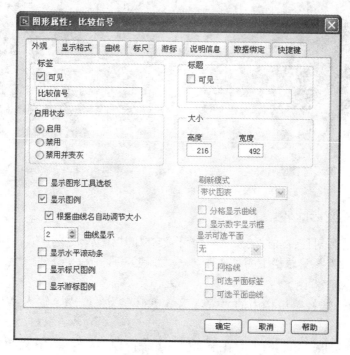

图 3-110 "外观"选项卡

6）在"比较信号"控件右上角显示曲线两个：曲线 0、曲线 1，如图 3-111 所示。

7）选择"新式"→"数组、矩阵与簇"→"簇"控件，"新式"→"数值"→"数值输入"控件，在前面板的适当位置放置簇与 3 个数值控件，同时利用右键选择"自动调整大小"→"垂直排列"命令，调整簇与簇中数值控件的位置，如图 3-112 所示。

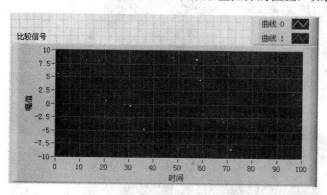

图 3-111 设置曲线显示个数

图 3-112 簇数据

8）按住〈Ctrl〉键，向外拖动该簇数据，复制出另一组簇数据，并修改两组簇数据名称，结果如图 3-113 所示。

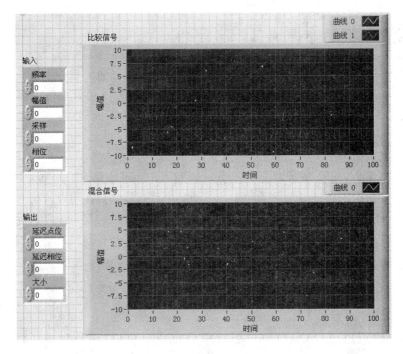

图 3-113　修改簇数据

9）选择"新式"→"布尔"→"停止开关"控件，并放置在前面板的适当位置，单击邮件命令，选择"显示"→"标签"，取消控件标签的显示，最终前面板布局结果如图 3-114所示。

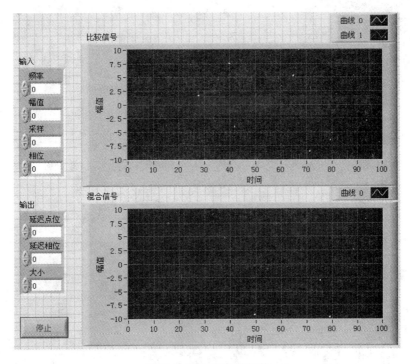

图 3-114　放置开关控件

3.4 设置前面板的外观

作为一种基于图形模式的编程语言，LabVIEW 在图形界面的设计上有着得天独厚的优势，可以设计出漂亮、大方而且方便、易用的程序界面。为了更好地进行前面板的设计，LabVIEW 提供了丰富的修饰前面板的方法。

3.4.1 改变对象的大小

几乎每一个 LabVIEW 对象都有 8 个尺寸控制点，当对象操作工具位于对象上时，这 8 个尺寸控制点会显示出来，用对象操作工具拖动某个尺寸控制点，可以改变对象在该位置的尺寸，如图 3-115 所示。注意，有些对象的大小是不能改变的，例如框图程序中的输入端口或者输出端口、函数选板中的节点图标和子 VI 图标等。

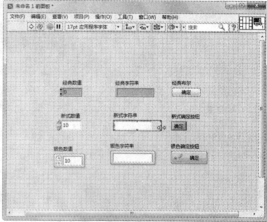

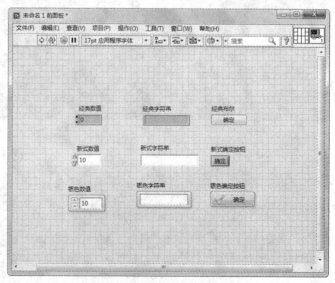

图 3-115 改变对象的大小

在拖动对象的边框时，窗口中也会出现一个黄色的文本框，实时显示对象的相对坐标。

另外，LabVIEW 的前面板窗口的工具条上还提供了一个"调整对象大小"按钮![icon]，用鼠标单击该按钮，弹出一个图形化下拉选单，如图 3-116 所示。

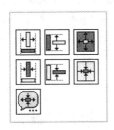

图 3-116 "调整对象大小"下拉选单

利用该选单中的工具可以统一设定多个对象的尺寸，包括将所选中的多个对象的长度设为这些对象的最大宽度、最小宽度、最大高度、最小高度、最大宽度和高度、最小宽度和高度以及指定的宽度和高度。

例如，将前面板上所有对象的宽度设为这些对象的最大宽度，步骤如下。

1）选中目标对象，如图 3-117 所示。

2）在"调整对象大小"下拉选单中选择"最大宽度"按钮![icon]。

统一宽度后的对象如图 3-118 所示。

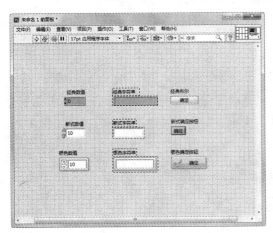

图 3-117 选中目标对象

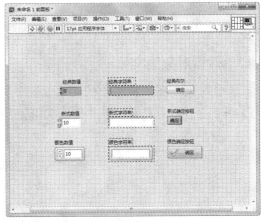

图 3-118 统一宽度后的对象

若在"调整对象大小"下拉选单中选择"设置高度和宽度"，则会弹出一个"调整对象大小"对话框，用户可以在该对话框中指定对象的宽度和高度。

3.4.2 改变对象颜色

前景色和背景色是前面板对象的两个重要属性，合理搭配对象的前景色和背景色会使用户的程序增色不少。下面具体介绍设置程序前面板前景色和背景色的方法。

首先选取工具模板中的"设置颜色工具" 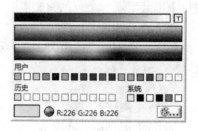，这时在前面板上将出现"设置颜色"对话框，如图 3-119 所示。

图 3-119 "设置颜色"对话框

从中选择适当的颜色，然后单击程序的程序框图，则程序框图面板的背景色被设定为指定的颜色。

同样的方法，在出现"设置颜色"对话框后，选择适当的颜色，并单击前面板的控件，则相应控件被设置为指定的颜色。

在颜色工具的图标中，有两个上下重叠的颜色框，上面的颜色框代表对象的前景色或边框色，下面的颜色框代表对象的背景色。单击其中一个颜色框，就可以在弹出的颜色对话框中为其选择需要的颜色。

若颜色对话框中没有所需要的颜色，可以单击颜色对话框中的"更多颜色"按钮，此时系统会弹出一个 Windows 标准"颜色"对话框，在这个对话框中可以选择预先设定的各种颜色，或者直接设定 RGB 三原色的数值，更加精确的选择颜色。

完成颜色的选择后，用颜色工具单击需要改变颜色的对象，即可将对象改为指定的颜色。

3.4.3 设置对象的字体

选中对象，在工具栏中的文本设置下拉列表框 17pt 应用程序字体 ▼ 中选择"字体对话框"，弹出字体设置对话框后可设置对象的字体、大小、颜色、风格及对齐方式，如图 3-120 所示。

图 3-120 字体设置对话框

"文本设置"下拉列表框中的其他选项只是将字体设置对话框中的内容分别列出，若只改变字体的某一个属性，可以方便地在这些选项中更改，而无须在字体对话框中更改。

另外，还可以在"文本设置"下拉列表框中将字体设置为系统默认的字体，包括应用程序字体、系统字体、对话框字体以及当前字体等。

3.4.4 在窗口中添加标签

选择菜单栏中的"查看"→"工具选板"命令或按住〈Shift〉键单击鼠标右键，弹出图 3-121 所示的工具选板。

单击工具选板中的文本编辑按钮，将鼠标指针切换至文本编辑工具状态，鼠标指针变为状态，在窗口空白处中的适当位置单击鼠标，就可以在窗口中创建一个标签。

根据需要输入文字，改变其字体和颜色。该工具也可用于改变对象的标签、标题、布尔量控件的文本和数字量控件的刻度值等。

图 3-121　工具选板

3.4.5 对象编辑窗口

为了使控件更真实地演示试验台，利用自定义控件达到更加逼真的效果，下面介绍具体方法。

图 3-122　控件

在前面板中放置图 3-122 所示的控件，选中该控件，单击鼠标右键弹出快捷菜单，选择"高级"→"自定义"命令，如图 3-123 所示，弹出该控件的编辑窗口，如图 3-124 所示。

图 3-123　快捷命令

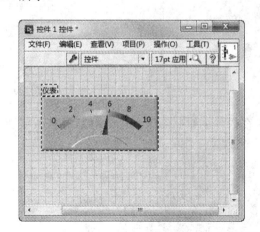

图 3-124　编辑窗口

控件编辑窗口与前面板类似，工具栏稍有差异，在该工具栏中同样按照前面的方法可以直接修改对象大小、颜色和字体等。

下面介绍如何自定义修改控件。

1）选中编辑环境中的控件，单击工具栏中的"切换至自定义模式"按钮，进入编辑状态，控件由整体转换为单个的对象，如图 3-125 所示，同时在控件右侧自动添加数值显示文本框。

2）选中该数值显示文本框，单击右键，弹出图 3-126 所示的快捷菜单，选择"属性"命令，弹出属性设置对话框，选择"外观"选项卡，勾选"显示数字显示框"复选框即可在控件右侧显示数字显示框，如图 3-127 所示，取消该复选框的勾选，则不显示该数字显示框。

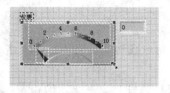

图 3-125　自定义状态　　　　　　　　　　图 3-126　快捷菜单

图 3-127　属性设置对话框

3）在控件编辑状态下，单个对象可进行移动与大小调整，如图 3-128、图 3-129 所示，整个修改控件外观。

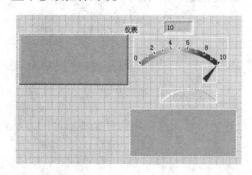

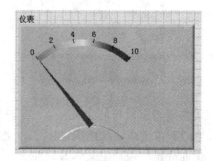

图 3-128　移动控件　　　　　　　　　　图 3-129　修改控件大小

4）选中控件中单个对象，单击右键弹出快捷菜单，如图 3-130 所示，利用快捷命令，对控件上对象的数量进行调整，可添加导入的对象，如图 3-131 所示。

88

复制至剪贴板
剪贴板导入图片
以相同大小从剪贴板导入
从文件导入…
以相同大小从文件导入…
还原
原始大小

图 3-130　快捷菜单　　　　　　　　　　　图 3-131　导入图片

单击工具栏中的"切换至编辑模式"按钮 ⬚，完成自定义状态。

3.4.6　实例——设计计算机控件

本例将在液罐控件的基础上，对该控件进行编辑修改，转换成计算机控件，人为地增加了"控件库"中的空间个数，也提供了一种设计控件的简便方法。

1）新建 VI。选择菜单栏中的"文件"→"新建 VI"命令，新建一个 VI，一个空白的 VI 包括前面板及程序框图。

2）保存 VI。选择菜单栏中的"文件"→"另存为"命令，输入 VI 名称为"设计计算机控件"。

3）固定控件选板。单击右键，在前面板打开"控件"选板，单击选板左上角"固定"按钮 ⬚，将"控件"选板固定在前面板界面。

4）选择"新式"→"数值"→"液罐"控件，并放置在前面板的适当位置，如图 3-132 所示。

5）选中液罐控件，单击鼠标右键弹出快捷菜单，选择"高级"→"自定义"命令，如图 3-133 所示，弹出该控件的编辑窗口。

图 3-132　选择控件　　　　　　　　　　　图 3-133　快捷命令

6）选中编辑环境中的控件，单击工具栏中的"切换至自定义模式"按钮 ⬚，进入编辑状态，控件由整体转换为单个的对象，同时在控件右侧自动添加数值显示文本框，如图 3-134 所示。

7）选择菜单栏中的"编辑"→"重新初始化为默认值"命令，将液罐控件数值设置为0，如图3-135所示。

8）利用鼠标选中控件中单个对象，适当调整控件形状，结果如图3-136所示。

图3-134 自定义状态

图3-135 设置初始值

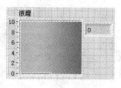

图3-136 控件形状

9）选中控件中单个对象，单击右键弹出快捷菜单，如图3-137所示，利用快捷命令，选择"以相同大小从文件导入"命令，在该控件上导入计算机图片，如图3-138所示。

10）在工具面板中单击文本编辑工具 **A**，单击标签"液罐"，将其修改为"计算机"，结果如图3-139所示。

11）单击工具栏中的"切换至编辑模式"按钮 ⌀，完成自定义状态，结果如图3-140所示。

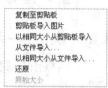

图3-137 快捷菜单

图3-138 导入图片

图3-139 修改名称

图3-140 自定义状态

12）关闭控件编辑窗口，返回VI前面板，显示编辑结果，在左侧显示刻度，单击右键在快捷菜单中选择"标尺"→"样式"命令，选择图3-141所示的样式。

13）完成样式设置的控件结果如图3-142所示。

图3-141 快捷命令

图3-142 控件编辑结果

3.5 设置对象的位置关系

在 LabVIEW 程序中，设置多个对象的相对位置关系是修饰前面板过程中一件非常重要的工作。LabVIEW 2015 中提供了专门用于调整多个对象位置关系以及设置对象大小的工具，它们位于 LabVIEW 的工具栏上。

3.5.1 对齐关系

LabVIEW 所提供的用于修改多个对象位置关系的工具如图 3-143 所示。这两种工具分别用于调整多个对象的对齐关系以及调整对象之间的距离。

选中需要对齐的对象，然后在工具条中单击"对齐对象"按钮 ，会出现一个图形化的下拉选单，如图 3-144 所示。在下拉选单中可以选择各种对齐方式。选单中的各种图标很直观地表示了各种不同的对齐方式，有左边缘对齐、右边缘对齐、上边缘对齐、下边缘对齐、水平中轴线对齐以及垂直中轴线对齐 6 种方式可选。

图 3-143 LabVIEW 2015 中的"对齐对象"　　　　图 3-144 对齐对象下拉选单

要将几个对象按左边缘对齐，步骤如下。

1）选中目标对象，如图 3-145 所示。

2）在"对齐对象"下拉选单中选择"左边缘"对齐。左边缘对齐后的对象如图 3-146 所示。

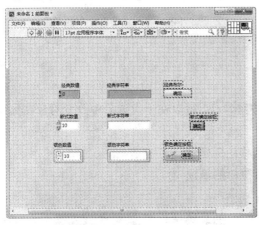

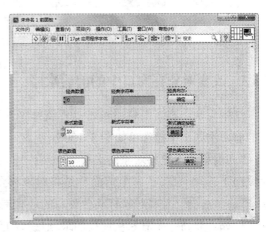

图 3-145 选中目标对象　　　　　　图 3-146 左边缘对齐后的对象

3.5.2 分布对象

选中对象，在工具条中单击"分布对象"按钮 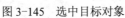，会出现一个图形化的下拉选单，如

图 3-147 所示,在选单中可以选择各种分布方式。选单中的各图标很直观地表示了各种不同的分布方式。

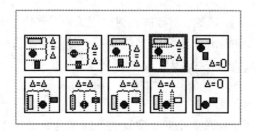

图 3-147 "分布对象"下拉选单

例如,要将对象按照等间隔垂直分布步骤如下。

1)选中目标对象如图 3-148 所示。

2)在分布对象下拉选单中选择"垂直间距"。等间隔垂直分布的对象如图 3-149 所示。

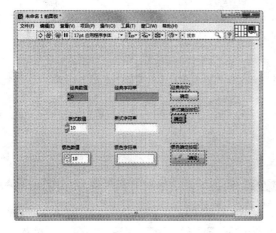

图 3-148 选中目标对象

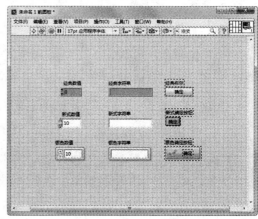

图 3-149 等间隔垂直分布的对象

3.5.3 改变对象在窗口中的前后次序

选中对象,在工具栏中单击"重新排序"按钮 ,可以在下拉选单中改变对象在窗口中的前后次序。下拉选单如图 3-150 所示。

"向前移动"是将对象向上移动一层;"向后移动"是将对象向下移动一层;"移至前面"是将对象移至窗口的最顶层;"移至后面"是将对象移动至窗口的最底层。

例如,要将一个对象从窗口的最顶层移动至窗口的最底层,具体操作步骤如下。

1)选中目标对象,如图 3-151 所示。

2)在"重新排序"下拉选单中选择"移至后面"。改变

图 3-150 "重新排序"下拉选单

次序后的对象如图 3-152 所示。

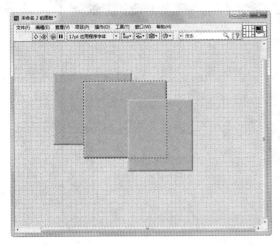 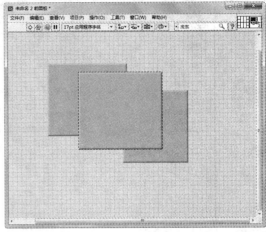

图 3-151 选中目标对象   图 3-152 改变次序后的对象

3.5.4 组合与锁定对象

在"重新排序"下拉选单中还有几个选项，它们分别是"组"和"取消组合""锁定"和"解锁"。

"组合"的功能是将几个选定的对象组合成一个对象组，对象组中的所有对象形成一个整体，它们的相对位置和相对尺寸都相对固定。当移动对象组或改变对象组的尺寸时，对象组中所有的对象同时移动相同的距离或改变相同的尺寸。注意，"组合"的功能仅仅是将数个对象按照其位置和尺寸简单地组合在一起形成一个整体，并没有在逻辑上将其组合，它们之间在逻辑上的关系并没有因为组合在一起而得到改变。"取消组合"的功能是解除对象组中对象的组合，将其还原为独立的对象。

"锁定"的功能是将几个选定的对象组合成一个对象组，并且锁定该对象组的位置和大小，用户不能改变锁定的对象的位置和尺寸。当然，用户也不能删除处于锁定状态的对象。"取消锁定"的功能是解除对象的锁定状态。

当用户已经编辑好一个 VI 的前面板时，建议用户利用"组合"或者"锁定"功能将前面板中的对象组合并锁定，防止由于误操作而改变了前面板对象的布局。

3.5.5 网格排布

网格可以作为排列控件的参考，显示与隐藏可选择菜单栏中的"工具"→"选项"命令，弹出"选项"对话框，选择"前面板"选项，如图 3-153 所示。

在"前面板网格"选项下设置前面板网格，包括"显示前面板网格""默认前面板网格大小""前面板背景对比度""启用前面板网格对齐""缩放新对象以匹配网格大小"和"对齐网格绘制样式"。

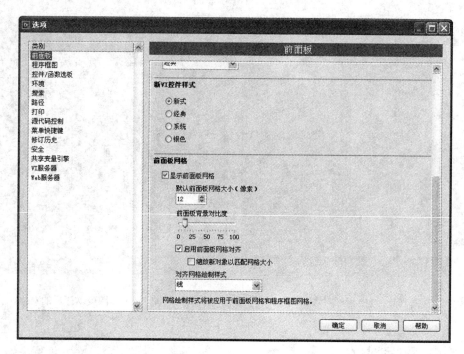

图 3-153 "选项"对话框

3.6 综合实例——车速实时记录系统

通过本例测试系统前面板的设计,完整地掌握前面板设计技巧,同时熟悉前面板中控件的位置,在绘制过程中熟练、快速地找到所需要的控件。

1. 设置工作环境

1)新建 VI。选择菜单栏中的"文件"→"新建 VI"命令,新建一个 VI,一个空白的 VI 包括前面板及程序框图。

2)保存 VI。选择菜单栏中的"文件"→"另存为"命令,输入 VI 名称为"车速实时记录系统"。

3)固定控件选板。单击右键,在前面板打开"控件"选板,单击选板左上角"固定"按钮 ,将"控件"选板固定在前面板界面。

2. 放置控件

1)选择"新式"→"数值"→"量表"控件,放置在前面板的适当位置。

2)选择"新式"→"布尔"→"圆形指示灯"控件,放置在前面板的适当位置。

3)选择"新式"→"布尔"→"停止按钮"控件,放置在前面板的适当位置。

4)选择"新式"→"字符串与路径"→"字符串输入控件"控件,放置在前面板的适当位置。

5)选择"新式"→"数值"→"量表"控件,放置在前面板的适当位置,结果如图 3-154所示。

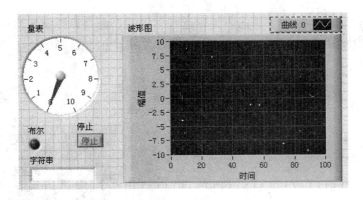

图 3-154　放置控件

6）按照要求修改控件名称，结果如图 3-155 所示。

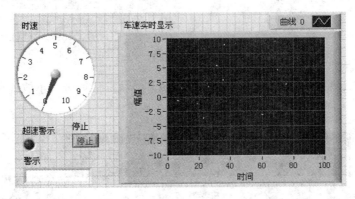

图 3-155　修改控件名称

3. 修改控件属性

1）选中"量表"控件，修改量表刻度，最大值为 100，其余刻度值自动变更为对应值，单击右键选择快捷命令"显示项"→"数字显示"，在量表右侧显示精确数字值，结果如图 3-156 所示。

2）选中"停止按钮"控件，单击右键选择"显示项"→"标签"命令，取消该控件标签名的显示，结果如图 3-157 所示。

图 3-156　设置量表属性

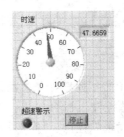

图 3-157　设置布尔按钮

3）在警示文本框中输入"时速不得超过 60 千米/小时，否则报警。"，并按照文本长度调整控件大小，结果如图 3-158 所示。

4）选择"波形图"控件，单击右键，选择"属性"命令，弹出属性设置对话框，在"外观"选型卡中设置"曲线数"为2，在波形图右上角添加曲线，同时修改曲线名称，结果如图3-159所示。

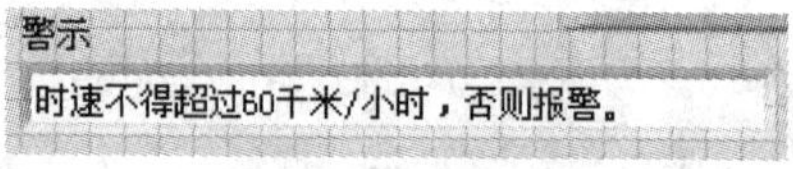

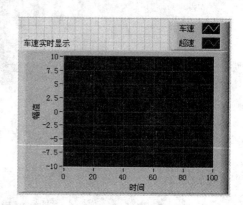

图 3-158　输入文本

图 3-159　编辑控件

4. 前面板设计

1）利用复制、粘贴命令，在前面板中插入图片，拉伸成适当大小放置在对应位置，如图3-160所示。

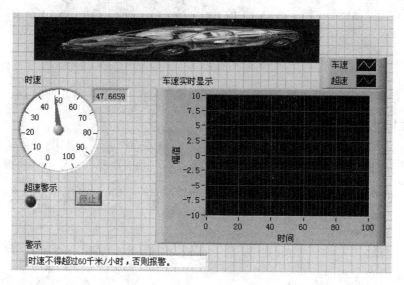

图 3-160　插入图片

2）选中两个布尔控件，在工具条中单击"对齐对象"按钮，下拉选单中选择"下边缘对齐"，对齐两控件。

3）选中"量表"控件、"圆形指示灯"控件、文本框控件，选择"左边缘对齐"，向左对齐这3个控件。

4）前面板布局结果如图3-161所示。

5）从控件选板的"修饰"子选板中选取"上凸盒"控件，拖出一个方框，并放置在控件上方，覆盖整个控件组，如图3-162所示。

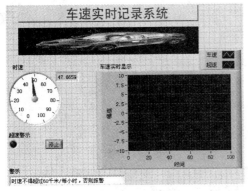

图 3-161　前面板布局结果　　　　　　　　图 3-162　放置上凸盒

6）选中上凸盒，在工具栏中单击中的"重新排序"按钮 下拉选单，选择"移至后面"命令，改变对象在窗口中的前后次序，如图 3-163 所示。

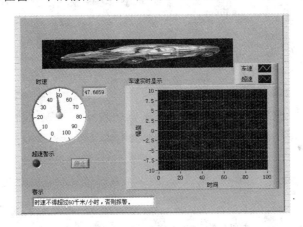

图 3-163　设置对象前后次序

7）从控件选板的"修饰"子选板中选取"下凹盒"控件，拖出一个方框，并放置在控件上方，如图 3-164 所示。

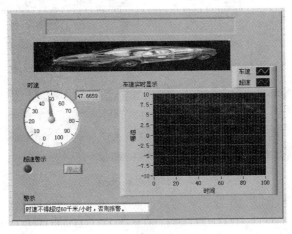

图 3-164　放置下凹盒

8）选择工具选板中的设置颜色工具 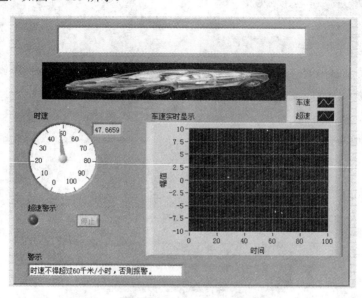 ，为修饰控件设置颜色。将前面板的前景色设置为黄色、绿色，如图 3-165 所示。

图 3-165　设置前景色

单击工具选板中的文本编辑按钮 **A**，将鼠标切换至文本编辑工具状态，鼠标变为 ▯ 状态，在修饰控件上单击鼠标，输入系统名称，并修改文字大小、样式，结果如图 3-166 所示。

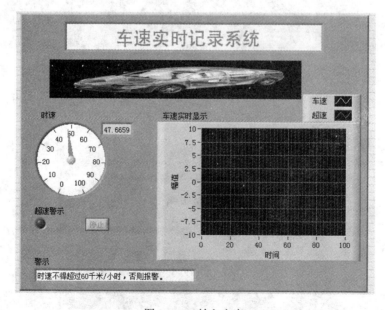

图 3-166　输入文字

第4章 程序框图设计基础

一个完整的 VI 包括前面板与程序框图两个界面，如果前面板是人的整体显示，程序框图则是人的大脑，人的灵魂。

本章围绕 VI 的基本设计过程展开，以理论结合实例的形式讲解了 VI 的创建、编辑、运行和调试的流程。

 学习要点

- 程序框图结构
- 结构 VI 和函数
- VI 的设计
- 子 VI
- 搜索控件、VI 和函数

4.1 程序框图结构

创建前面板窗口后，需要为代码添加图形化函数，用于控制前面板对象。程序框图窗口中是图形化源代码。

程序框图由接线端、子 VI、函数、常量、结构和连线构成，连线可在其他的程序框图对象间传递数据。

1．接线端

前面板上的对象在程序框图中显示为接线端。接线端是在前面板和程序框图之间交换信息的输入、输出端口。接线端类似于文本编程语言中的参数和常数。

接线端的类型包括输入/显示控件接线端和节点接线端。输入控件接线端和显示控件接线端属于前面板输入控件和显示控件。在前面板控件中输入的数据将通过控件接线端传输至程序框图中，然后再进行数据的加减运算。加减运算结束后，将输出新的数据值。数据将传输至显示控件接线端，更新前面板显示控件中的数据。

2．子 VI

子 VI 是建立在其他 VI 内部的 VI 或者函数选板上的 VI。子 VI 是类似于文本编程语言中的函数。

任何 VI 都可以用作子 VI。双击程序框图中的子 VI，将出现该子 VI 的前面板窗口。前面板包括输入控件和显示控件。程序框图既包括连线、图标、函数，也可能有子 VI 和其他 LabVIEW 对象。

3．图标

每个 VI 前面板和程序框图窗口的右上角都有一个图标。图标是 VI 的图形化表示。图标

既可以包括文本也可以包括图象。如果将一个 VI 当作子 VI 使用，程序框图上将显示代表该子 VI 的图标。默认图标中有一个数字，表明 LabVIEW 启动后打开新 VI 的个数。

要将一个 VI 当作子 VI 使用，必须创建连线板连接器是一组与 VI 中的输入控件和显示控件对应的接线端，类似于文本编程语言中的函数调用参数列表。右键单击前面板窗口右上角的图标即可访问连线板。在程序框图窗口中无法通过图标访问连线板。

子 VI 也有可能是 Express VI。Express VI 所需要的连线节点最小，可以用对话框对它们进行设置。使用 Express VI 可以实现一些常规的测量任务。也可将设置好的 Express VI 保存为一个子 VI。

LabVIEW 使用彩色图标以区分 Express VI 和程序框图上的其他 VI。程序框图中 Express VI 的图标为浅蓝色背景，而子 VI 为黄色背景。

4．函数

函数是 LabVIEW 中最基本的操作元素。它们没有前面板或程序框图窗口，但有连线板。双击一个函数只是选择该函数。函数图标的背景为淡黄色。

程序框图中所需要的函数与 VI 均放置在函数选板中，根据不同需求将函数进行分类，放置在不同的选项下，如图 4-1 所示。

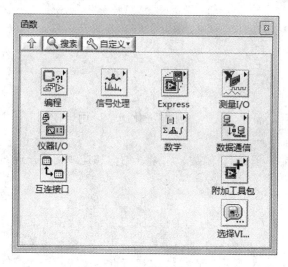

图 4-1　函数分类

5．常量

常量是只在程序框图中显示，有别于控件的数值。作用与控件类似，但不在前面板中显示。

6．结构

结构是过程控制元素，例如条件结构、For 循环或 While 循环。

7．连线

当光标变成 ◈ 图标时，表明正在使用连线工具。连线工具用于连接程序框图上的对象。

通过连线可以在程序框图对象之间传递数据。每根连线都只有一个数据源，但可以与多个读取该数据的 VI 和函数连接。不同数据类型的连线有不同的颜色、粗细和式样。

4.2 工具选板

工具选板不仅可以同时在程序框图中与前面板中显示，而且在两个界面中的选项功能相同，可根据不同需求在两个界面中使用不同的命令，下面介绍工具选板中的断点与探针命令。

4.2.1 使用断点

在工具模板中将鼠标切换至断点工具状态，如图 4-2 所示。

1）单击框图程序中需要设置断点的地方，就可完成一个断点的设置。当断点位于某一个节点上时，该节点图标就会变红；当断点位于某一条数据连线时，数据连线的中央就会出现一个红点，如图 4-3 所示。

图 4-2 处于断点设置

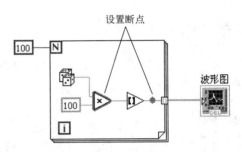

图 4-3 设置断点

2）当程序运行到该断点时，VI 会自动暂停，此时断点处的节点会处于闪烁状态，提示用户程序暂停的位置。用鼠标单击"暂停"按钮，可以恢复程序的运行。用断点工具再次单击断点处，或在该处的右键弹出快捷菜单中选择"清除断点"，就会取消该断点，如图 4-4 所示。

3）在"断点管理器"对话框中可以显示设置的断点，显示断点个数、断点状态，如图 4-5 所示。

图 4-4 清除断点

图 4-5 "断点管理器"对话框

"断点管理器"对话框中各按钮功能如下：

● ：单击该按钮，启用断点。

○ ：单击该按钮，禁用断点。

$\boxed{\text{X}}$：单击该按钮，删除断点。

4.2.2 使用探针

在工具模板中将鼠标切换至探针工具状态。

1) 用鼠标单击需要查看的数据连线，或在数据连线的右键弹出菜单中选择"探针"，会弹出一个探针对话框。当 VI 运行时，若有数据流过该数据连线，对话框就会自动显示这些流过的数据。同时，在探针处会出现一个黄色的内含探针数字编号的小方框。

2) 利用探针工具弹出的探针对话框是 LabVIEW 默认的探针对话框，有时候并不能满足用户的需求，若在数据连线的右键弹出菜单中选择"自定义探针"，用户可以自己定制所需要的探针对话框。

4.3 数学函数与 VI

在函数选板中选择"数学"命令，打开图 4-6 所示的"数学"子选板，在该子选板下常用的为数值、初等与特殊函数。

图 4-6 "数学"子选板

4.3.1 数值函数

选择"数学"→"数值"命令，打开图 4-7 所示的"数值"子选板，在该面板中包括基本的几何运算函数、数组几何运算函数，不同类型的数值常量等，另外，含包括 6 个带子选板的选项。

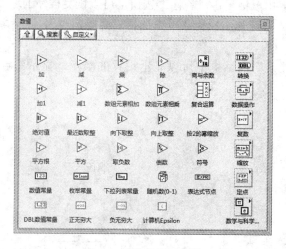

图 4-7 "数值"子选板

1. 转换

选择"转换"选项，打开图 4-8 所示的子选板。该面板中的函数的功能主要是转换数据类型。在 LabVIEW 中，一个数据从产生开始决定了它的数据类型，不同类型的数据无法进行运算操作，因此当两个不同类型的数据需要进行运算时，需要进行转换，只有相同类型的数据才能进行运算，否则数据连线上将显示错误信息。

2．数据操作

选择"数据操作"选项，打开图 4-9 所示的子选板。该面板中的函数用于改变LabVIEW使用的数据类型。

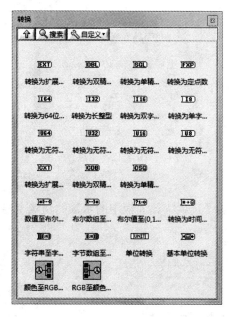

图 4-8　转换

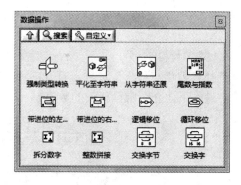

图 4-9　数据操作

3．复数

选择"复数"选项，打开图 4-10 所示的子选板。该面板中的函数主要用于根据两个直角坐标或极坐标的值创建复数或将复数分为直角坐标或极坐标的两个分量，具体介绍如下：

图 4-10　复数

- 复共轭：计算 $x + iy$ 的复共轭。
- 复数至极坐标转换：使复数分解为极坐标分量。
- 复数至实部虚部转换：使复数分解为直角分量。
- 极坐标至复数转换：通过极坐标分量的两个值创建复数。
- 极坐标至实部虚部转换：使复数从极坐标系转换为直角坐标系。
- 实部虚部至复数转换：通过直角分量的两个值创建复数。
- 实部虚部至极坐标转换：使复数从直角坐标系转换为极坐标系

4．缩放

选择"缩放"选项，打开图 4-11 所示的子选板。该面板中的 VI 可将电压读数转换为温度或其他应变单位。

5. 定点

选择"定点"选项，打开图 4-12 所示的子选板。该面板中的函数可对定点数字的溢出状态进行操作。

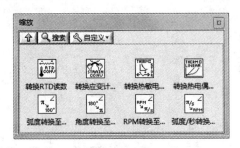

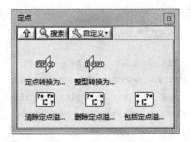

图 4-11　缩放　　　　　　　　　　　　　　图 4-12　定点

6. 数学与科学

选择"数学与科学"选项，打开图 4-13 所示的子选板。该面板中的函数的功能主要为特定常量，下面介绍常量代表的数值。

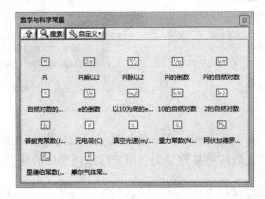

图 4-13　数学与科学常量

- 阿伏加德罗常数（1/mol）：6.02214179e23。
- 以 10 为底的 e 的对数：0.43429448190325183。
- 元电荷（C）：1.602176487e − 19。
- 重力常数（N·m^2/kg^2）：6.67428e − 11。
- 摩尔气体常数（J/（mol·K））：8.314472。
- 自然对数的底数：2.7182818284590452。
- Pi 的自然对数：1.1447298858494002。
- 2 的自然对数：0.69314718055994531。
- 10 的自然对数：2.3025850929940597。
- Pi：3.1415926535897932。
- Pi 除以 2：1.5707963267948966。
- Pi 乘以 2：6.2831853071795865。
- 普朗克常数（J·s）：6.62606896e − 34。

- e 的倒数：0.36787944117144232。
- Pi 的倒数：0.31830988618379067。
- 里德伯常数（1/m）：10973731.568527。
- 真空光速（m/sec）：299792458。

4.3.2 初等与特殊函数

选择"数学"→"初等与特殊函数"，打开图 4-14 所示的"初等与特殊函数"子选板，在该面板中用于常见数学函数的运算。

下面介绍各函数几何的功能。

图 4-14 初等与特殊函数

- Gamma 函数 VI：该类函数专用于计算 Gamma 相关函数。
- 贝塞尔函数 VI：该类函数专用于计算贝塞尔函数。
- 超几何函数 VI：该类函数专用于计算基于微分方程的超几何函数。
- 离散数学 VI：此类基本函数用于计算如组合数学及数论领域的离散数学函数。
- 门限函数 VI：此类初等函数用于计算一些常用的周期波在给定点上的采样值。
- 三角函数：该类初等函数用于计算三角函数及其反函数。
- 双曲函数：此类基本函数用于计算双曲函数及其反函数。
- 椭圆积分 VI：该类函数专用于计算完全或不完全椭圆积分。
- 椭圆与抛物函数 VI：该类函数专用于计算特定的椭圆积分或韦伯函数。
- 误差函数 VI：该类函数专用于计算误差相关函数。
- 指数函数：该类初等函数用于计算指数函数和对数函数。
- 指数积分 VI：该类函数专用于计算指数积分。

4.3.3 函数快捷命令

一般的函数或 VI 包括图标、输入端和输出端。图标以简单的图画来显示起作用；输出、输入端用来按连控件、常量或其余函数，也可空置。在函数右键快捷菜单中显示函数的操作，如图 4-15 所示。

在不同函数或 VI 上显示的快捷菜单不同，如图 4-16 所示为函数快捷菜单，因此线面简单介绍快捷菜单中的常用命令。

1．显示项

该项包括函数的基本参数：标签与接线端，图标一般以图例的形式显示，接线端子以直观的方式显示输入、输出端的个数。

2．断点

利用该命令，可启用、禁用断点。

3．数值/字符串转换选板

在该子选板中选择函数与 VI。

图 4-15　快捷菜单　　　　　图 4-16　快捷菜单 2　　　　　图 4-17　快捷菜单

4．字符串选板

在该选板中选择函数与 VI。

5．创建

选择该命令，弹出快捷菜单，可在函数输入、输出端创建图 4-17 所示的对象。

6．替换

将该函数或 VI 替换为其余函数或 VI，此操作适用于绘制完成的 VI，各函数已互相连接，若在该处删除原函数、添加新函数，容易导致连线发生错误，因此在此种情况下使用"替换"命令，一般要替换的函数与原函数输入端、输出端个数相同，不易发生连线错误的现象。

7．属性

选择该命令，弹出函数属性设置对话框，如图 4-18 所示，该对话框与前面板中控件的属性设置对话框相似，这里不再赘述。

图 4-18　属性设置对话框

4.3.4　实例——颜色数值转换系统

本例主要利用"单按钮对话框"函数将显示结果在对话框中显示。

1．设置工作环境

1）新建 VI。选择菜单栏中的"文件"→"新建 VI"命令，新建一个 VI，一个空白的 VI 包括前面板及程序框图。

2）保存 VI。选择菜单栏中的"文件"→"另存为"命令，输入 VI 名称为"颜色数值转换系统"。

3）固定函数选板。单击右键，在前面板打开"函数"选板，单击选板左上角"固定"按钮 📌，将"函数"选板固定在程序框图界面。

2．设计程序框图

1）在"函数"选板中选择"编程"→"图片与声音"→"图片函数"→"颜色至 RGB 转换"VI，将其放置到程序框图中，在该 VI 左侧接线端单击右键，选择"创建"→"输入控件"命令，创建一个颜色盒输入控件"Color"。

2）由于所有颜色均为红色、绿色、蓝色这三种颜色以不同比例混合而成，因此反过来，任意选择的颜色也可经 VI 分解成这三种颜色，并以数字输出。

3）该 VI 有 4 个输出端，在"分解的颜色"输出端单击右键选择"创建"→"显示控件"命令，创建"Resolved Color"控件。

4）在"函数"选板中选择"编程"→"对话框与用户界面"→"单按钮对话框"VI，将其放置在程序框图中。

5）在输入控件中选择颜色，经 VI 转换成 R、G、B 三种数字，由于输出端 B 输出数值结果，由于类型不同，不能直接将结果连接到"单按钮对话框"VI 输入端，因此需要转换数据类型。

6）在"函数"选板中选择"编程"→"字符串"→"数值/字符串转换"→"数值至十进制数字符串转换"命令，将从数值类型转换成字符串，将转换结果连接到"单按钮对话框"VI"消息"输入端。

7）在"单按钮对话框"VI 中的"按钮名称（"确定"）"输入端单击右键选择"创建"→"输入控件"命令，创建一个输入控件。

8）在"单按钮对话框"VI "真"输出端单击右键选择"创建"→"输出控件"命令，创建"真"布尔输出控件，程序框图绘制结果如图 4-19 所示。

9）单击工具栏中的"整理程序框图"按钮 🔧，整理程序框图，结果如图 4-20 所示。

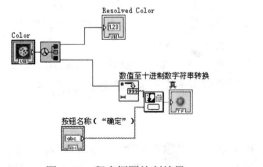

图 4-19　程序框图绘制结果

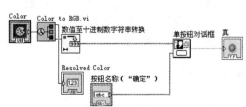

图 4-20　整理结果

3. 设计前面板

选择菜单栏中的"窗口"→"显示前面板"命令，或双击程序框图中的任一输入、输出控件，将程序框图置为当前，如图 4-21 所示。

图 4-21　前面板

4.4　结构 VI 和函数

编程 VI 和函数是创建 VI 的基本工具，结构 VI 和函数中包含多数的基本工具。

4.4.1　分类

报表生成 VI：用于 LabVIEW 应用程序中报表的创建及相关操作。也可以使用该选板中的 VI 在书签位置插入文本、标签和图形。

➢ 比较函数：用于对布尔值、字符串、数值、数组和簇的比较。

➢ 波形 VI 和函数：用于生成波形（包括波形值、通道、定时以及设置和获取波形的属性和成分）。

➢ 布尔函数：用于对单个布尔值或布尔数组进行逻辑操作。

➢ 簇、类与变体 VI 和函数：创建和操作簇和 LabVIEW 类，将 LabVIEW 数据转换为独立于数据类型的格式，为数据添加属性，以及将变体数据转换为 LabVIEW 数据。

➢ 定时 VI 和函数：用于控制运算的执行速度并获取基于计算机时钟的时间和日期。

➢ 对话框与用户界面 VI 和函数：用于创建提示用户操作的对话框。

➢ 结构：用于创建 VI。

➢ 数值函数：可对数值创建和执行算术及复杂的数学运算，或将数从一种数据类型转换为另一种数据类型。初等与特殊函数选板上的 VI 和函数用于执行三角函数和对数函数。

➢ 数组函数：用于数组的创建和操作。

➢ 同步 VI 和函数：用于同步并行执行的任务并在并行任务间传递数据。

➢ 图形与声音 VI：用于创建自定义的显示、从图片文件导入和导出数据以及播放声音。

➢ 文件 I/O VI 和函数：用于打开和关闭文件、读写文件、在路径控件中创建指定的目录和文件、获取目录信息、将字符串、数字、数组和簇写入文件。

➢ 应用程序控制 VI 和函数：用于通过编程控制位于本地计算机或网络上的 VI 和 LabVIEW 应用程序。此类 VI 和函数可同时配置多个 VI。

➢ 字符串函数：用于合并两个或两个以上字符串、从字符串中提取子字符串、将数据转换为字符串、将字符串格式化用于文字处理或电子表格应用程序。

4.4.2　多态性

多态性是 LabVIEW 中的某些函数接受不同维数和类型输入的能力，具有这种能力的函数是多态函数。图 4-22 显示了加函数的一些多态性的不同组合，图 4-23 为相应的前面板。

由图 4-22 和图 4-23 可知，当两个输入数组长度不同时，一些算术运算产生的输出数组将与两个输入数组中长度较短的一个相同。算术运算作用于两个输入数组中的相应元素，直到较短的数组元素用完，即忽略较长数组中的剩余元素。

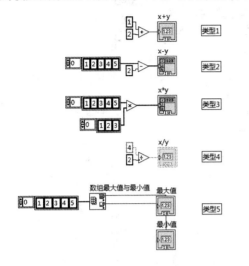

图 4-22　函数的多态性

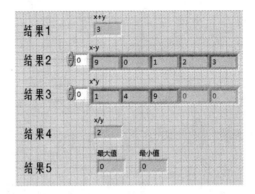

图 4-23　加函数的多态性的前面板

4.5　VI 的设计

VI 既可作为用户界面，也可以是程序中一项常用操作。在了解如何创建前面板和程序框图后，即可开始编辑图标，完成程序的设计。

4.5.1　创建 VI 前面板

在 VI 前面板窗口的空白处单击鼠标右键，或者选择菜单栏中的"查看"→"控件选板"，弹出控件选板。

在控件选板中，选择"银色"→"数值"→"数值输入控件"，并将其放在前面板窗口的适当位置上。用文本编辑工具 **A** 单击数值输入控件的标签，把名称修改为 A，如图 4-24 所示。

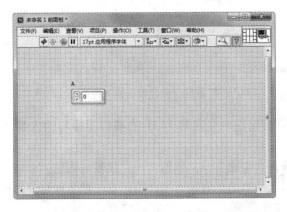

图 4-24　创建数值输入控件 A

此时，在框图中就会出现一个名称为 A 的端口图标与输入量 A 相对应，如图 4-25 所示。

图 4-25　数值输入控件 A 的端口图标

在控件选板中，选择"银色"→"数值"→"水平指针滑动杆"，并将其放在前面板窗口的适当位置上。用文本编辑工具 Ａ 单击数值输入控件的标签，把名称修改为 B，如图 4-26 所示。创建数值输入控件 B。

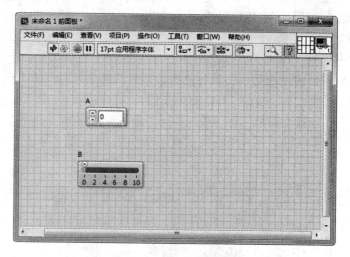

图 4-26　创建数值输入控件 B

同时，在框图中就会出现一个名称为 B 的端口图标与输入量 B 相对应，如图 4-26 所示。

在控件选板中，选择"银色"→"数值"→"仪表（银色）"，将其放置在前面板窗口的适当位置上，用文本编辑工具单击数值输出控件的标签，把名称修改为 C。

此时，就完成了 VI 前面板的创建，如图 4-27 所示。

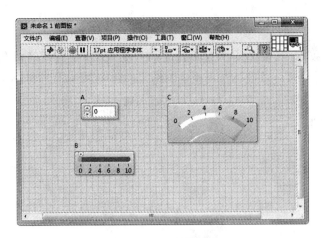

图 4-27　VI 的前面板

4.5.2　创建程序框图

在前面板窗口中，选择菜单栏中的"窗口"→"显示程序框图"命令，将前面板窗口切换到程序框图窗口，此时在程序框图中会看到 3 个名称分别为 A、B 和 C 的端口图标，如图 4-28 所示。这 3 个端口图标与前面板的 3 个对象一一对应。

在程序框图窗口中的空白处单击鼠标右键，或在框图程序窗口的菜单栏中选择"查看"→"函数选板"，弹出函数选板。

在函数选版中选择"编程"→"数值"→"加"节点。用鼠标将"乘"节点的图标拖到程序框图窗口的适当位置。这样，就完成了一个"乘"节点的创建工作，如图 4-28 所示。

完成了框图程序所需要的端口和节点的创建之后，下面的工作就是用数据连线将这些端口和图标连接起来，形成一个完整的框图程序。

用连线工具将端口 A 和 B 分别连接到"乘"节点的两个输入端口 x 和 y 上，将端口 C 连接到"乘"节点的输出端口 $x*y$ 上。完成了数据连线的创建之后，将鼠标切换到对象操作工具状态，适当调整各图标及数据连线的位置，使之整齐美观。完成的程序框图如图 4-29 所示。

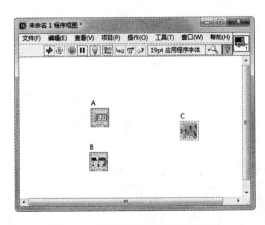

图 4-28　前面板对象的端口图标

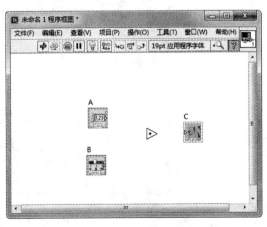

图 4-29　创建"乘"节点

4.5.3　对象连接

程序框图中函数与 VI 的选取只是设计的第一步，只有进行正确的连线，将所有对象按照数据流正确的进行连接，才能运行出正确的结果，图 4-30 为程序框图结果。

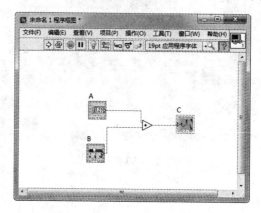

图 4-30　正确的连线结果

1. 自动连接对象

自动连线指放开鼠标将对象放置在程序框图上时，LabVIEW 会自动进行连线。也可以对程序框图上已经存在的对象进行自动连线。

LabVIEW 会对最匹配的接线端进行连线，对不匹配的接线端则不予连线。默认状态下，从"函数"选板中选择一个对象，或者按<Ctrl>键并拖动对象来复制一个已经存在于程序框图上的对象时，自动连线方式被启用。在默认状态下，用定位工具移动程序框图上已经存在的对象时，自动连线被取消。

选择菜单栏中的"工具"→"选项"命令，然后从类别列表中选择程序框图，在"连线"选项下可调整自动连线设置，如图 4-31 所示。

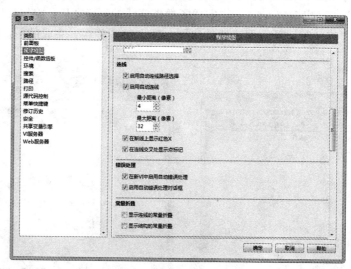

图 4-31　"程序框图"选项

2．手动连接对象

将连线工具移至在接线端时，将出现含有接线端名称的提示框。另外，即时帮助窗口和图标上的接线端都将闪烁，以帮助用户确认正确的接线端。将连线工具移至第 1 个接线端上并单击，然后将光标移动到第 2 个接线端再次单击，就可在这两个对象之间创建连线。

连线结束后，右键单击连线，从快捷菜单中选择"整理连线"，可使 LabVIEW 自动选择连线路径。按〈Ctrl+B〉可删除在程序框图中的所有断线。

3．错误连接

连线用于连接多个接线端，从而在 VI 中传递数据。断线显示为一条中间带有红色×的黑色虚线，如图 4-32 所示。出现断线有多种原因，图中断线产生的原因为两个对象连接数据类型不兼容。

图 4-32　断线连接

下面介绍断线产生的大致原因。

1）连线连接的输入端和输出端必须与连线上传输的数据类型兼容。

2）连线的方向必须正确。连线必须有一个输入和至少一个输出。例如，不能在两个显示控件间连线。决定连线兼容性因素包括输入/显示控件的数据类型和接线端的数据类型。

4.5.4　运行 VI

在 LabVIEW 中，用户可以通过四种方式来运行 VI，即运行、连续运行、停止运行和暂停运行。下面介绍这四种运行方式的使用方法。

1．运行 VI

在前面板窗口或程序框图窗口的工具栏中单击"运行"按钮 ⬄，即可运行 VI。使用这种方式运行 VI，VI 只运行一次，当 VI 正在运行时，"运行" 按钮会变为 ➡（正在运行）状态。

2．连续运行 VI

在工具栏中单击"连续运行"按钮 🔄，可以连续运行 VI。连续运行的意思是指一次 VI 运行结束后，继续重新运行 VI。当 VI 正在连续运行时，"连续运行"按钮会变为 🔁（正在连续运行）状态。单击 🔁 按钮可以停止 VI 的连续运行。

3．停止运行 VI

当 VI 处于运行状态时，在工具栏中单击"终止执行"按钮 ⏺，可强行终止 VI 的运行。这项功能在程序的调试过程中非常有用，当不小心使程序处于死循环状态时，用该按钮可安全地终止程序的运行。当 VI 处于编辑状态时，"终止执行"按钮处于 ⏺（不可用）状态，此时的按钮是不可操作的。

4．暂停运行 VI

在工具栏中单击"暂停"按钮 ⏸，可暂停 VI 的运行，再次单击该按钮，可恢复 VI 的运行。

4.5.5　设置图标

一个完整的 VI 是由前面板、框图程序、图标和连接端口组成的。图标的设计图案不是随手涂鸦，它是以最直观的符号或图形让读者明白图标所代表的 VI 代表的含义。

下面介绍几种常见 VI 的图标，如图 4-33 所示。

a)   b)   c)

图 4-33 VI 图标样例

a) "种植系统"图标 b) "创建对象"图标 c) "创建锥面"图标

💡 **注意**

LabVIEW 中允许前面板对象没有名称，并且允许重命名。

双击前面板右上角的图标，弹出图 4-34 所示的"图标编辑器"对话框，在该对话框中编辑图标，该对话框中包括菜单栏、选项卡、工具栏及绘图区。

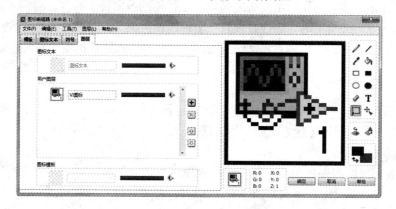

图 4-34 "图标编辑器"对话框

1) 该对话框包括 4 个选项卡。

➢ 在"模板"选项卡中选择需要的模板，导入绘图区，方便简捷。

➢ 在"图标文本"选项卡中设置图表中要输入文字、符号等，同时可设置输入的文本字体、颜色和样式。

➢ 在"符号"选项卡中显示多种图形符号，可作为图标编辑的基础部件，按照要求选择基本图形，装饰图标，如图 4-35 所示。

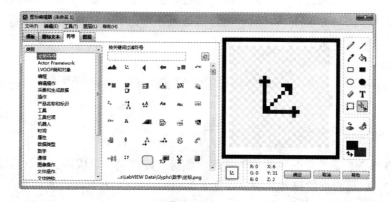

图 4-35 符号绘制图标

➢ 在"图层"选项卡中设置图表中对象的图层，图形或文字的图形前后次序同样影响图标的显示结果。

2) 工具栏中要包括 3 部分，绘图、布局和颜色，如图 4-36 所示。

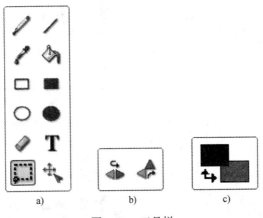

图 4-36　工具栏

a) 绘图　b) 布局　c) 颜色

➢ 绘图部分包括 12 种工具，可利用这些工具在绘图区绘制图形。

➢ 布局部分包括两种工具：水平翻转和垂直翻转，合理使用该工具，使图形达到所需要的效果。

➢ 颜色部分可设置绘制的图形颜色。

3) 绘图区中一般显示系统默认的图形，在设置图标过程中，首先应选择▢按钮，删除右侧黑色边框内部的图标，如图 4-37 所示。

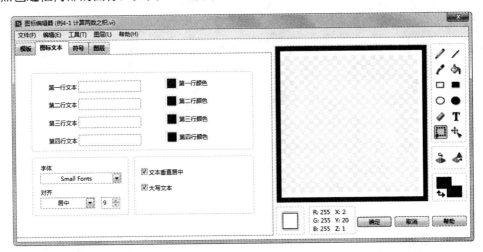

图 4-37　修改图标

在空白黑框中进行图标绘制，如果显粗，也可以删除黑色边框。

① 打开"图标文本"选项卡，在"第一行"文本栏中输入"A+B"，其余参数默认设置，如图 4-38 所示。

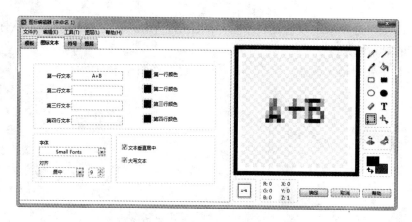

图 4-38 "图标编辑器"窗口

② 单击"确定"按钮，退出对话框。前面板与程序框图结果如图 4-39 所示。

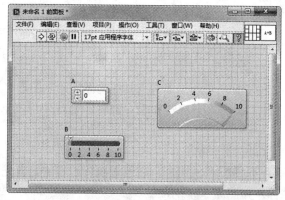

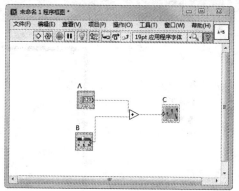

图 4-39 完整的 VI 框图程序

至此，就完成了一个 VI 的创建。在输入量 A 和 B 中分别输入适当的数字值，然后单击前面板窗口工具条中的"运行"按钮 ，就可以在输出控件 C 中得到计算结果。

4.5.6 实例——日历

本例主要利用"获取日期/时间字符串"函数来获取时间，制作成日历显示。

1．设置工作环境

1）新建 VI。选择菜单栏中的"文件"→"新建 VI"命令，新建一个 VI，一个空白的 VI 包括前面板及程序框图。

2）保存 VI。选择菜单栏中的"文件"→"另存为"命令，输入 VI 名称为"日历"。

3）固定函数选板。单击右键，在前面板打开"函数"选板，单击选板左上角"固定"按钮，将"函数"选板固定在程序框图界面。

2．设计程序框图

1）在"函数"选板中选择"编程"→"定时"→"获取日期/时间字符串"函数，将其放置到程序框图中，在两个输出端中输出自动获取的当前日期与时间。

2）自动获取的时间分为两个输出端：日期、时间。输出结果格式为 2015-4-5、8:20，本例需要修改其格式为 2015 年 4 月 5 日，8 点 20 分。

3）在"函数"选板中选择"编程"→"字符串"→"截取字符串"函数，将完整的字符串截取为几段。

4）在"函数"选板中选择"编程"→"字符串"→"搜索/替换字符串"函数，替换字符串中间的分隔符"-"和"："为"年、月、日"等汉字。

5）在"函数"选板中选择"编程"→"字符串"→"连接字符串"函数，将替换后的分段字符串连接在一起，并显示在最终的"日期"和"时间"输出控件中。

6）单击工具栏中的"整理程序框图"按钮，整理程序框图，结果如图 4-40 所示。

3．设计前面板

1）选择菜单栏中的"窗口"→"显示前面板"命令，或双击程序框图中的任一输入、输出控件，将程序框图置为当前，如图 4-41 所示。

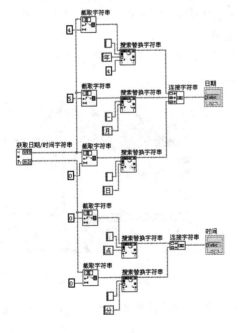

图 4-40　程序框图

图 4-41　前面板

2）选择"日期"控件，单击鼠标右键弹出快捷菜单，选择"高级"→"自定义"命令，弹出该控件的编辑窗口。

3）选中编辑环境中的控件，单击工具栏中的"切换至自定义模式"按钮，进入编辑状态，选中控件，单击右键弹出快捷菜单，选择"以文件导入"命令，在该控件上导入图 4-42 所示图片。

4）单击工具栏中的"切换至编辑模式"按钮，完成自定义状态。

5）选中控件中文本，在工具栏"字体"下拉列表中设置字体样式为"华文彩云"，对齐方式为"居中"，根据窗口调整字体大小，

6）关闭控件编辑窗口，返回 VI 前面板，显示控件编辑结果，如图 4-43 所示。

7）同样的方法编辑"时间"控件，结果如图 4-44 所示。

图 4-42 导入图片

图 4-43 控件编辑结果

图 4-44 编辑"时间"控件

4. 修饰前面板

1）从控件选板的"修饰"子选板中选取"上凸盒"控件，拖出一个方框，并放置在控件上方，覆盖整个控件组，在工具栏中单击"重新排序"按钮下拉选单，选择"移至后面"命令，改变对象在窗口中的前后次序，如图 4-45 所示。

2）从控件选板的"修饰"子选板中选取"上凸圆盒"控件，拖出一个方框，并放置在控件上方，调整控件放置次序，结果如图 4-46 所示。

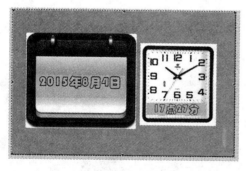

图 4-45 设置对象前后次序

图 4-46 放置上凸盒

3）选择工具选板中的设置颜色工具，为修饰控件设置颜色。将前面板的前景色设置为黄色、绿色，如图 4-47 所示。

4）从控件选板的"修饰"子选板中选取"下凹盒"控件，拖出一个方框，并放置在控

件上方，结果如图 4-48 所示。

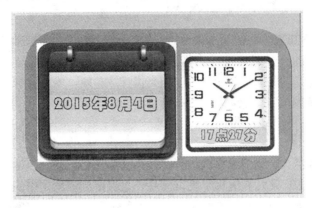

图 4-47　设置前景色

5）单击工具选板中的文本编辑按钮 **A**，将鼠标切换至文本编辑工具状态，鼠标指针变为 **□** 状态，在修饰控件上单击鼠标，输入"日历"，并修改文字大小、样式为"华文云彩"对齐方式为"居中"，颜色为绿色，结果如图 4-49 所示。

图 4-48　放置"下凹盒"控件

图 4-49　输入文字

6）选择工具选板中的设置颜色工具 ，为修饰控件设置颜色。将前面板的前景色设置为黄色，如图 4-50 所示。

5. 运行程序

在前面板窗口或程序框图窗口的工具栏中单击"运行"按钮 ，运行 VI，结果如图 4-51 所示。

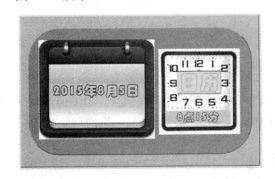

图 4-50　设置控件颜色

图 4-51　运行结果

4.6 调试 VI

本节将讨论 LabVIEW VI 的基本调试方法，LabVIEW 提供了有效的编程调试环境，同时提供了许多与优秀的交互式调试环境相关的特性。这些调试特性与图形编程方式保持一致，可通过图形方式访问来调试功能。通过加亮执行、单步、断点和探针帮助用户跟踪经过 VI 的数据流，从而使调试 VI 更容易。实际上用户可观察 VI 执行时的程序代码。

4.6.1 纠正 VI 的错误

由于编程错误而使 VI 不能编译或运行时，工具条上将出现"Broken run"按钮 。典型的编程错误出现在 VI 开发和编程阶段，而且一直保留到将框图中的所有对象都正确地连接起来之前。单击"Broken run"按钮可以列出所有的程序错误，列出所有程序错误的信息框称为"错误列表"。具有断线的 VI 的错误列表框如图 4-52 所示。

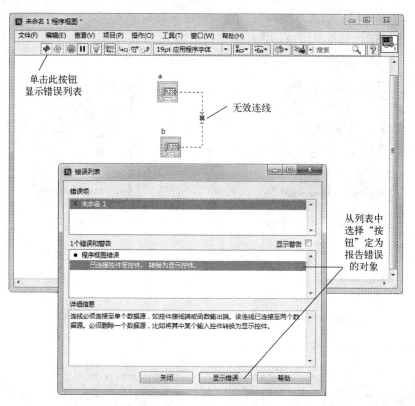

图 4-52 "错误列表"对话框

当运行 VI 时，警告信息让用户了解潜在的问题，但不会禁止程序运行。如果想知道有哪些警告，在"错误列表"对话框中选择"显示警告"复选框，这样，每当出现警告情况时，工具栏上就会出现警告按钮。

如果程序中有阻止程序正确执行的任何错误，通过在错误列表中选择错误项，然后单击"显示错误"按钮，可搜索特定错误的源代码。这个过程加亮框图上报告错误的对象，如

图 4-52 所示。在错误列表中单击错误也将加亮报告错误对象。

在编辑期间导致中断 VI 的一些最常见的原因如下。

1）要求输入的函数端子未连接。例如，算术函数的输入端如果未连接，将报告错误。

2）由于数据类型不匹配或存在散落、未连接的线段，使框图包含断线。

3）中断子 VI。

4.6.2　高亮显示程序执行过程

通过单击"高亮显示执行过程"按钮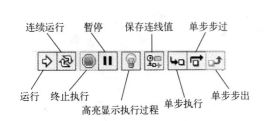，可以通过动画演示 VI 框图的执行情况，该按钮位于图 4-53 所示的程序框图工具栏中。

程序框图的高亮显示执行效果如图 4-54 所示。可以看到 VI 执行过程中的动画演示对于调试是很有帮助的。当单击"高亮显示执行过程"按钮时，该按钮变为闪亮的灯泡，指示当前程序执行时的数据流情况。任何时候单击高亮显示执行过程按钮将返回正常运行模式。

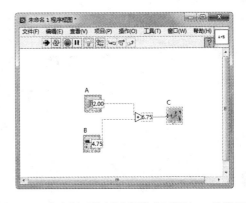

连续运行　暂停　保存连线值　单步步过

运行　　终止执行　　　　　　单步执行　　单步步出

高亮显示执行过程

图 4-53　位于程序框图上方的运行调试工具栏　　图 4-54　高亮显示执行过程模式下经过 VI 的数据流

"高亮显示执行过程"功能普遍用于单步执行模式下跟踪框图中数据流的情况，目的是理解数据在框图中是如何流动的。应该注意的是，当使用高亮显示执行过程特性时，VI 的执行时间将大大增加。数据流动画用"气泡"来指出沿着连线运动的数据，演示从一个节点到另一个节点的数据运动。另外，在单步模式下，要执行的下一个节点将一直闪烁，直到单击单步按钮为止。

4.6.3　单步通过 VI 及其子 VI

为了进行调试，可以一个节点接着一个节点地执行程序框图，这个过程称为单步执行。要在单步模式下运行 VI，在工具条上按任何一个单步调试按钮，然后继续进行下一步即可。单步按钮显示在图 4-36 的工具栏上。所按的单步按钮决定下一步从哪里开始执行。"单步步入"或"单步步过"按钮是执行完当前节点后前进到下一个节点。如果节点是结构（如 While 循环）或子 VI，可选择"单步步过"按钮执行该节点。例如，如果节点是子 VI，单击"单步步过"按钮，则执行子 VI 并前进到下一个节点，但不能看到子 VI 节点内部是如何执行的。要单步通过子 VI，应选择"单步步入"按钮。

单击"单步步出"按钮完成框图节点的执行。当按任何一个单步按钮时，也相当于按了"暂停"按钮。在任何时候通过释放"暂停"按钮可返回到正常执行的情况。

值得提示的是，如果将光标放置到任何一个单步按钮上，将出现一个提示条，显示下一步如果按该按钮时将要执行的内容描述。

当单步通过 VI 时，可能需要高亮显示执行过程，以便数据流过时可以跟踪数据。在单步和高亮显示执行过程模式下执行子 VI 时，如图 4-55 所示。子 VI 的框图窗口显示在主 VI 程序框图的上面。接着我们可以单步通过子 VI 或让其自己执行。

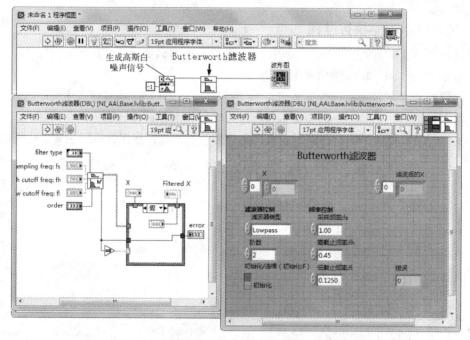

图 4-55　选择高亮显示执行过程时单步进入子 VI

没有单步或高亮显示执行过程的 VI 可以节省开销。在一般情况下这种编译方法可以减少内存需求并提高性能。其实现方法是，在菜单栏中选择"文件"→"VI 属性"命令，弹出"VI 属性"对话框。在"类别"下拉列表框中选择"执行"，取消"允许调试"复选框来隐藏"高亮显示执行过程"及"单步执行"按钮，如图 4-56 所示。

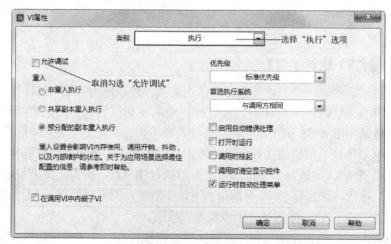

图 4-56　使用"VI 属性"对话框来关闭调试选项

4.7 子 VI

子 VI 相当于常规编程语言中的子程序，在 LabVIEW 中，用户可以把任何一个 VI 当作子 VI 来调用。因此在使用 LabVIEW 编程时，也应与其他编程语言一样，尽量采用模块化编程的思想，有效地利用子 VI，简化 VI 框图程序的结构，使其更加简单，易于理解，以提高 VI 的运行效率。

子 VI 利用连接端口与调用它的 VI 交换数据。实际上，创建完成一个 VI 后，再按照一定的规则定义好 VI 的连接端口，该 VI 就可以作为一个子 VI 来使用了。

4.7.1 创建子 VI

在完成一个 VI 的创建以后，将其作为子 VI 的调用的主要工作就是定义 VI 的连接端口。

在 VI 前面板的右上角显示图标与接线端两个小图形，在程序框图中只显示图标。接线端的位置就会显示一个连接端口，如图 4-57 所示。

第一次打开连线板时，LabVIEW 会自动根据前面板中的输入和输出控件建立相应个数的端口。当然，这些端口并没有与输入或显示控件建立起关联关系，需要用户自己定义。但在通常情况下，用户并不需要把所有的输入或输出控件都与一个端口建立关联，与外部交换数据，因而需要改变连接端口中端口的个数。

在接线端口单击右键，弹出图 4-58 所示的快捷菜单，对接线端口样式进行设置。

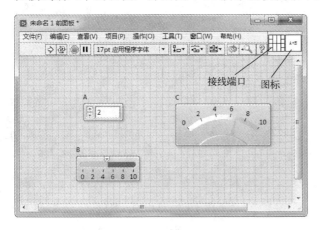

图 4-57　VI 的连线板

图 4-58　快捷菜单

LabVIEW 提供了两种方法来改变端口的个数。

1）在连接端口右键弹出快捷菜单中选择"添加接线端"或"删除接线端"，逐个添加或删除接线端口。这种方法较为灵活，但也比较麻烦。

2）在连线端口右键弹出快捷菜单中选择"模式"，会出现一个图形化下拉菜单，菜单中会列出 36 种不同的连线端口，在一般情况下可以满足用户的需要。这种方法较为简单，但是不够灵活，有时不能满足需要。

通常的做法是，先用第 2 种方法选择一个与实际需要比较接近的连线端口，然后再用第 1 种方法对选好的连接端口进行修正。

完成了连线端口的创建以后，下面的工作就是定义前面板中的输入和输出控件与连线端口中个输入、输出端口的关联关系。

4.7.2 连线端口

按照 LabVIEW 的定义，与输入控件相关联的连线端口作为输入端口。在子 VI 被其他 VI 调用时，只能向输入端口中输入数据，而不能从输入端口中向外输出数据。当某一个输入端口没有连接数据连线时，LabVIEW 就会将与该端口相关联的输入控件中的数据默认值作为该端口的数据输入值。相反，与输入控件相关联的连线端口都作为输出端口，只能向外输出数据，而不能向内输入数据。

1）接线端口位于前面板的右上角，图标位于前面板窗口及程序框图窗口的右上角，连接端口在图标左侧。

2）将前面板置为当前，将鼠标放置在前面板右上角的连线端口图标上方，鼠标变为连线工具状态。

单击鼠标右键，在弹出的快捷菜单中选择"模式"命令，同时在下一级菜单中显示接线端口模式，选择第 1 行第 5 个模式，如图 4-59 所示。

3）将鼠标移动至连线板左侧上方的端口上，单击这个端口，端口变为黑色，如图 4-60 所示。

图 4-59　模式下拉菜单

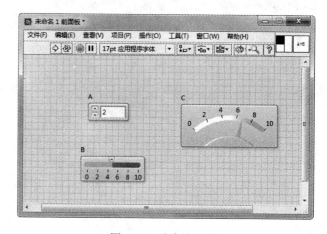

图 4-60　选中输入端口

4）用鼠标在输入控件 A 上单击，选中输入控件 A，此时输入控件 A 的图标周围会出现一个虚线框，同时，黑色架线端口变为棕色。此时，这个端口就建立了与输入控件 A 的关联关系，端口的名称为 A，颜色为棕色，如图 4-61 所示。

💡 注意

当其他 VI 调用这个子 VI 时，从这个连线端口输入的数据就会输入到输入控件 A 中，然后程序将从输入控件 A 在框图程序中所对应的端口中将数据取出，进行相应的处理。

5）使用同样的方法连接控件 B、C，结果如图 4-62 所示。

端口的颜色是由与之关联的前面板对象的数据类型来确定的，不同的数据类型对应不同的颜色，例如，与布尔量相关联的端口的颜色是绿色。

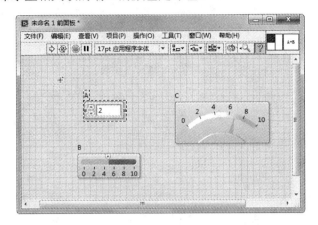

图 4-61   建立连线端口与输入控件 A 的关联关系

建立前面板中其他输入或输出控件与连线端口关系的方法与之相同。定制好的 VI 连线端口如图 4-62 所示。

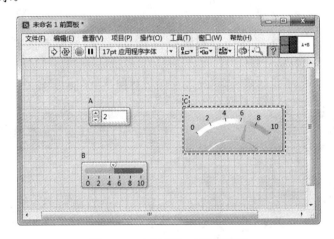

图 4-62   定制好的 VI 连线端口

在编辑调试 VI 过程中，用户有时会根据实际需要断开某些端口与前面板对象的关联。具体做法是：在需要断开的端口的右键弹出快捷菜单中选择"断开连接本地接线端"。

若在快捷菜单中选择"断开连接全部接线端"，则会断开所有端口的关联。

4.7.3   调用子 VI

在完成了连线端口的定义之后，这个 VI 就可以当作子 VI 来调用了。下面介绍如何在一个主 VI 中调用子 VI，具体步骤如下。

1）选择子 VI。在"函数"选板中选择"选择 VI"，如图 4-63 所示，弹出 "选择需打开的 VI"的对话框，如图 4-64 所示，找到需要调用的子 VI，选中后单击"打开"按钮。

2）将子 VI 的图标放置在主 VI 程序框图窗口中。用户选择子 VI 后，此时，在鼠标指针上会出现这个子 VI 的图标，将其移动到程序框图窗口的适当位置上，单击鼠标左键，将图标加入到主 VI 的程序框图中，如图 4-65 所示。

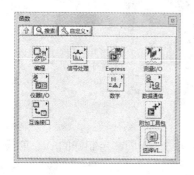

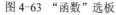

图 4-63　"函数"选板　　　　　　　图 4-64　"选择需打开的 VI"对话框

3）用连线工具将子 VI 的各个连线端口与主 VI 的其他节点按照一定的逻辑关系连接起来。

至此，就完成了子 VI 的调用。主 VI 的前面板及程序框图如图 4-65 所示。

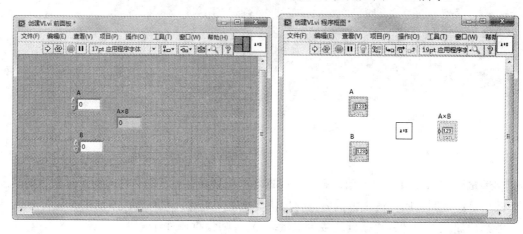

图 4-65　主 VI 的前面板及程序框图

采用上述的子 VI 调用方式来调用子 VI，只是将其作为一般的计算模块来使用，程序运行时并不显示其前面板。如果需要将子 VI 的前面板作为弹出式对话框来使用，则需要改变一些 VI 的属性设置。

在子 VI 前面板窗口右上角图标的右键单击弹出快捷菜单中选择"VI 属性"（或者在"文件"菜单中选择"VI 属性"）会出现一个"VI 属性"对话框，在对话框的"类别"下拉列表框中选择"窗口外观"，将对话框页面切换到窗口显示属性页面，如图 4-66 所示。

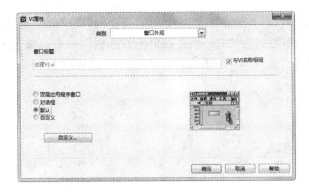

图 4-66 "VI 属性"对话框

在对话框中单击"自定义"按钮,弹出"自定义窗口外观"对话框,如图 4-67 所示。在该对话框中选中"调用时显示前面板"和"如之前未打开则在运行后关闭"复选框,单击"确定"按钮关闭对话框。

图 4-67 "自定义窗口外观"对话框

选中"调用时显示前面板"后,当程序运行到这个子 VI 时,其前面板就会自动弹出来。若再选中"如之前未打开则在运行后关闭",则当子 VI 运行结束时,其前面板会自动消失。

4.7.4 实例——数字遥控灯系统

本例主要利用子 VI 达到简化程序的目的,可简化思维,适用于复杂程序,同时子 VI 还可用于其他程序。

1. 设置工作环境

1)新建两个 VI。选择菜单栏中的"文件"→"新建 VI"命令,新建一个 VI,一个空白的 VI 包括前面板及程序框图,重复该命令,创建第二个 VI。

2)保存 VI。选择菜单栏中的"文件"→"另存为"命令,输出两个 VI 名称为"F(X)""数字遥控灯系统"。

3)固定函数选板。单击右键,在前面板打开"函数"选板,单击选板左上角"固定"按钮 🖈,将"函数"选板固定在程序框图界面。

2. 设计子 VI 程序框图

1)打开"F(X)"VI,在"函数"选板中选择"数学"→"初等于特殊函数"→"三角函数"→"正弦函数"函数，将其放置到程序框图中，并在函数输入端创建名为 x 的输入控件。

2）在函数上单击右键选择"Express 三角函数选板"命令，显示图 4-68 所示的自选版，在该子选板中选择"余弦"。

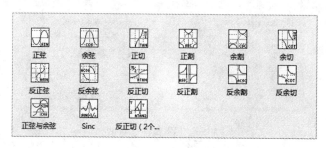

图 4-68　三角函数子选板

3）在"函数"选板中选择"数学"→"数值"→"乘""加"函数，对正弦、余弦结果乘以不同系数，并将结果进行减法运算，最后将结果显示在创建的"F(x)"显示控件中。

4）单击工具栏中的"整理程序框图"按钮，整理程序框图，结果如图 4-69 所示。

3. 设计子 VI 前面板

选择菜单栏中的"窗口"→"显示前面板"命令，或双击程序框图中的任一输入、输出控件，将前面板置为当前，如图 4-70 所示。

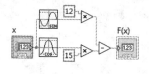

图 4-69　程序框图

图 4-70　显示前面板

4. 设计子 VI 图标

1）双击前面板右上角的图标，或在图标上右击选择"编辑图标"命令，弹出 "图标编辑器"对话框。

2）删除黑色矩形框内图形，打开"图标文本"选项卡，在"第一行文本"栏输入"F(x)"，在右侧绘图区实时显示修改结果，如图 4-71 所示。

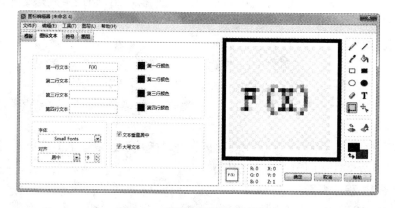

图 4-71　"图标编辑器"对话框

3）单击"确定"对话框，完成图标修改，结果如图 4-72 所示。

5. 设计子 VI 接线端

1）在前面板接线端右击，选择"模式"命令，弹出图 4-73 所示的样式面板，选择图中所示样式，修改结果如图 4-74 所示。

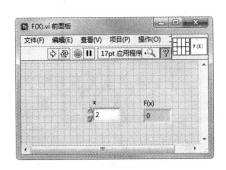

图 4-72　图标修改结果

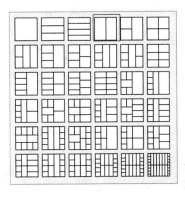

图 4-73　接线端口模式

2）依次单击接线端与对应控件，完成接线端口与控件的连接，接线端口变色表示完成连接，如图 4-75 所示。

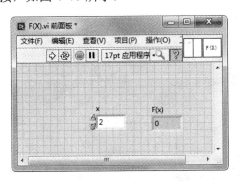

图 4-74　接线端修改结果

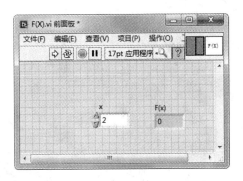

图 4-75　连接接线端口与控件

6. 设计程序框图

1）打开"数字遥控灯系统"VI，在"函数"选板中选择"选择 VI"节点，在弹出的对话框中选择上面创建的"F(x)"子 VI，将其放置到程序框图中，并在函数输入端创建名为"遥控器"的输入控件。

2）在"函数"选板中选择"数学"→"布尔"→"大于 0"函数，对函数输出结果进行对比，最后将结果显示在创建的"指示灯"显示控件中。

3）单击工具栏中的"整理程序框图"按钮 ，整理程序框图，结果如图 4-76 所示。

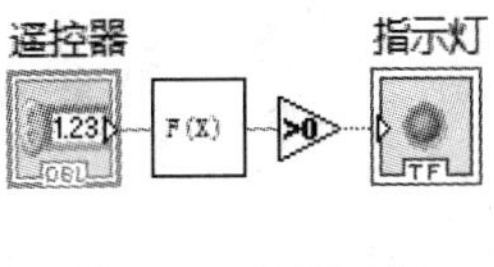

7. 设计图标

1）双击前面板右上角的图标，或在图标上右击选择"编辑图标"命令，弹出 "图标编辑器"对话框。

2）删除黑色矩形框内图形，打开"符号"选项卡，选中符号并放置到在右侧绘图区

图 4-76　程序框图

内，如图 4-77 所示。

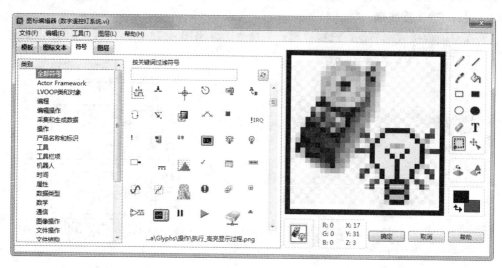

图 4-77 "图标编辑器"对话框

单击"确定"按钮，退出对话框。

8. 设计前面板

选择菜单栏中的"窗口"→"显示前面板"命令，或双击程序框图中的任一输入、输出控件，将前面板置为当前，如图 4-78 所示。

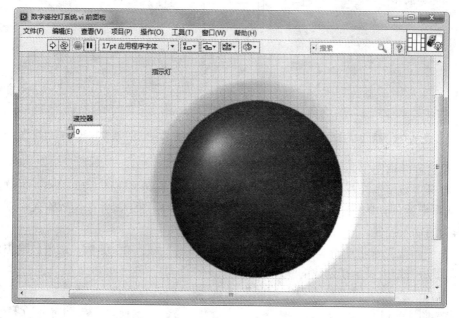

图 4-78 前面板

9. 运行程序

输入"遥控器"控件参数值为 2，在前面板窗口或程序框图窗口的工具栏中单击"运行"按钮，运行 VI，结果如图 4-79 所示。

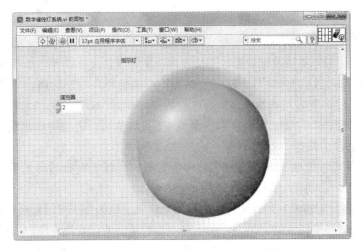

图 4-79　运行结果

4.8　性能和内存信息

性能和内存信息窗口是获取应用程序用时及内存使用情况的有力工具。性能和内存信息窗口采用交互式表格的形式，可以显示每个 VI 在系统中的运行时间及其内存使用的情况。表格中的每一行代表某个特定 VI 的信息。每个 VI 的运行时间被分类总结。性能和内存信息窗口可计算 VI 的最长、最短和平均运行时间。

通过本表格可以交互的方式全部或部分显示和查看信息，将信息按类排序，或在调用某个特定 VI 的子 VI 时查看子 VI 运行性能的数据。

选择菜单栏中的"工具"→"性能分析"→"性能和内存"命令，可以显示性能和内存信息窗口。如图 4-80 所示为一个使用中的性能和内存信息窗口。

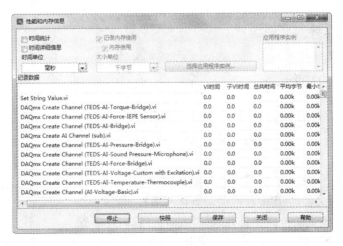

图 4-80　性能和内存信息窗口

收集内存使用信息将明显增加 VI 运行时间的系统开销，因此收集内存使用信息为可选操作。须在启动性能和内存信息窗口前正确勾选"记录内存使用"复选框以确认是否收集这部分数据。一旦记录会话开始，该复选框便无法更改。

可选择仅部分显示表格的信息。有些基本数据始终可见，但也可通过设置性能和内存信息窗口中的相关复选框来显示各种统计数据、详情和内存使用信息（被启用时）。另外，全局 VI 的性能信息也可显示。但这部分信息有时需要略有不同的解释，如下所述。

双击表格中的子 VI 名可查看子 VI 的性能数据。此时，在各 VI 的名称下将立即出现新的行，显示出每个子 VI 的性能数据。双击全局 VI 的名称后，表格中将出现新的行，显示子面板上每个控件的性能数据。

单击某列列首可按想要的顺序排列表格中各行数据。按当前列排序的列首标题将以粗体显示。

VI 的计时并不一定与 VI 完成运行所需时间相对应。原因在于多线程执行系统可将两个或更多个 VI 的执行任务交错安排。另外，由于有一定数量的系统开销无法归于任何一个 VI，如用户响应对话框的时间，或程序框图中等待函数所占用的时间以及检查鼠标单击的时间等。

勾选时间统计复选框可查看关于 VI 计时的其他详细信息。

勾选时间详细信息复选框可查看将 VI 运行总时进行细分后的计时类别。对于具有大量用户界面的 VI，这些类别可以帮助用户确定其中用时最多的操作。

勾选内存使用复选框可以查看 VI 对内存的使用情况。但该复选框仅在记录形成前勾选记录内存使用复选框后方可使用。所显示的数值表示了 VI 的数据空间对内存占用的程度，这部分数据空间不包括供支持所有 VI 使用的数据结构。VI 的数据空间不仅包含前面板控件所占用的显性数据空间，还包括编译器隐性创建的临时缓冲区所占用的数据空间。

VI 运行完毕后即可测得它所使用内存的大小，但可能无法反映出其确切的使用总量。例如，如 VI 在运行过程中创建了庞大的数组，但在运行结束前数组有所减小，则最后显示出的内存使用量便无法反映出 VI 运行期间较大的内存使用量。

本部分显示两组数据：已使用的字节数和已使用的块数。块是一段用于保存单个数据的连续内存。例如，一个整数数组可以为多字节，但仅占用一个块。执行系统为数组、字符串、路径和图片使用独立的内存块。如应用程序内存中含有大量的块，将导致性能（不仅是执行性能）的整体下降。

4.9 提高 VI 的执行速度

尽管 LabVIEW 可编译 VI 并生成快速执行的代码，但对于一部分时间要求苛刻的 VI 来说，其性能仍有待提高。本部分将讨论影响 VI 执行速度的因素并提供了一些取得 VI 最佳性能的编程技巧。

可通过检查以下项目以找出性能下降的原因：

➢ 输入/输出（文件、GPIB、数据采集、网络）；
➢ 屏幕显示（庞大的控件、重叠的控件、打开窗口过多）；
➢ 内存管理（数组和字符串的低效使用，数据结构低效）；
➢ 其他因素，如执行系统开销和子 VI 调用系统开销，但通常对执行速度影响极小。

1．输入/输出

输入/输出（I/O）的调用通常会导致大量的系统开销。输入/输出调用所占用的时间比运算更多。例如，一个简单的串口读取操作可能需要数微秒的系统开销。由于 I/O 调用需要在操作系统的数个层次间传输信息，因此任何用到串口的应用程序都将发生该系统开销。

解决过多系统开销的最佳途径是尽可能减少 I/O 调用。将 VI 结构化可以提高 VI 的运行性能，从而在一次调用中传输大量数据而不是通过多次调用传输少量数据。

例如，在创建一个数据采集（NI-DAQ）VI 时，有两种数据读取方式可供选择。一种方式为使用单点数据传递函数，如 AI Sample Channel VI，另一种方式为使用多点数据传递函数，如 AI Acquire Waveform VI。如必须采集到 100 个点，可用 AI Sample Channel VI 和"等待"函数构建一个计时循环。也可用 AI Acquire Waveform VI，使之与一个输入连接，表示需要采集 100 个点。

AI Acquire Waveform VI 通过硬件计时器来管理数据采集，从而使数据采样更为高速精确。此外，AI Acquire Waveform VI 的系统开销与调用一次 AI Sample Channel VI，的系统开销大体相等，但前者所传递的数据却多得多。

2. 屏幕显示

在前面板上频繁更新控件是最为占用系统时间的操作之一。这一点在使用图形和图表等更为复杂的显示时尤为突出。尽管多数显示控件在收到与原有数据相同的新数据时并不重绘，但图表显示控件在收到数据后不论其新旧总会重绘。如重绘率过低，最好的解决方法是减少前面板对象的数量并尽可能简化前面板的显示。对于图形和图表，可关闭其自动调整标尺、调整刻度、平滑线绘图及网格等功能以加速屏幕显示。

对于其他类型的 I/O，显示控件均占用一部分固定的系统开销。图表等输入控件可将多个点一次传递到输入控件。每次传递到图表的数据越多，图表更新的次数便越少。如将图表数据以数组的形式显示，可一次显示多点而不再一次只显示一个点，从而大幅提高数据显示速率。

如设计执行时其前面板为关闭状态的子 VI，则无须考虑其显示的系统开销。如前面板关闭则控件不占用绘制系统开销，因此图表与数组的系统开销几乎相同。

多线程系统中，可通过"高级"→"同步显示"的快捷菜单项来设置是否延迟输入控件和显示控件的更新。在单线程系统中，本菜单项无效。然而，在单线程系统中打开或关闭VI 的这个菜单项后，如把 VI 载入多线程系统，设置将同样生效。

在默认状态下，输入控件和显示控件均为异步显示，即执行系统将数据传递到前面板输入控件和显示控件后，数据可立即执行。显示若干点后，用户界面系统会注意到输入控件和显示控件均需要更新，于是重新绘制以显示新数据。如执行系统试图快速地多次更新控件，用户可能无法看到介于中间的更新状态。

多数应用程序中，异步显示可在不影响显示结果的前提下显著提高执行速度。例如，一个布尔值可在 1s 内更新数百次，每次更新并非人眼所能察觉。异步显示令执行系统有更多时间执行 VI，同时更新速率也通过用户界面线程而自动降低。

要实现同步显示，可右键单击该输入控件或显示控件，从快捷菜单中选择"高级"→"同步显示"，勾选该菜单项的复选框。

🔅 注意

同步显示仅在有必要显示每个数据值时启用。在多线程系统中使用同步显示将严重影响其性能。

延迟前面板更新属性可延迟所有前面板更新的新请求。

调整显示器设置和前面板控件也可提高 VI 的性能。可将显示器的色深度和分辨率调低，并启用硬件加速。关于硬件加速的详细信息，参见所使用操作系统的相关文档。使用来自经典选板而不是新式的控件也可提高 VI 性能。

3．在应用程序内部传递数据

在 LabVIEW 的应用程序中传递数据的方法有许多种。常见的数据传递方法，按其效率排序如下。

1）连线：可传递数据并使 LabVIEW 最大程度地控制性能，令性能最优化。数据流语言只有一个写入器及一个或多个读取器，因而传输速度最快。

2）移位寄存器：适于需要在循环中保存或反馈时使用。移位寄存器通过一个外部写入器及读取器和一个内部写入器及读取器进行数据传递。有限的数据访问令 LabVIEW 的效率最大化。

3）全局变量和函数全局变量：全局变量适于简单的数据和访问。大型及复杂的数据可用全局变量读取和传递。函数全局变量可控制 LabVIEW 返回数据的多寡。

控件、控件引用和属性节点也可作为变量使用。尽管控件、控件引用和属性节点皆可用于 VI 间的数据传递，但由于其必须经由用户界面，因此并不适于作为变量使用。一般仅在进行用户界面操作或停止并行循环时才使用本地变量和"值"属性。

用户界面操作通常速度较慢。LabVIEW 将两个值通过连线在数纳秒内完成传递，同时用数百微秒到数百毫秒不等的时间绘制一个文本。例如，LabVIEW 可把一个 100 KB 的数组通过连线在 0 ns 到数微秒内将其传递。绘制该 100 KB 数组的图形需要数十毫秒。由于控件有其用户界面，故使用控件传递数据将产生重绘控件的副作用，令内存占用增加，VI 性能降低。如控件被隐藏，LabVIEW 的数据传递速度将提高，但由于控件可随时被显示，LabVIEW 仍需要更新控件。

多线程对用户界面操作的影响。完成用户界面操作一般占用内存更多，其原因在于 LabVIEW 需要将执行线程切换到用户界面线程。例如，设置"值"属性时，LabVIEW 将模拟一个改变控件值的用户，即停止执行线程并切换到用户界面线程后对值进行更改。接着，LabVIEW 将更新用户界面的数据。如前面板打开，还将重绘控件。LabVIEW 随后便把数据发送到执行线程。执行线程位于称作传输缓冲区的受保护内存区域内。最后 LabVIEW 将切换回执行线程。当执行线程再次从控件读取数据时，LabVIEW 将从传输缓冲区寻找数据并接收新的值。

将数据写入本地或全局变量时，LabVIEW 并不立即切换到用户界面线程。而是把数值写入传输缓冲区。用户界面将在下一个指定的更新时间进行更新。变量更新可能在线程切换或用户界面更新前多次进行。原因在于变量仅可在执行线程中运算。

函数全局变量不使用传输缓冲区，因此可能比一般的全局变量更高效。函数全局变量仅存在于执行线程中，除非需要在打开的前面板上显示其数值，一般无须使用传输缓冲区。

4．并行程序框图

有多个程序框图并行运行时，执行系统将在各程序框图间定期切换。对于某些较为次要的循环，等待（ms）函数可使这些次要循环尽可能少地占用时间。

例如，考虑图 4-81 所示的程序框图。

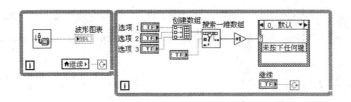

图 4-81　并行执行的程序框图实例

有两个并行的循环。第一个循环用于采集数据且需要尽可能频繁地执行。第二个循环用于检测用户的输入。由于程序编写的原因，这两个循环使用同等长度的时间。可令检测用户操作的循环在一秒内运行数次。

事实上，令该循环以低于每半秒执行一次的频率执行同样可行。在用户界面循环中调用等待（ms）函数可将更多执行时间分配给另一个循环，如图 4-82 所示。

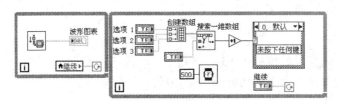

图 4-82　改进后的并行执行程序

5．子 VI 系统开销

调用子 VI 需要占用一定数量的系统开销。与历时数毫秒至数十毫秒的 I/O 系统开销和显示系统开销相比，该系统开销极为短暂（数十微秒）。但是，该系统开销在某些情况下会有所增加。例如，在一个循环中调用子 VI 达 10000 次后，其系统开销将对执行速度带来显著影响。此时，可考虑将循环嵌入子 VI。

减少子 VI 系统开销的另一个方法是：将子 VI 转换为子程序，即在"文件"→"VI 属性"对话框的顶部下拉菜单中选择执行，再从优先级下拉菜单中选择子程序。但这样做也有其代价。即子程序无法显示前面板的数据、调用计时或对话框函数，也无法与其他 VI 多任务执行。子程序通常最适于不要求用户交互且任务简短、执行频率高的 VI 中。

6．循环中不必要的计算

如计算在每次循环后的结果相同，应避免将其置于循环内。正确的做法是将计算移出循环，将计算结果输入循环。

例如，考虑图 4-83 所示的程序框图。

循环中每次除法计算的结果相同，故可将其从循环中移出以提高执行性能。如图 4-84 所示。

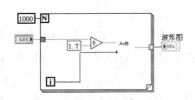

图 4-83　包含不必要计算的程序框图

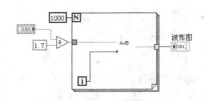

图 4-84　改进后的程序框图

如图 4-85 所示的程序框图中，如果全局变量的值不会被这个循环中另一个同时发生的程序框图或 VI 更改，那么每次在循环中运行时，该程序框图将会由于全局变量的读写而浪费时间。

如果不要求全局变量在这个循环中被另一个程序框图读写，可使用图 4-86 所示的程序框图。

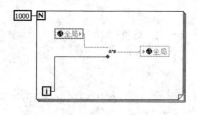

图 4-85　不必要的全局变量的读取

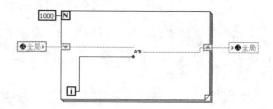

图 4-86　改进后的对全局变量的读取

💡 注意

移位寄存器必须将新的值从子 VI 传递到下一轮循环。图 4-87 所示的程序框图显示了一个常见于初学者的错误。由于未使用移位寄存器，该子 VI 的结果将永远无法作为新的输入值返还给子 VI。

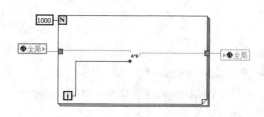

图 4-87　错误的改进方法

4.10　减少 VI 内存的使用

LabVIEW 可处理大量在文本编程语言中必须由用户处理的细节。文本编程语言的一大挑战是内存的使用。在文本编程语言中，编程者必须在内存使用的前后分配及释放内存。同时，编程者必须注意所写入数据不得超过已分配的内存容量。因此，对于使用文本编程语言的编程者来说，最大问题之一是无法分配内存或分配足够的内存。内存分配不当也是很难解决的问题。

LabVEIW 的数据流模式解决了内存管理中的诸多难题。在 LabVIEW 中无须分配变量或为变量赋值。用户只需创建带有连线的程序框图来表示数据的传输。

生成数据的函数将分配用于保存数据的空间。当数据不再使用，其占用的内存将被释放。向数组或字符串添加新数据时，LabVIEW 将自动分配足够的内存来管理这些新数据。

这种自动的内存处理功能是 LabVIEW 的一大特色。然而，自动处理的特性也使用户丧失了部分控制能力。在程序处理大宗数据时，用户也应了解内存分配的发生时机。了解相关的原则有利于用户编写出占用内存更少的程序。同时，由于内存分配和数据复制会占用大量执行时间，了解如何尽可能降低内存占用也有利于提高 VI 的执行速度。

1．虚拟内存

如果计算机的内存有限，可以考虑使用虚拟内存以增加可用的内存。虚拟内存是操作系统将可用的硬盘控件用于 RAM 存储的功能。如分配了大量的虚拟内存，应用程序会将其视为通常意义上可用于数据存储的内存。

对于应用程序来说，使用的内存是否为真正的 RAM 内存或虚拟内存并不重要。操作系统会隐藏该内存为虚拟内存的事实。二者最大的区别在于速度。使用虚拟内存，当操作系统将虚拟内存与硬盘进行交换时，偶尔会出现速度迟缓的现象。虚拟内存可用于运行较为大型的应用程序，但不适于时间条件苛刻的应用程序。

2．VI 组件内存管理

每个 VI 均包含以下四大组件：

➤ 前面板；

➤ 程序框图；

➤ 代码（编译为机器码的框图）；

➤ 数据（输入控件和显示控件值、默认数据、框图常量数据等）。

当一个 VI 加载时，前面板、代码（如代码与操作平台相匹配）及 VI 的数据都将被加载到内存中。如果 VI 由于操作平台或子 VI 的界面发生改变而需要被编译，则程序框图也将被加载到内存中。

如其子 VI 被加载到内存中，则 VI 也将加载其代码和数据空间。在某些条件下，有些子 VI 的前面板可能也会被加载到内存中。例如，当子 VI 使用了操纵着前面板控件状态信息的属性节点时。

组织 VI 组件的重要一点是，由 VI 的一部分转换而来的子 VI 通常不应占用大量内存。如果创建一个大型但没有子 VI 的 VI，内存中将保留其前面板、代码及顶层 VI 的数据。然而，如将该 VI 分为若干子 VI，则顶层 VI 的代码将变小，而代码和子 VI 的数据将保留在内存中。有些情况下，可能会出现更少的运行时内存使用。

另外，大型 VI 可能需要花费更多的时间进行编辑。该问题可通过将 VI 分为子 VI 来解决，通常编辑器处理小型 VI 更有效率。同时，层次化的 VI 组织也更易于维护和阅读。

并且，如果 VI 前面板或程序框图的规模超过了屏幕可显示的范围，将其分为子 VI 更便于其使用。

3．数据流编程和数据缓冲区

在数据流编程中，一般不使用变量。数据流模式通常将节点描述为消耗数据输入并产出数据输出。机械地照搬该模式将导致应用程序的内存占用巨大而执行性能迟缓。每个函数都要为输出的目的地产生数据副本。LabVIEW 编译器对这种实施方法加以改进，即确认内存何时可被重复使用并检查输出的目的地，以决定是否有必要为每个输出复制数据。显示缓冲区分配窗口可显示 LabVIEW 创建数据副本的位置。

例如，如图 4-88 所示的程序框图采用了较为传统的编译器方式，即使用两块数据内存，一个用于输入，另一个用于输出。

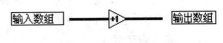

图 4-88　数据流编程示例 1

输入数组和输出数组含有相同数量的元素，且两种数组的数据类型相同。将进入的数组视为数据的缓冲区。编译器并没有为输出创建一个新的缓冲区，而是重复使用了输入缓冲区。这样做无须在运行时分配内存，故节省了内存，执行速度也得以提高。

然而，编译器无法做到在任何情况下重复使用内存，如图 4-89 所示。

一个信号将一个数据源传递到多个目的地。替换数组子集函数修改了输入数组，并产生输出数组。在此情况下，编译器将为这两个函数创建新的数据缓冲区并将数组数据复制到缓冲区中。这样，其中一个函数将重复使用输入数组，而其他函数将不会使用。本程序框图使用约 12 KB 内存（原始数组使用 4 KB，其他两个数据缓冲区各使用 4 KB）。

现有图 4-90 所示的程序框图。

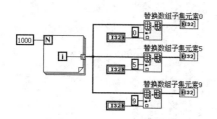

图 4-89　数据流编程示例 2

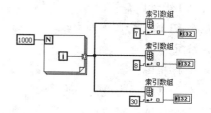

图 4-90　数据流编程示例 3

与前例相同，输入数组为 3 个函数。但是，图 4-90 所示程序框图中的索引数组函数并不对输入数组进行修改。如果将数据传递到多个只读取数据而不作任何修改的地址，LabVIEW 便不再复制数据。本程序框图使用约 4 KB 内存。

最后，考虑图 4-91 所示的程序框图。

图 4-91 所示的示例中，输入数组为两个函数，其中一个用于修改数据。这两个函数间没有依赖性。因此，可以预见的是至少需要复制一份数据以使"替换数据子集"函数正常对数据进行修改。然而，本例中的编译器将函数的执行顺序安排为读取数据的函数最先执行，修改数据的函数最后执行。于是，

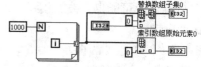

图 4-91　数据流编程示例 4

"替换数组子集"函数便可重复使用输入数组的缓冲区而不生成一个相同的数组。如节点排序至为重要，可通过一个序列或一个节点的输出作为另一个节点的输入，令节点排序更为明了。

事实上，编译器对程序框图作出的分析并不尽善尽美。在有些情况下，编译器可能无法确定重复使用程序框图内存的最佳方式。

特定的程序框图可阻止 LabVIEW 重复使用数据缓冲区。在子 VI 中通过一个条件显示控件能阻止 LabVIEW 对数据缓冲区的使用进行优化。条件显示控件是一个置于条件结构或 For 循环中的显示控件。如将显示控件放置于一个按条件执行的代码路径中，将中断数据在系统中的流动，同时 LabVIEW 也不再重新使用输入的数据缓冲区而将数据强制复制到显示控件中。如将显示控件置于条件结构或 For 循环外，LabVIEW 将直接修改循环或结构中的数据，将数据传递到显示控件而不再复制一份数据。可为交替发生的条件分支创建常量，避免将显示控件置于条件结构内。

4. 监控内存使用

查看内存使用有以下几种方法。

如果需要查看当前 VI 的内存使用，可以选择"文件"→"VI 属性"并从顶部下拉式菜单中选择内存使用。注意，该结果并不包括子 VI 所占用的内存。通过性能和内存信息窗口可监控所有已保存 VI 所占用的内存。VI 性能和内存信息窗口可就一个 VI 每次运行后所占用的字节数及块数的最小值、最大值和平均值进行数据统计。

💡 **注意**

在监控 VI 内存使用时，务必在查看内存使用前先将 VI 保存。"撤销"功能保存了对象和数据的临时副本，增加了 VI 的内存使用。保存 VI 则可清除"撤销"功能所生成的数据副本，使最终显示的内存信息更为准确。

利用性能和内存信息窗口可找出运行性能欠佳的子 VI，接着可通过显示缓冲区分配窗口显示出程序框图中 LabVIEW 用于分配内存的特定区域。选择"工具"→"性能分析"→"显示缓冲区分配"可以打开"显示缓冲区分配"窗口。勾选需要查看其缓冲区的数据类型，单击"刷新"按钮。此时程序框图上将出现一些黑色小方块，表示 LabVIEW 在程序框图上创建的数据缓冲区的位置。"显示缓冲区分配"窗口及程序框图上显示的数据缓冲区的位置如图 4-92 所示。

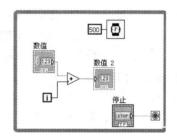

图 4-92 "显示缓冲区分配"窗口及程序框图上缓冲区的位置

💡 **注意**

只有 LabVIEW 完整版和专业版开发系统才有显示缓冲区分配窗口。

一旦确认了 LabVIEW 缓冲区的位置，便可以编辑 VI 以减少运行 VI 所需的内存。LabVIEW 必须为运行 VI 分配内存，因此不可将所有缓冲区都删除。

如一个必须用 LabVIEW 对其进行重新编译的 VI 被更改，则黑色方块将由于缓冲区信息错误而消失。单击"显示缓冲区分配"窗口中的"刷新"按钮可重新编译 VI 并使黑色方块显现。关闭"显示缓冲区分配"窗口后，黑色方块也随之消失。

选择"帮助"→"关于 LabVIEW"可以查看应用程序的内存使用总量。该总量包括了 VI 及应用程序本身所占用的内存。在执行一组 VI 前后查看该总量的变化可大致了解各 VI 总体上对内存的占用。

5. 高效使用内存的规则

以上所介绍的内容的要点在于编译器可智能地作出重复使用内存的决策。编译器何时能重复使用内存的规则十分复杂。以下规则有助于在实际操作中创建能高效使用内存的 VI。

1）将 VI 分为若干子 VI 一般不影响内存的使用。在多数情况下，内存使用效率将提高，这是由于子 VI 不运行时执行系统可回收该子 VI 所占用的数据内存。

2）只有当标量过多时才会对内存使用产生负面影响，故无须太介意标量值数据副本的存在。

3）使用数组或字符串时，勿滥用全局变量和局部变量。因为读取全局或局部变量时，LabVIEW 都会生成数据副本。

如无必要，不要在前面板上显示大型的数组或字符串。前面板上的输入控件和显示控件会为其显示的数据保存一份数据副本。

4）延迟前面板更新属性。将该属性设置为 TRUE 时，即使控件的值被改变，前面板显示控制器的值也不会改变。操作系统无须使用任何内存为输入控件填充新的值。

5）如果并不打算显示子 VI 的前面板，那么不要将未使用的属性节点留在子 VI 上。属性节点将导致子 VI 的前面板被保留在内存中，造成不必要的内存占用。

6）设计程序框图时，应注意输入与输出大小不同的情况。例如，如使用创建数组或连接字符串函数而使数组或字符串的尺寸被频繁扩大，那么这些数组或字符串将产生其数据副本。

7）在数组中使用一致的数据类型并在数组将数据传递到子 VI 和函数时监视强制转换点。当数据类型被改变时，执行系统将为其复制一份数据。

8）不要使用复杂和层次化的数据结构，如含有大型数组或字符串的簇或簇数组。这将占用更多的内存。应尽可能使用更高效的数据类型。

9）如无必要，不要使用透明或重叠的前面板对象。这样的对象可能会占用更多内存。

6. 前面板的内存问题

前面板打开时，输入控件和显示控件会为其显示的数据保存一份数据副本。

如图 4-93 所示，显示的是"加 1"函数及前面板输入控件和显示控件。

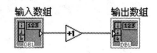

图 4-93　前面板的内存问题示例

运行该 VI 时，前面板输入控件的数据被传递到程序框图。"加 1"函数将重新使用输入缓冲区。显示控件则复制一份数据用于在前面板上显示。于是，缓冲区便有了三份数据。

前面板输入控件的这种数据保护可防止用户将数据输入到输入控件后运行相关 VI 并在数据传递到后续节点时查看输入控件的数据变化。同样，显示控件的数据也受到保护，以保证显示控件在收到新数据前能准确地显示当前的内容。

子 VI 的存在使得输入控件和显示控件能作为输入和输出使用。在以下条件下，执行系统将为子 VI 的输入控件和显示控件复制数据。

1）前面板保存于内存中。

2）前面板已打开。

3）VI 已更改但未保存（VI 的所有组件将保留在内存中直至 VI 被保存）。

4）前面板使用数据打印。

5）程序框图使用属性节点。

6）VI 使用本地变量。

7）前面板使用数据记录。

8）用于暂停数据范围检查的控件。

如果要使一个属性节点能够在前面板关闭状态下读取子 VI 中图表的历史数据，则输入控件或显示控件需要显示传递到该属性节点的数据。由于大量与其相似的属性的存在，如子 VI 使用属性节点，执行系统将会把该子 VI 面板存入内存。

如果前面板使用前面板数据记录或数据打印，输入控件和显示控件将维护其数据副本。此外，为便于数据打印，前面板被存入内存，即前面板可以被打印。

如果设置子 VI 在被 VI 属性对话框或子 VI 节点设置对话框调用时打开其前面板，那么当子 VI 被调用时，前面板将被加载到内存。如设置了"如之前未打开则关闭"，一旦子 VI 结束运行，前面板便从内存中移除。

7. 可重复使用数据内存的子 VI

通常，子 VI 可以轻松地从其调用者使用数据缓冲区，就像其程序框图已被复制到顶层一样。在多数情况下，将程序框图的一部分转换为子 VI 并不占用额外的内存。正如上节内容所述，对于在显示上有特殊要求的VI，其前面板和输入控件可能需要使用额外的内存。

8. 了解何时内存被释放

考虑图 4-94 所示的程序框图。

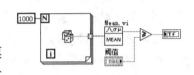

平均值 VI 运行完毕后，便不再需要数据数组。在规模较大的程序框图中，确定何时不再需要这些数据是一个十分复杂的过程，因此在 VI 的运行期间执行系统不释放 VI 的数据缓冲区。

图 4-94　内存的释放示例

在 Mac 平台上，如果内存不足，执行系统将释放任何当前未被运行的 VI 的数据缓冲区。执行系统不会释放前面板输入控件、显示控件、全局变量或未初始化的移位寄存器所使用的内存。

现在将本 VI 视为一个较大型 VI 的子 VI。数据数组已被创建并仅用于该子 VI。在 Mac 平台上，如该子 VI 未运行且内存不足，执行系统将释放子 VI 中的数据。本示例说明了如何利用子 VI 节省内存使用。

在 Windows 和 Linux 平台上，除非 VI 已关闭且从内存中移除，一般不释放数据缓冲区。内存将按需求从操作系统中分配，而虚拟内存在上述平台上也运行良好。由于碎片的存在，应用程序看起来可能比事实上使用了更多的内存。内存被分配和释放时，应用程序会合并内存以把未使用的块返回给操作系统。

通过请求释放函数可在含有该函数的 VI 运行完毕后释放未用的内存。当顶层 VI 调用一个子 VI 时，LabVIEW 将为该子 VI 的运行分配一个内存数据空间。子 VI 运行完毕后，LabVIEW 将在直到顶层 VI 完成运行或整个应用程序停止后才释放数据空间，这将造成内存用尽或性能降低。将"请求释放"函数置于需要释放内存的子 VI 中，将标志布尔输入设置为 TRUE，则 LabVIEW 将释放该子 VI 的数据空间令内存使用降低。

9. 确定何时输出可重复使用输入缓冲区

如输出与输入的大小和数据类型相同且输入暂无它用，则输出可重复使用输入缓冲区。如前所述，在有些情况下，即使一个输入已用于别处，编译器和执行系统仍可对代码的执行顺序进行排序以便在输出缓冲区中重复使用输入。但其做法比较复杂。故不推荐经常使用该法。

显示缓冲区分配窗口可查看输出缓冲区是否重复使用了输入缓冲区。如图 4-95 所示程序框图中，如在条件结构的每个分支中都放入一个显示控件，LabVIEW 会为每个显示控制器复制一份数据，这将导致数据流被打断。LabVIEW 不会使用为输入数组所创建的缓冲区，而是为输出数组复制一份数据。

如将显示控件移出条件结构，由于 LabVIEW 不必为显示控件显示的数据创建数据副本，故输出缓冲区将重复使用输入缓冲区。在此后的 VI 运行中，LabVIEW 不再需要输入数组的值，因此"递增"函数可直接修改输入数组并将其传递到输出数组。在此条件下，LabVIEW 无须复制数据，故输出数组上将不出现缓冲区，如图 4-96 所示。

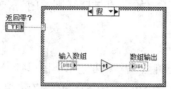

图 4-95　输出不使用输入缓冲区的示例　　　　图 4-96　输出使用输入缓冲区示例

10．一致的数据类型

如输入与输出数据类型不同，则输出无法重复使用该输入。例如，将一个 32 位二进制整数与一个 16 位二进制整数相加，将出现一个强制转换点，表示 16 位二进制整数正被转换为 32 位二进制整数。假设 32 位二进制整数满足了其他所有要求（如 32 位二进制整数未在其他地方被重复使用），则 32 位二进制整数的输入可被输出缓冲区重复使用。

此外，子 VI 的强制转换点和大量函数均隐含了数据类型的转换。通常编译器会为已转换的数据创建一个新的缓冲区。

尽可能使用一致的数据类型可避免占用内存。这样可令数据大小升级以减少数据副本的产生。一致的数据类型也可使编译器在确定何时可重复使用数据缓冲区时更为灵活。

考虑在有些应用程序中使用更小的数据类型。例如，用 4B 单精度数取代 8B 双精度数。为避免不必要的数据转换，应仔细考虑数据类型是否与将调用子 VI 所期望的数据类型相符。

11．如何生成正确类型的数据

如图 4-97 所示实例为一个具有 1000 个任意值的数组，已被添加到一个标量中。任意值为双精度而标量为单精度，故在加函数处产生了一个强制转换点。标量在加法运算开始前被升级为双精度。最后的结果被传递到显示控制器。本程序框图使用 16 KB 内存。

图 4-98 所示为一个错误的数据类型转换操作，即将双精度随机数数组转换为单精度随机数数组。本例使用的内存与前例相同。

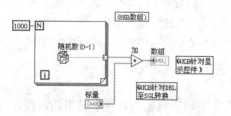　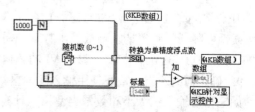

图 4-97　数据类型不一致的示例　　　　图 4-98　错误的数据类型转换示例

如图 4-99 所示，最好的解决办法是在数组被创建前将随机数转换为单精度数。这样可

142

避免转换一个大型数据缓冲区的数据类型转换。

12. 避免频繁地调整数据大小

如果输出与输入数据的大小不同，则输出数据无法重复使用输入数据的数据缓冲区。这种情况常见于创建数组、连接字符串及数组子集等改变数组或字符串大小的函数。使用上述函数时，程序将由于频繁复制数据而占用更多数据内存而导致执行速度降低。因此在使用数组及字符串时应避免经常使用上述函数。

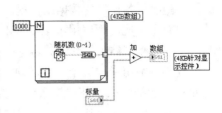

图 4-99　正确的数据类型转换示例

13. 开发高效的数据结构

在上面的内容中已提到层次化数据结构，如包含大型数组或字符串的簇或簇数组等无法被高效地使用。本部分将就其原因和如何选择高效的数据类型展开讨论。

对于复杂的数据结构而言，在访问和更改数据结构中元素的同时，难免会生成被访问元素的数据副本。如这些元素本身很大，如数组或字符串，那么生成其数据副本将占用更多内存和时间。

使用标量数据类型通常效率颇高。同样地，使用其元素为标量的小型字符串或数组也很高效。如图 4-100 所示代码表示如何在一个元素为标量的数组中将其中的一个值递增。

这样做避免了生成整个数组的副本，因此很高效。以索引数组函数所生成的元素为一个标量，可很高效地创建和使用。

对于簇数组，假定其中的簇仅含有标量，那么也可高效地创建和使用。在以下程序框图中，由于解除捆绑和捆绑函数的使用，元素操作稍显复杂。但是，簇可能非常小（标量使用极少内存），因此访问簇元素并将元素替换回原先的簇并不占用大量的系统开销。

图 4-101 显示的是解除捆绑、运算和重新捆绑的高效模式。数据源的连线应仅有两个目的："解除捆绑"函数的输入端和"捆绑"函数的中间接线端。LabVIEW 将识别出这个模式并生成性能更佳的代码。

图 4-100　标量数组中元素值的递增

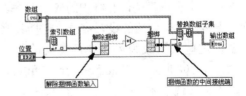

图 4-101　簇数据的运算示例

在一个簇数组中，每个簇含有大型的子数组或字符串，那么对簇中各元素的值进行索引和更改将占用更多的内存和时间。

对整个数组中的某个元素进行索引将会生成一份该元素的数据副本。这样，簇及其庞大的子数组或字符串都将产生各自的副本。由于字符串和数组的大小各异，复制过程不仅包括实际复制字符串和子数组的系统开销，还包括创建适当大小的字符串和子数组的内存调用。若干次这样的操作不会造成太大影响。然而，如果应用程序频繁地执行这样的操作，内存和执行的系统开销将迅速上升。

解决办法是寻求数据的其他表示形式。以下 3 个实例分析分别代表了 3 种不同的应用程序，并就取得各自最佳数据结构提出了建议。

现有一个应用程序用于记录若干测试的结果。在结果中，需要有一个描述测试的字符串和一个存储测试结果的数组。可考虑使用图 4-102 所示的数据类型。

要改变数组中的某个元素，须对整个数组中的该元素进行索引。对于簇，则必须对其中的元素解除捆绑以便使用该数组。然后，须替换数组中的一个元素，接着将数组保存到簇中。最后，将簇保存到原来的数组中。过程如图 4-103 所示。

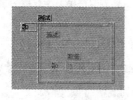

图 4-102　记录测试结果的数组

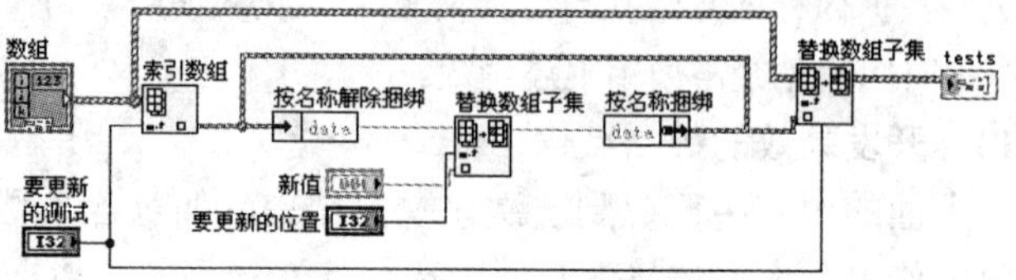

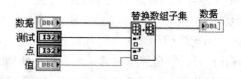

图 4-103　改变测试结果数组中的数据

每一级解除捆绑或索引的操作所产生的数据都可能生成一份副本。但副本未必一定会生成。复制数据十分占用内存和时间。解决的办法是令数据结构尽可能的扁平。例如，可将本实例中的数据结构分为两个数组。第一个数组是字符串数组。第二个数组是一个二维数组，数组中的每一行代表了某个测试的结果。结果如图 4-104 所示。

在此数据结构中，可通过"替换数据子集"函数直接替换一个数组元素，如图 4-105 所示。

图 4-104　改进后的测试结果记录方式

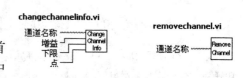

图 4-105　改进后测试结果的修改方式

现有一个进行表格信息维护的应用程序。在这个应用程序中，所有数据都需要可以全局访问。表格包含了仪器的设置信息，包括其增益、低压极限、高压极限以及通道的名称。

要使这些数据成为可供全局访问的数据，可考虑创建一组用于访问表格中数据的子 VI，如图 4-106 所示的 Change Channel Info.VI 和 Remove Channel Info.VI。

以下为实现上述 VI 的 3 种不同方案。

1. 常规方案

要实现这个方案，需要考虑几种数据结构。首先，使用一个含有一个簇数组的全局变量，数组中的每个簇代表了增益、低压极限、高压极限和通道名称。

图 4-106　使用的两个子 VI

如前所述，在这样的数据结构中，通常须经过若干级索引和解除捆绑的操作方可访问数据，因此难以高效地实施。同时，由于这种数据结构聚集了若干不同的信息，因此无法使用搜索一维数组函数来搜索通道。"搜索一维数组"函数可在一个簇数组内搜索一个特定的簇，但无法搜索数个与某个簇元素相匹配的元素。

2．改进方案一

对于上述实例，可将数据保存在两个分开的数组中。其中一个数组包含了通道名称，另一个数组包含了通道数据。对通道名称数组中的某个通道名称进行索引，使用该索引在另一个数组中找到该通道名相应的通道数据。

注意

字符串数组与数据是分开的，故可通过"搜索一维数组"函数来搜索通道。

在实践中，如果以 Change Channel Info VI 创建一个含有 1000 路通道的数组，其执行速度将是上一个方法的两倍。但由于没有其他影响性能的系统开销，因此二者的区别并不明显。

从某个全局变量读取数据时，将会为其生成一份数据副本。这样，每访问一个数组的元素便会生成一份完整的数组数据副本。下一个方法可更有效地避免占用系统开销。

3．改进方案二

还有一种保存全局数据方法，即使用一个未初始化的移位寄存器。本质上，如果不为移位寄存器连接一个初始值，它将在每次调用时记住每个值。

LabVIEW 编译器可高效地处理对移位寄存器的访问。读取移位寄存器的值并不一定会生成数据副本。事实上，可对一个保存在移位寄存器中的数组进行索引，甚至改变和更新数组中的值，同时不会生成多余的整个数组的数据副本。移位寄存器的问题在于，只有包含了移位寄存器的 VI 可访问移位寄存器的数据。但从另一方面来说，移位寄存器的优势在于其模块化。

可指定一个具有模式输入的子 VI 来读取、改变或清除一个通道，或指定其是否将所有通道的数据清零。

子 VI 包含了一个 While 循环，该循环中有两个移位寄存器：一个用于通道数据，另一个用于通道名称。上述移位寄存器都未初始化。接着，在 While 循环中，可放入一个与模式输入相连的条件结构。根据模式的不同，可对移位寄存器中的数据进行读取甚至更改，如图 4-107 所示。

图 4-108 所示为一个子 VI，其界面能够处理上述 3 种不同模式。图中仅显示了 Change Channel Info 的代码。

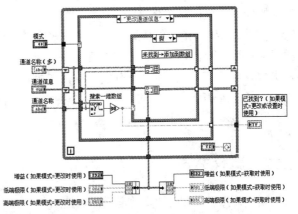

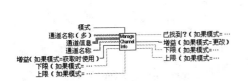

图 4-107　改进方案中子 VI 的端口定义　　　图 4-108　改进方案中子 VI 的程序框图

如元素多达 1000 个时，这个方案的执行速度将是上一个方案的两倍，比常规方案快 4 倍。

以上的应用程序为一个含有混合数据类型且更改频繁的表格。而许多的应用程序中的表格信息往往是静态的。表格能够以电子表格文件的格式读取。一旦载入内存后，该表格可用于查找信息。

在此情况下，实施方案由以下两个函数组成，即 Initialize Table From File.VI 和 Get Record From Table.VI，如图 4-109 所示。

图 4-109　使用的两个子 VI

实施该表格的方法之一是使用一个二维的字符串数组。注意，编译器将每个字符串保存在位于另一独立内存块中的字符串数组中。如果字符串数量庞大（如超过 5000 个字符串），那么可将其载入内存管理器。这样的加载可能会由于对象的增多而导致性能的明显下降。

保存大型表格的另一方法是按照单个字符串读取表格。接着创建一个独立的数组，其中含有字符串中每个记录的偏移值。这种做法改变了数据的组织，避免占用上千个相对较小的内存块，而以一个较大的内存块（即字符串）和一个独立的较小内存块（即偏移值数组）来取代。

这种方法在实施时可能较为复杂，但对于大型的表格来说其执行速度将快得多。

4.11　搜索控件、VI 和函数

选择"查看"→"控件或查看"→"函数"，将打开控件或函数选板，选板顶部会出现两个按钮。

"搜索"按钮会将选板转换为搜索模式，基于文本查找选板上的控件、VI 或函数。选板处于搜索模式时，单击"返回"按钮可退出搜索模式，返回选板。

"自定义"按钮提供当前选板的模式选项、显示或隐藏所有选板的类别以及在文本和树形模式下按字母顺序对选板上各项进行排序。在快捷菜单中选择"选项"，可打开"选项"对话框中的控件/函数选板页，为所有选板选择显示模式。只有当单击选板左上角的图钉将选板锁住时，该按钮才会显示。

在熟悉 VI 和函数的位置之前，可以使用"搜索"按钮搜索函数或 VI。例如，如需要查找"随机数"函数，可在函数选板工具条上单击"搜索"按钮，在选板顶部的文本框中输入随机数。LabVIEW 会列出所有匹配项，包括以输入文本作为起始的项和内容包含输入文本的项。如图 4-109 所示，可以单击某个搜索结果并将其拖曳进入程序框图中。通过双击在选板上高亮显示搜索结果的位置。

4.12　属性节点

属性节点可以实时改变前面板对象的颜色、大小和是否可见等属性，从而达到最佳的人机交互效果。通过改变前面板对象的属性值，可以在程序运动中动态地改变前面板对象的属性。

下面以数值控件来介绍属性节点的创建：在数值控件上单击右键，在其中依次选择"创建"→"属性节点"，然后选择要选的属性，若此时选择其中的可见属性，则单击"可见"，出现右侧的小图标，如图 4-110 所示。

若需要同时改变所选对象的多个属性，一种方法是创建多个属性节点，如图 4-111 所示。另外一种简捷的方法是在一个属性节点的图标上添加多个端口。添加的方法有两种：一种是用鼠标拖动属性节点图标下边缘的尺寸控制点，如图 4-112 的左侧所示；另一种是在属性节点图标的右键单击弹出的菜单中选择"添加元素"，如图 4-112 的右侧所示。

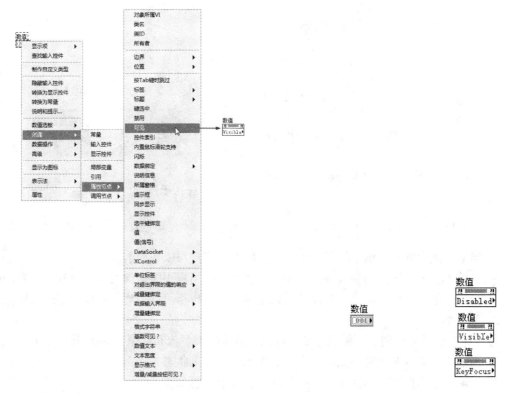

图 4-110　属性节点的建立　　　　　图 4-111　创建多个属性节点方法一

有效地使用属性节点可以使用户设计的图形化人机交互界面更加友好、美观，操作更加方便。由于不同类型前面板对象的属性种类繁多，很难一一介绍，所以下面仅以数值控件来介绍部分属性节点的用法。

1．右键选中属性

该属性用于控制所选对象是否处于焦点状态，其数据类型为布尔类型，如图 4-113 所示。

➤ 当输入为真时，所选对象将处于焦点状态。

➤ 当输入为假时，所选对象将处于一般状态。

2．禁用属性

通过这个属性，可以控制用户是否可以访问一个前面板，其数据类型为数值型，如图 4-114 所示。

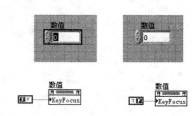

图 4-112　创建多个属性节点方法二　　　　　　图 4-113　右键选中属性

➢ 当输入值为 0 时，前面板对象处于正常状态，用户可以访问前面板对象。

➢ 当输入值为 1 时，前面板外观处在正常状态，但用户不能访问前面板对象的内容。

➢ 当输入值为 2 时，前面板对象处于禁用状态，用户不可以访问前面板对象的内容。

3．可见属性

通过这个属性来控制前面板对象是否可视，其数据类型为布尔型，如图 4-115 所示。

➢ 当输入值为真时，前面板对象在前面板上处于可见状态。

➢ 当输入值为假时，前面板对象在前面板上处于不可见态。

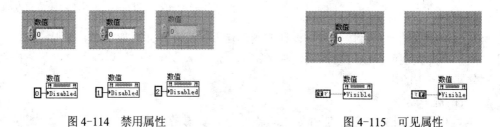

图 4-114　禁用属性　　　　　　　　　　　图 4-115　可见属性

4．闪烁属性

通过这个属性可以控制前面板对象是否闪烁。

➢ 当输入值为真时，前面板对象处于闪烁状态。

➢ 当输入值为假时，前面板对象处于正常状态。

在 LabVIEW 菜单栏中选择"工具"→"选项"，弹出一个名为"选项"的对话框，在对话框中可以设置闪烁的速度和颜色。

在对话框上部的下拉列表框中选择"前面板"，对话框中会出现图 4-116 所示的属性设定选项，可以在其中设置闪烁速度。

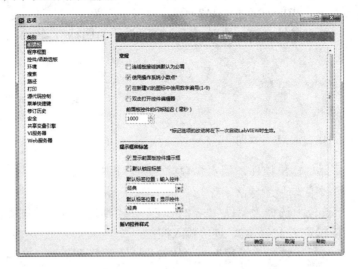

图 4-116　设置闪烁速度

4.13　综合实例——血压测试系统

本例主要利用"属性节点"调整控件颜色属性，使其更形象直观。

1. 设置工作环境

1）新建 VI。选择菜单栏中的"文件"→"新建 VI"命令，新建一个 VI，一个空白的 VI 包括前面板及程序框图。

2）保存 VI。选择菜单栏中的"文件"→"另存为"命令，输入 VI 名称为"血压测试系统"。

2. 添加控件

在"控件"选板上选择"银色"→"数值"→"温度计"控件，并放置在前面板的适当位置，修改名称为"血压计输入""血压计显示"，如图 4-117 所示。

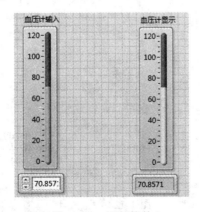

图 4-117　添加控件

3. 设计前面板

1）选择菜单栏中的"窗口"→"显示程序框图"命令，或双击前面板中的任一输入、输出控件，将前面板置为当前，如图 4-118 所示。

2）选中控件，单击鼠标右键，选择快捷命令"显示为图标"，转换控件显示模式，如图 4-119 所示。

图 4-118　显示程序框图　　　　　　　　图 4-119　数据显示

3）连接输入控件与输出控件，则实线数据传导。其中对输入数值进行设限，80～120 为正常血压，过高与高低均显示异常。

4）在"函数"选板上选择"编程"→"比较"→"判定范围并强制转换"函数，在输入端创建上限、下限常量为 120、80，连接输入控件。

5）在"函数"选板上选择"编程"→"比较"→"选择"函数，在输入端创建真、假字符常量"血压正常""血压异常"，将上步判定范围的输出结果连接到输入端，输出值在 80～120，值为真，否则为假。

6）在"函数"选板上选择"编程"→"对话框与用户界面"→"单按钮对话框"函数，接收数据流中的真假值，按照选择以对话框显示输出结果。

7）在"血压计显示"输出控件上右击，选择"创建"→"属性节点"→"填充颜色"命令，在程序框图中放置属性节点"血压计显示"，该节点只要设置输出控件的颜色显示。

8）在"函数"选板上选择"编程"→"比较"→"大于""小于"函数，划分输入值。

9）在"函数"选板上选择"编程"→"比较"→"选择"函数，在输入端创建颜色常量"正常""高压"低压，将划分的数值输入值连接到输入端，将输出结果连接到属性节点输入端，根据输入值所属范围、对应颜色，显示在"血压计显示"输出控件上。

10）单击工具栏中的"整理程序框图"按钮，整理程序框图，结果如图 4-120 所示。

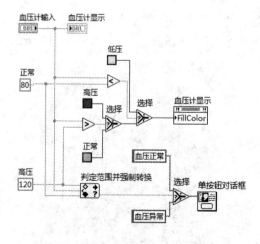

图 4-120　程序框图

4. 控件设置

在"控件"选板中选择"修饰"→"上凸圆盒"控件，拖出一个方框，并放置在控件上方，覆盖整个控件组，在工具栏中单击中的"重新排序"按钮 下拉选单，选择"移至后面"命令，改变对象在窗口中的前后次序。

1）选择工具选板中的设置颜色工具 ，为修饰控件设置颜色。将前面板的前景色设置为黄色。

2）选择工具选板中的设置文本工具 ，在空白处输入标题"血压测试系统"，字体样式为"华文彩云"，大小为 36，结果如图 4-121 所示。

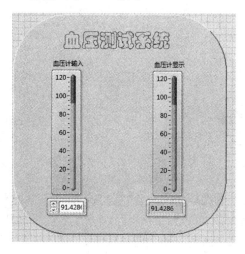

图 4-121　设置字体

5. 运行程序

在前面板窗口或程序框图窗口的工具栏中单击"运行"按钮 ，运行 VI，结果如图 4-122所示。

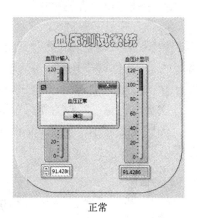

正常　　　　　　　　　　　　异常

图 4-122　运行结果

第5章 程序结构

程序结构包括循环、分支等特殊结构的控制程序流程，还有执行语法和语义的顺序程序。

LabVIEW 采用结构化数据流程图编程，能够处理循环、顺序、条件和事件等程序控制的结构框图，这是 LabVIEW 编程的核心也是区别于其他图形化编程开发环境的独特和灵活之处。

 学习要点

● 结构函数传递数据
● 定时循环
● 变量

5.1 循环结构

LabVIEW 中有两种类型的循环结构，分别是 For 循环和 While 循环。它们的区别是 For 循环在使用时要预先指定循环次数，当循环体运行了指定次数的循环后自动退出；而 While 循环则无须指定循环次数，只要满足循环退出的条件便退出相应的循环，如果无法满足循环退出的条件，则循环持续进行下去。在本节中，将分别介绍 For 循环和 While 循环两种循环结构。

5.1.1 For 循环

For 循环位于"函数选板"→"编程"→"结构"的子选板中，For 循环并不立即出现，而是以表示 For 循环的小图标出现，用户可以从中拖拽出放在程序框图上，自行调整大小和定位于适当位置。

如图 5-1 所示，For 循环有两个端口，总线接线端（输入端）和计数接线端（输出端）。输入端指定要循环的次数，该端子的数据表示类型的是 32 位有符号整数，若输入为 6.5，则其将被舍为 6，即把浮点数直接取整数，若输入为 0 或负数，则该循环无法执行并在输出中显示该数据类型的默认值；输出端显示当前的循环次数，也是 32 位有符号整数，默认从 0 开始，依次增加 1，即 N-1 表示的是第 N 次循环，如图 5-2 所示，使用 For 循环产生 100 对随机数，判定每次出现的大数和小数，并在前面板显示。

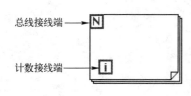

图 5-1　For 循环的输入端与输出端

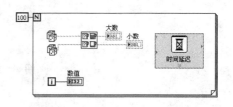

图 5-2　判定大数和小数的程序框图

判断最大值和最小值可以使用最大值和最小值函数，该函数可以在控制选板的比较子选板中找到。

此循环中包含时间延迟，以便用户可以随着 For 循环的运行而看清数值的更新。其相应的前面板如图 5-3 所示。

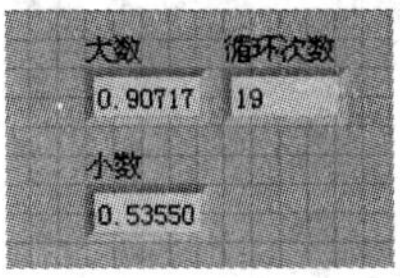

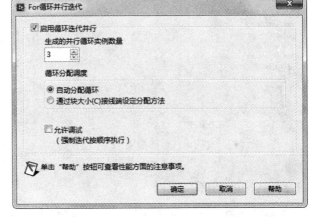

如 For 循环启用并行循环迭代，循环计数接线端下将显示并行实例（P）接线端。如通过 For 循环处理大量计算，可启用并行提高性能。LabVIEW 可通过并行循环利用多个处理器提高 For 循环的执行速度。但是，并行运行的循环必须独立于所有其他循环。通过查找可并行循环结果窗口确定可并行的 For 循环。右键单击 For 循环外框，在快捷菜单中选择配置循环并行，可显示For 循环并行迭代对话框。通过 For 循环并行迭代对话框可设置 LabVIEW 在编译时生成的 For 循环实例数量。右键单击For 循环，如图 5-4 所示在 For 循环中配置循环并行，可显示图 5-5 所示对话框，启用 For 循环并行迭代。

图 5-3　判断大数和小数的前面板

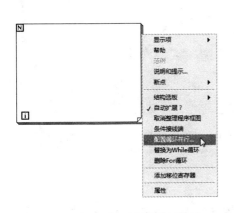

图 5-4　在 For 循环配置循环并行

图 5-5　For 循环并行迭代对话框

通过并行实例接线端可指定运行时的循环实例数量，如图 5-6 所示。如未连线并行实例接线端，LabVIEW 可确定运行时可用的逻辑处理器数量，同时为 For 循环创建相同数量的循环实例。通过CPU 信息函数可确定计算机包含的可用逻辑处理器数量，可以指定循环实例所在的处理器。

该对话框包括以下部分。

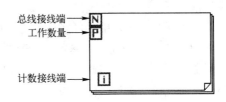

图 5-6　配置循环并行 For 循环的输入端与输出端

- ➢ 启用循环迭代并行：启用 For 循环迭代并行。启用该选项后，循环计数（N）接线端下将显示并行实例（P）接线端。
- ➢ 生成的并行循环实例数量：确定编译时 LabVIEW 生成的 For 循环实例数量。生成的并行循环实例数量应当等于执行 VI 的逻辑处理器数量。如需要在多台计算机上发布 VI，生成的并行循环实例数量应当等于计算机的最大逻辑处理器数量。通过 For 循环的并行实例接线端可指定运行时的并行实例数量。如连线至"并行实例"接线端的值大于该对话框中输入的值，LabVIEW 将使用对话框中的值。

> ➤ 允许调试：通过设置循环顺序执行可允许在 For 循环中进行调试。在默认状态下，启用循环迭代并行后将无法进行调试。

选择"工具"→"性能分析"→"查找可并行的循环"命令，如图 5-7 所示。查找可并行循环结果窗口用于显示可并行的 For 循环，如图 5-8 所示。

图 5-7 查找可并行的循环

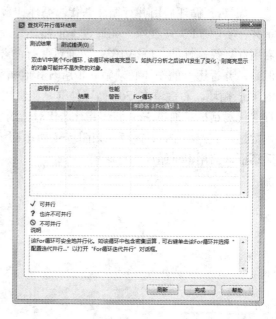

图 5-8 "查找可并行循环结果"对话框

5.1.2 While 循环

While 循环位于"函数选板"→"编程"→"结构"的子选板中，同 For 循环类似，While 循环也需要自行拖动来调整大小和定位适当的位置。同 For 循环不同的是 While 循环无须指定循环的次数，当且仅当满足循环退出条件时，才退出循环，所以当用户不知道循环要运行的次数时，While 循环就显得很重要，例如当想在一个正在执行的循环中跳转出去时，就可以通过某种逻辑条件跳出循环，即用 While 循环来代替 For 循环。

While 循环重复执行代码片段直到条件接线端接收到某一特定的布尔值为止。While 循环有两个端子：计数接线端（输出端）和条件接线端（输入端），如图 5-9 所示。输出端记录循环已经执行的次数，作用与 For 循环中的输出端相同；输入端的设置分两种情况：条件为真时继续执行（如图 5-10 左图所示）和条件为真时停止执行（如图 5-10 右图所示）。

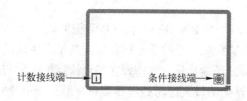

图 5-9 While 循环的输入端和输出端

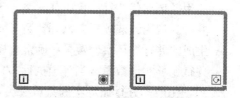

图 5-10 条件为真时停止执行或继续执行

While 循环是执行后再检查条件端子，而 For 循环是执行前就检查是否符合条件，所以

154

While 循环至少执行一次。如果把控制条件接线端子的控件放在 While 循环外，则根据初值的不同将出现两种情况：无限循环或仅被执行一次。这是因为 LabVIEW 编程属于数据流编程。那么什么是数据流编程呢？数据流，即控制 VI 程序的运行方式。对一个节点而言，只有当它的所有输入端口上的数据都成为有效数据时，它才能被执行。当节点程序运行完毕后，它把结果数据送给所有的输出端口，使之成为有效数据。并且数据很快从源端口送到目的端口，这就是数据流编程原理。在 LabVIEW 的循环结构中有"自动索引"这一概念。自动索引是指使循环体外面的数据成员逐个进入循环体，或循环体内的数据累积成为一个数组后再输出到循环体外。对于 For 循环，自动索引是默认打开的，如图 5-11 所示。输出一段波形用 For 循环就可以直接执行。

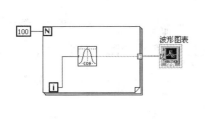
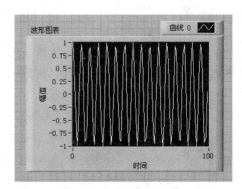

图 5-11　For 循环的自动索引

　　但是此时对于 While 循环直接执行则不可以，因为 While 循环自动索引功能是关闭的，需要在自动索引的方框▣上单击右键，选择启用索引，使其变为▣。

　　由于 While 循环是先执行再判断条件的，所以容易出现死循环，如将一个真或假常量连接到条件接线端口，或出现了一个恒为真的条件，那么循环将永远执行下去，如图 5-12 所示。

　　因此为了避免死循环的发生，在编写程序时最好添加一个布尔变量，与控制条件相"与"后再连接到条件接线端口（如图 5-13 所示）。这样，即使程序出现逻辑错误而导致死循环，那么就可以通过这个布尔控件来强行结束程序的运行，等完成了所有程序开发，经检验无误后，再将布尔按钮去除。当然，也可以通过窗口工具栏上的停止按钮来强行终止程序。

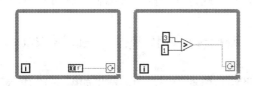
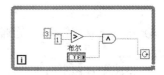

图 5-12　处于死循环状态的 While 循环　　　　　图 5-13　添加了布尔控件的 While 循环

5.1.3　实例——公务卡管理系统

　　本例主要利用"属性节点"调整控件颜色属性，更形象直观。

1．设置工作环境

1）新建 VI。选择菜单栏中的"文件"→"新建 VI"命令，新建一个 VI，一个空白的 VI 包括前面板及程序框图。

2）保存 VI。选择菜单栏中的"文件"→"另存为"命令，输入 VI 名称为"公务卡管理系统"。

2．添加控件

在"控件"选板上选择"银色"→"字符串与路径"→"字符串输入控件-无框（银色）""字符串显示控件-无框（银色）"控件，选择"银色"→"布尔"→"空白按钮"控件，并放置在前面板的适当位置，如图 5-14 所示。

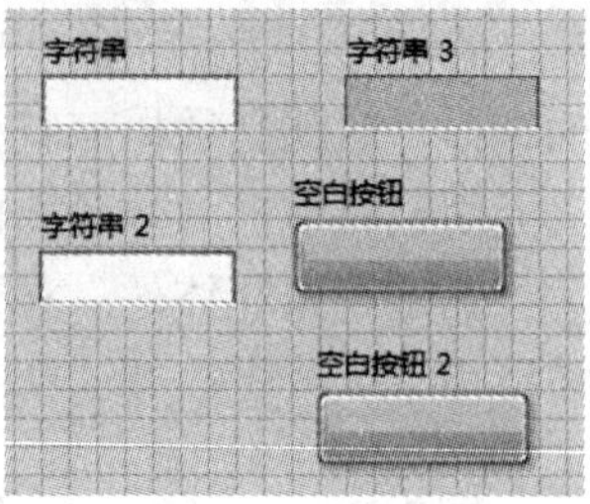

图 5-14　添加控件

3．设计程序框图

1）选择菜单栏中的"窗口"→"显示程序框图"命令，或双击前面板中的任一输入、输出控件，将程序框图置为当前，如图 5-15 所示。

2）修改控件名称，如图 5-16 所示。

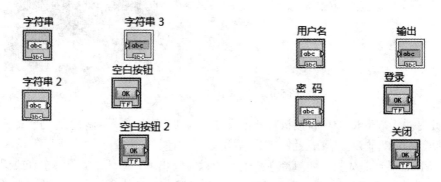

图 5-15　显示程序框图　　　　　　图 5-16　控件名称修改结果

3）在"函数"选板上选择"编程"→"结构"→"While 循环"函数，拖动出适当大小的矩形框，将输入控件放置到 While 循环中。

4）在"函数"选板上选择"编程"→"定时"→"等待下一个整数倍毫秒"函数，将其放置在循环内部，并创建循环次数 100。

5）在"函数"选板上选择"编程"→"比较"→"等于？"函数，创建输入常量"Labview"，若在"密码"输入控件中输入与之相同的内容，则将数据输出到布尔控件"登录"上，即可登录系统。

6）将 While 循环内部自带的"循环条件"连接到"关闭"控件上，使用该按钮来控制系统的关闭。

7）单击工具栏中的"整理程序框图"按钮 ，整理程序框图，结果如图 5-17 所示。

4．修饰前面板

1）选择菜单栏中的"窗口"→"显示前面板"命令，或双击程序框图中的任一输入、输出控件，将前面板置为当前，如图 5-18 所示。

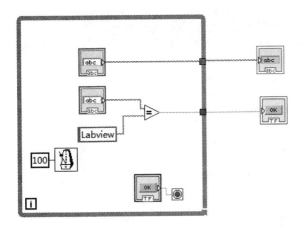

图 5-17　程序框图　　　　　　　　　　　　　图 5-18　显示程序框图

2）在前面板中导入图片，并放置在控件上方，覆盖整个控件组，在工具栏中单击"重新排序"按钮 下拉菜单，选择"移至后面"命令，改变对象在窗口中的前后次序，如图 5-19 所示。

图 5-19　调整前面板

5. 设置 VI 属性

1）选择菜单栏中的"文件"→"VI 属性"命令，弹出"VI 属性"对话框，在"类别"下拉列表中选择"窗口运行时位置"选项，在"位置"下拉列表中选择"居中"，勾选"使用当前前面板大小"复选框，如图 5-20 所示。

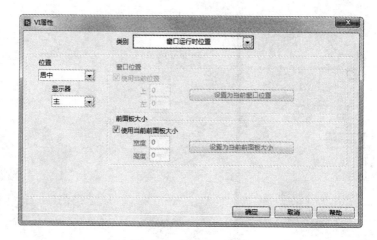

图 5-20　设置窗口位置

2）在"类别"下拉列表中选择"窗口外观"选项，如图 5-21 所示。单击"自定义"按钮，弹出"自定义窗口外观"对话框，设置运行过程中前面板显示情况，如图 5-22 所示。

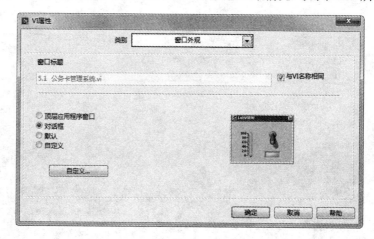

图 5-21　选择"窗口外观"

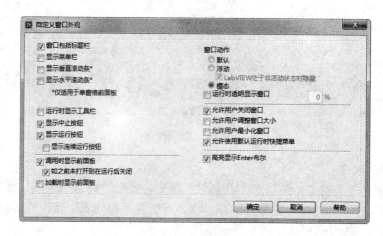

图 5-22　设置窗口外观

6. 运行程序

1）在前面板窗口或程序框图窗口的工具栏中单击"运行"按钮![运行图标]，运行 VI，将 VI 居中显示，结果如图 5-23 所示。

图 5-23　运行结果

2）单击"关闭"按钮，退出运行程序。

5.2　结构函数传递数据

在两次循环之间传输数据时刻使用反馈结点和移位寄存器。其中，反馈节点和只有一个左端子的移位寄存器的功能相同。

5.2.1　反馈节点

反馈节点主要保存 VI 或循环上一次的运行数据，反馈节点使用连线至初始化接线端的值作为第一次程序框图执行或循环的初始值。如初始化接线端未连线任何值，该 VI 使用数据类型的默认值。反馈节点可保存上一次执行或循环的结果。

可使用启用接线端来启用或禁用反馈循环。如设置启用接线端为 TRUE，反馈节点按用户在属性对话框或节点快捷菜单中的配置运行。如启用接线端设置为 FALSE，反馈节点将忽略输入值并输出接线端为 TRUE 时最近一次循环的值。反馈节点将一直输出该值，直到反馈节点的启用接线端转换为 TRUE 为止。

在默认状态下，反馈节点仅保存上一次执行或循环所得的数据。通过使节点延迟多次执行或循环输出，可配置反馈节点存储 n 个数据采样。如增加延迟值，使其大于一次执行或循环的执行时间，在延迟结束前，反馈节点仅输出初始化接线端的值。然后，反馈节点可按顺序输出存储值。反馈节点边框上的数字为延迟。

循环中一旦连线构成反馈，就会自动出现反馈节点箭头和初始化端子。使用反馈节点需要注意其在选项板上的位置，若在分支连接到数据输入端的连线之前把反馈节点放在连线上，则反馈节点把每个值都传递给数据输入端；若在分支连接到数据输入端的连线之后把反馈节点放到连线上，反馈节点把每个值都传回 VI 或函数的输入，并把最新的值传递给数据输入端。

如图 5-24 所示，求 n!的值，由于本题需要访问以前的循环的数据，所以要使用移位寄存器或反馈节点。图 5-24 所示是使用移位寄存器来实现计算 n!的功能。

因为反馈节点和只有一个左端子的移位寄存器的功能相同，所以可使用反馈节点来完成的程序，具体程序框图如图 5-25 所示。

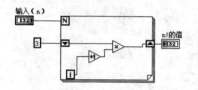

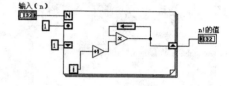

图 5-24　使用带移位寄存器的 For 循环求出 n!　　　图 5-25　使用带反馈节点的 For 循环求出 n!

本题目如果使用 While 循环实现则需要构建条件来判定其什么时候执行循环，此时可以通过自增的数是否小于输入数来判断是否继续执行，如图 5-26 所示。

对于上面 3 个程序框图，当输入 6 时，输出结果均为 720，如图 5-27 所示。

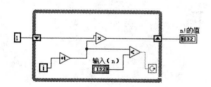

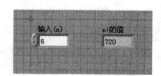

图 5-26　使用带移位寄存器的 While 循环求出 n!　　　图 5-27　n!的输出结果

5.2.2　移位寄存器

移位寄存器是 LabVIEW 的循环结构中的一个附加对象，也是一个非常重要的方面，其功能是把当前循环完成时的某个数据传递给下一个循环开始。移位寄存器的添加可以通过在循环结构的左边框或右边框上弹出的快捷键获得，在其中选择添加移位寄存器，如图 5-28 所示的在 For 循环中添加移位寄存器，图 5-29 显示的是添加移位寄存器后的程序框图。

右端子在每次完成一次循环后存储数据，移位寄存器将上次循环的存储数据在下次循环开始时移动到左端子上，移位寄存器可以存储任何数据类型，但连接在同一个寄存器端子上的数据必须是同一种类型，移位寄存器的类型与第一个连接到其端子之一的对象数据类型相同。

如计算 1+2+3+4+5 的值，由于是累加的结果，所以用到了移位寄存器。需要注意的是：由于 For 循环是从 0 执行到 N−1，所以输入端赋予了 6，移位寄存器赋了初值 0。具体程序框图和前面板显示如图 5-30 所示。

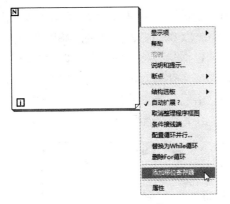

图 5-28　在 For 循环中添加移位寄存器　　　　　图 5-29　添加了移位寄存器的程序框图

若上例中不添加移位寄存器则只输出 5（如图 5-31 所示），因为此时没有累加结果的功能，如图 5-31 所示。

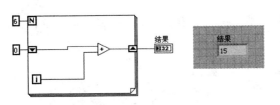

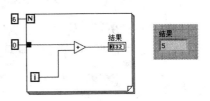

图 5-30　计算 1+2+3+4+5 的值　　　　　　　图 5-31　不添加移位寄存器的结果

又如求 0～99 之间的偶数的总和。由于 For 循环中的默认递增步长为 1，此时根据题目要求步长应变为 2，具体程序框图和前面板如图 5-32 所示。

在使用移位寄存器时应注意初始值问题，如果不给移位寄存器指定明确的初始值，则左端子将在对其所在循环调用之间保留数据，当多次调用包含循环结构的子 VI 时会出现这种情况，需要特别注意。

如果对此情况不加考虑，可能引起错误的程序逻辑。

在一般情况下应为左端子明确提供初始值，以免出错，但在某些场合，利用这一特性也可以实现比较特殊的程序功能。除非显式的初始化移位寄存器，否则当第一次执行程序时移位寄存器将初始化为移位寄存器相应数据类型的默认值，若移位寄存器数据类型是布尔型，初始化值将为假，若移位寄存器数据类型是数字型，初始化值将为零，但当第二次开始执行时，第一次运行时的值将为第二次运行时的初始值，依次类推。例如当不给图 5-32 中的移位寄存器赋予初值时即如图 5-33 所示，当第一次执行时，输出为 2450，再运行时输出为4900。这就是因为左端子在循环调用之间保留了数据。

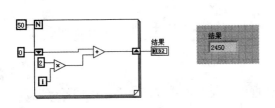

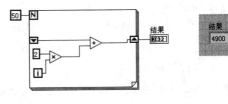

图 5-32　计算 0～99 中偶数的和　　　　　　　图 5-33　移位寄存器不赋初值的情况

移位寄存器也可以添加多个移位寄存器，可通过多个移位寄存器保存多个数据，如图 5-34 所示，该程序框图用于计算等差数列 $2n+2$ 中 n 取 0、1、2、3 时的乘积。

在编写程序时有时需要访问以前多次循环的数据，而层叠移位寄存器可以保存以前多次循环的值，并将值传递到下一次循环中。创建层叠移位寄存器，可以通过使用右键单击左侧的接线端并从其中选择添加元素来实现，如图 5-35 所示，层叠移位寄存器只能位于循环左侧，因为右侧的接线端仅用于把当前循环的数据传递给下一次循环。

图 5-34　计算等差数列的乘积　　　　　　　　图 5-35　层叠移位寄存器

如图 5-36 所示，使用层叠移位寄存器，不仅要表示出当前的值，而且要分别表示出前一次循环、前两次循环、前三次循环的值。

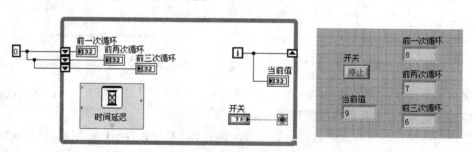

图 5-36　层叠移位寄存器的使用

5.2.3　实例——延迟波形

本例通过输入相同数据对比通过"反馈节点"与"移位寄存器"的输出结果有何差异。

1．设置工作环境

1）新建 VI。选择菜单栏中的"文件"→"新建 VI"命令，新建一个 VI，一个空白的 VI 包括前面板及程序框图。

2）保存 VI。选择菜单栏中的"文件"→"另存为"命令，输入 VI 名称为"延迟波形"。

2．添加控件

在"控件"选板上选择"银色"→"波形"→"波形图"控件，并放置在前面板的适当位置，修改控件名称，结果如图 5-37 所示。

3．设计程序框图

1）选择菜单栏中的"窗口"→"显示程序框图"命令，或双击前面板中的任一输入、输出控件，将程序框图置为当前。

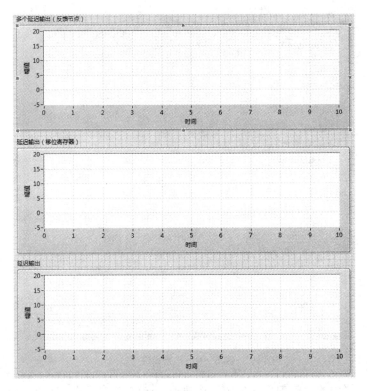

图 5-37　添加控件

2）在"函数"选板上选择"编程"→"数组"→"数组常量""数值"→"数值常量"函数，拖动鼠标，创建包含 5 个数值的数组常量，为数组中各元素赋值。

3）在"函数"选板上选择"编程"→"数值"→"随机数""加"函数，求数组常量与随机数之和。

4）在"函数"选板上选择"编程"→"结构"→"For 循环"函数，创建 3 个 For 循环结构，将其放置在程序框图中，并创建循环次数为 10。

4．创建循环

将加运算输出结果通过"For 循环"连接到"延迟输出"输出控件上。

5．创建循环 2

1）在"函数"选板上选择"编程"→"结构"→"反馈节点"函数，将其放置到"For 循环"内部，连接加运算结果与循环次数，输出结果到"延迟输出（反馈节点）"输出控件上。

2）选中"反馈节点"，单击右键选择"属性"命令，弹出"对象属性"对话框，打开"配置"选项卡，在"延迟"文本框中输入延迟时间为 5，如图 5-38 所示，单击"确定"按钮，退出对话框。

6．创建循环 3

1）在"For 循环"边框上单击右键，选择"添加移位寄存器"快捷命令，在"For 循环"边框上添加一组移位寄存器，并通过移位寄存器连接加运算结果与循环次数，输出结果到"延迟输出（移位寄存器）"输出控件上。

图 5-38　对象属性

2）单击工具栏中的"整理程序框图"按钮 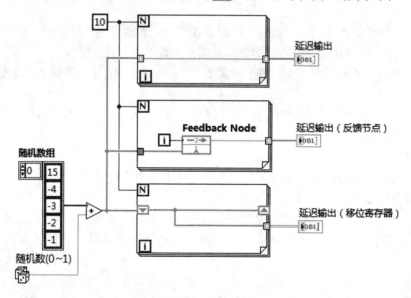，整理程序框图，结果如图 5-39 所示。

图 5-39　程序框图

7. 运行程序

1）在前面板窗口或程序框图窗口的工具栏中单击"运行"按钮 ，运行 VI 结果如图 5-40 所示。

2）从运行结果中发现，添加"反馈节点"的程序比其余两个延迟 5 s。

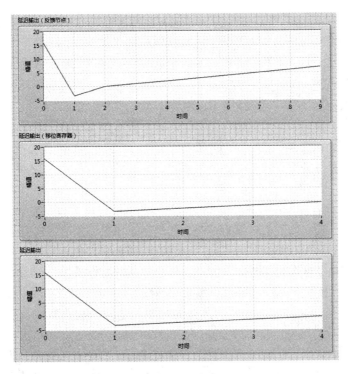

图 5-40 运行 VI 结果

5.3 层次结构

层次结构指按照一定规则分为几种情况，分别进行层次显示，不同的输入数据进入不同的层次中，进行不同的设计。

5.3.1 条件结构

条件结构同样位于函数选板中的结构子选板中，从结构选板中选取条件结构，并在程序框图上拖放以形成一个图框，如图 5-41 所示，图框中左侧的数据端口是条件选择端口，通过其中的值可以选到底哪个子图形代码框被执行，这个值默认的是布尔型，可以改变为其他类型，在改变为数据类型时要考虑的一点是：如果条件结构的选择端口最初接收的是数字输入，那么代码中可能存在有 n 个分支，当改变为布尔型时分支 0 和 1 自动变为假和真，而分支 2、3 等却未丢失，在条件结构执行前，一定要明确地删除这些多余的分支，以免出错。顶端是选择器标签，里面有所有可以被选择的条件，两旁的按钮分别为减量按钮和增量按钮。

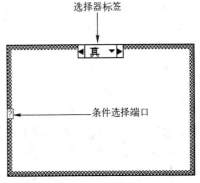

图 5-41 条件结构

选择器标签的个数可以根据实际需要来确定，在选择器标签上选择在前面添加分支或在后面添加分支，就可以增加选择器标签的个数。

在选择器标签中可输入单个值或数值列表和范围。在使用列表时，数值之间用逗号隔开；在使用数值范围时，指定一个类似 10..20 的范围用于表示 10 到 20 之间的所有数字（包括 10 和 20），而 ..100 表示所有小于等于 100 的数，100.. 表示所有大于 100 的数。当然也可以将列表和范围结合起来使用，如..6，8，9，16..。若在同一个选择器标签中输入的数有重叠，条件结构将以更紧凑的形式重新显示该标签，如输入..9，..18，26，70..。那么将自动更新为..18，26，70..。使用字符串范围时，范围 a..c 包括 a，b 和 c。

在选择器标签中输入字符串和枚举型数据时，这些值将显示在双引号中，例如"blue"，但在输入这些字符串时并不需要输入双引号，除非字符串或枚举值本身已经包含逗号或范围符号（"，" ".."）。在字符串值中，反斜杠用于表示非字母数字的特殊字符，例如\r 表示回车，\n 表示换行。当改变条件结构中选择器接线端连线的数据类型时，若有可能，条件结构会自动将条件选择器的值转换为新的数据类型。如果将数值转换为字符串，例如 19，则该字符串的值为"19"。如果将字符串转换为数值，LabVIEW 仅可以转换用于表示数值的字符串，而仍将其余值保存为字符串。如果将一个数值转换为布尔值，LabVIEW 会将 0 和 1 分别转换为假和真，而任何其他数值将转换为字符串。

输入选择器的值和选择器接线端所连接的对象不是同一数据类型时，则该值将变成红色，在结构执行之前必须删除或编辑该值，否则将不能运行，若修改可以连接相匹配的数据类型，如图 5-42 所示。同样由于浮点算术运算可能存在四舍五入误差，因此浮点数不能作为选择器标签的值，若将一个浮点数连接到条件分支，LabVIEW 将对其舍入到最近的偶数值。若在选择器标签中输入浮点数，则该值将变成红色，在执行前必须对该值进行删除或修改。

图 5-42　选择标签的输入

图 5-43 和图 5-44 显示了求平方根运算的程序框图。由于被开方的数需要满足大于或等于零，所以应先判断输入的数是否满足被该开方的条件，可以用条件结构来分两种情况：当大于等于零时，满足条件，运行正常。当小于零时，报告有错误，输出错误代码-1，同时指示灯亮。

在连接输入和输出时要注意的是，分支不一定要使用输入数据或提供输出数据，但若任何一个分支提供了输出数据，则所有的分支也都必须提供。这主要是因为，条件结构的执行是根据外部控制条件，从其所有的子框架中选择其一执行的，子框架的选择不分彼此，所以每个子框架都必须连接一个数据。对于一个框架通道，子框架如果没有连接数据，那么在根据控制条件执行时，框架通道就没有向外输出数据的来源，程序就会出错。所以在图 5-43 的程序框图中，即在小于零时，若没给输出赋予错误代码，则程序不能正常运行，因为分支 2 已经连接了输出数据。这时会提示错误"隧道未赋值"，如图 5-45 所示。

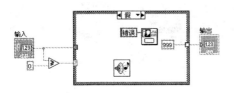

图 5-43　求平方根的程序框图分支 1

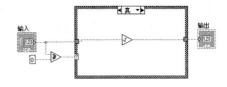

图 5-44　求平方根的程序框图分支 2

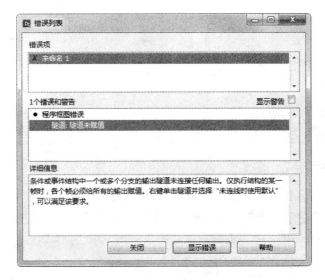

图 5-45　显示错误

　　LabVIEW 的条件结构与其他语言的条件结构相比，简单明了，结构简单，不但相当于 Switch 语句，还可以实现 if…else 语句的功能。条件结构的边框通道和顺序结构的边框通道都没有自动索引和禁止索引这两种属性。

5.3.2　实例——LED 控制

　　本例通过枚举的不同属性来控制条件结构的设置，以达到切换 LED 灯的亮灭显示。

1．设置工作环境

　　1）新建 VI。选择菜单栏中的"文件"→"新建 VI"命令，新建一个 VI，一个空白的 VI 包括前面板及程序框图。

　　2）保存 VI。选择菜单栏中的"文件"→"另存为"命令，输入 VI 名称为"救护车 LED 控制"。

2．添加控件

　　1）在"控件"选板上选择"银色"→"数值"→"数值输入控件""银色"→"布尔"→"LED""银色"→"布尔"→"停止按钮"控件，并放置在前面板的适当位置，修改控件名称，结果如图 5-46 所示。

　　2）选择布尔控件"显示灯"，单击右键，选择"属性"命令，弹出"布尔类的属性：显示灯"对话框，打开"外观"选项卡，在"颜色"选项组下设置开关颜色为红色、绿色，如图 5-47 所示。

图 5-47 "布尔类的属性：显示灯"对话框

图 5-46 添加控件

3）在前面板中导入图片，并放置在控件上方，覆盖整个控件组，在工具栏中单击其中的"重新排序"按钮 ⬚▾ 下拉菜单，选择"移至后面"命令，改变对象在窗口中的前后次序，同时取消控件标签名的显示，前面板设计结果如图 5-48 所示。

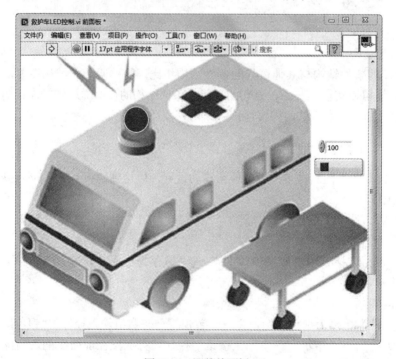

图 5-48 调整前面板

3．设置 VI 属性

选择菜单栏中的"文件"→"VI 属性"命令，弹出"VI 属性"对话框，在"类别"下拉列表中选择"窗口外观"选项，如图 5-49 所示。单击"自定义"按钮，弹出"自定义窗口外观"对话框，设置运行过程中前面板显示，如图 5-50 所示。

图 5-49　选择窗口外观

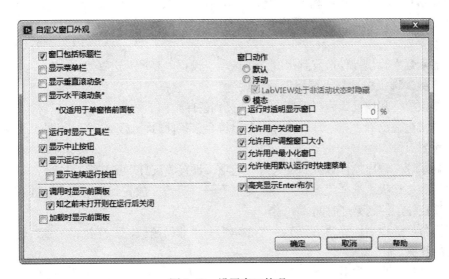

图 5-50　设置窗口外观

4. 设计程序框图

选择菜单栏中的"窗口"→"显示程序框图"命令，或双击前面板中的任一输入、输出控件，将程序框图置为当前。

（1）设置循环

救护车 LED 灯的亮显是连续不间断地，要达到连续的结果必须使用循环结构，利用"While 循环"来持续 LED 灯的亮显。

在"函数"选板上选择"编程"→"结构"→"While 循环"函数，将其放置在程序框图中。

在"函数"选板中选择"数值"→"枚举常量"，将其放置在程序框图中，选中放置的常量，单击右键选择"属性"命令，弹出"枚举常量属性"对话框，打开"编辑项"选项卡，在文本框中输入"亮灯"与"灭灯"两项，单击"确定"按钮，关闭对话框。将该枚举常量设置为"亮灯"，并连接到结构的移位寄存器上。

在"循环"条件输入端连接"停止"输入控件，单击该按钮可在程序运行过程中停止程序的运行。

在"函数"选板上选择"编程"→"图形与声音"→"蜂鸣器"函数，将其连接到"停止"按钮输入端，运行程序使 LED 灯亮显过程中输出蜂鸣声，单击"停止"按钮，中止程序，蜂鸣声消失。

（2）设置条件结构

控制救护车车顶 LED 灯亮显可分为两种情况，亮灯与灭灯，使用条件结构可达到该目的，因此在"While 循环"内部嵌套条件结构。

在"函数"选板上选择"编程"→"结构"→"条件结构"，拖动鼠标，在"While 循环"内部创建条件结构。

条件结构的选择器标签包括"真""假"两种，为方便理解，修改标签名称为"亮灯""灭灯"。

将枚举常量连接到条件结构的条件输入端。在"函数"选板上选择"编程"→"布尔"→"真常量"，通过 While 循环的移位寄存器连接到条件结构输入端、输出端。

（3）设置亮灯

将"显示灯"输出控件放置到"亮灯"选项，设置"亮灯"选择器。

在"函数"选板中选择"编程"→"数值"→"枚举常量"，设置"亮灯"与"灭灯"显示项，将该枚举常量设置为"灭灯"，并连接到条件结构上。

连接真常量输出到"显示灯"控件，显示符合该条件时，显示亮灯，如图 5-51 所示。

（4）设置灭灯

将"显示灯"输出控件放置到"灭灯"选项，设置"灭灯"选择器。

在"函数"选板上选择"编程"→"定时"→"等待"放置到该结构中，并在输入端连接"时间"控件，控制灭灯时间。

在"函数"选板中选择"编程"→"布尔"→"非"函数，并连接真常量，输出与输入条件相反的数据。

在"函数"选板中选择"编程"→"数值"→"枚举常量"，设置"亮灯"与"灭灯"显示项，将该枚举常量设置为"亮灯"，并连接到条件结构上，如图 5-52 所示。

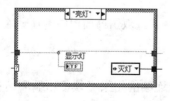

图 5-51　亮灯

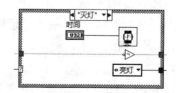

图 5-52　灭灯

单击工具栏中的"整理程序框图"按钮![图标]，整理程序框图，结果如图 5-53 所示。

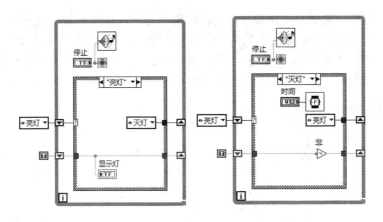

图 5-53　整理程序框图

5. 运行程序

在前面板窗口或程序框图窗口的工具栏中单击"运行"按钮 ⟳ ，运行 VI 的结果如图 5-54 所示。

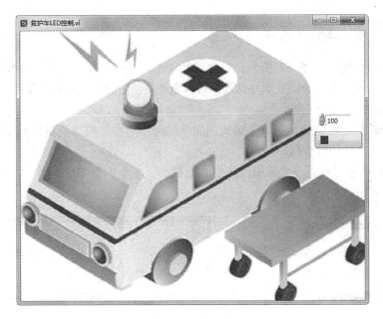

图 5-54　运行结果

5.3.3　顺序结构

虽然数据流编程为用户带来了很多方便，但也在某些方面存在不足。如果 LabVIEW 框图程序中有两个节点同时满足节点执行的条件，那么这两个节点就会同时执行。但是若编程时要求这两个节点按一定的先后顺序执行，那么数据流编程是无法满足要求的，这时就必须使用顺序结构来明确执行次序。

顺序结构分为平铺式顺序结构和层叠式顺序结构，从功能上讲两者结构完全相同。两者都可以从结构子选板中创建。

LabVIEW 顺序框架的使用比较灵活，在编辑状态时可以很容易地改变层叠式顺序结构各框架的顺序。平铺式顺序结构各框架的顺序不能改变，但可以先将平铺式顺序结构转化为层叠式顺序结构，如图 5-55 所示。在层叠式顺序结构中改变各框架的顺序如图 5-56 所示，再将层叠式顺序结构转换为平铺式顺序结构，这样就可以改变平铺式顺序结构各框架的顺序。

图 5-55　平铺式顺序结构转换为层叠式顺序结构　　　　图 5-56　改变各框架的顺序

平铺式顺序结构如图 5-57 所示。顺序结构中的每个子框图都称为一个帧，刚建立顺序结构时只有一个帧，对于平铺式顺序结构，可以通过在帧边框的左右分别选择在前面添加帧和在后面添加帧来增加一个空白帧。

由于每个帧都是可见的，所以平铺式的顺序结构不能添加局部变量，不需要借助局部变量这种机制在帧之间传输数据。

如图 5-58 所示，判断一个随机产生的数是否小于或不小于 70，若小于 70，则产生 0，若大于 70，则产生 1。

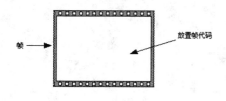

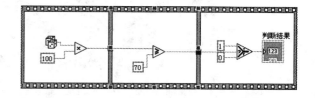

图 5-57　平铺式顺序结构　　　　　　图 5-58　使用平铺式顺序结构的程序框图

层叠的顺序结构的表现形式与条件结构十分相似，都是在框图的同一位置层叠多个子框图，每个框图都有自己的序号，在执行顺序结构时，按照序号由小到大逐个执行。条件结构与层叠式顺序结构的异同：条件结构的每一个分支都可以为输出提供一个数据源，相反，在层叠式顺序结构中，输出隧道只能有一个数据源。输出可源自任何帧，但仅在执行完毕后数据才输出，而不是在个别帧执行完毕后，数据才离开层叠式顺序结构。层叠式顺序结构中的局部变量用于帧间传送数据。对输入隧道中的数据，所有的帧都可能使用。层叠结构具体程序框图如图 5-59 所示。

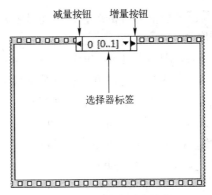

图 5-59　层叠式顺序结构

在层叠式顺序结构中需要用到局部变量，用以在不同帧之间实现数据的传递。例如当用层叠式顺序结构做图 5-60 时，就需用局部变量，具体程序框图分别如图 5-60 所示中的各分图。

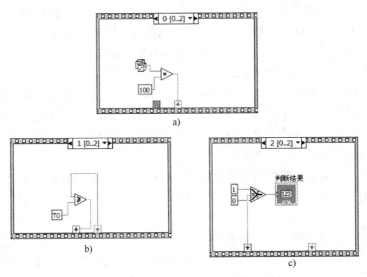

图 5-60　程序框图

a) 第 0 帧　b) 第 1 帧　c) 第 2 帧

5.3.4　事件结构

在讲解事件结构前，先介绍一下事件的有关内容。首先，什么是事件？事件是对活动发生的异步通知。事件可以来自于用户界面、外部 I/O 或程序的其他部分。用户界面事件包括鼠标单击、键盘按键等动作。外部 I/O 事件则诸如数据采集完毕或发生错误时硬件定时器或触发器发出信号。其他类型的事件可通过编程生成并与程序的不同部分通信。LabVIEW 支持用户界面事件和通过编程生成的事件，但不支持外部 I/O 事件。

在由事件驱动的程序中，系统中发生的事件将直接影响执行流程。与此相反，过程式程序按预定的自然顺序执行。事件驱动程序通常包含一个循环，该循环等待事件的发生并通过执行代码来响应事件，然后不断重复以等待下一个事件的发生。程序如何响应事件取决于为该事件所编写的代码。事件驱动程序的执行顺序取决于具体所发生的事件及事件发生的顺序。程序的某些部分可能因其所处理的事件的频繁发生而频繁执行，而其他部分也可能由于相应事件从未发生而根本不执行。

另外，使用时间结构的原因是因为在 LabVIEW 中使用用户界面事件可使前面板的用户操作与程序框图执行保持同步。事件允许用户每当执行某个特定操作时执行特定的事件处理分支。如果没有事件，程序框图必须在一个循环中轮询前面板对象的状态以检查有否发生任何变化。轮询前面板对象需要较多的 CPU 时间，且如果执行太快则可能检测不到变化，而通过事件响应特定的用户操作则不必轮询前面板即可确定用户执行了何种操作。LabVIEW 将在指定的交互发生时主动通知程序框图。事件不仅可减少程序对 CPU 的需求、简化程序框图代码，还可以保证程序框图对用户的所有交互行为都能作出响应。

使用编程生成的事件，可在程序中不存在数据流依赖关系的不同部分间进行通信。通过编程产生的事件具有许多与用户界面事件相同的优点，并且可共享相同的事件处理代码，从而更易于实现高级结构，如使用事件的队列式状态机。

事件结构是一种多选择结构，能同时响应多个事件，传统的选择结构没有这个能力，只能一次接收并响应一个选择。事件结构位于函数选板的结构子选板上。

事件结构的工作原理就像具有内置等待通知函数的条件结构。事件结构可包含多个分支，一个分支即一个独立的事件处理程序。一个分支配置可处理一个或多个事件，但每次只能发生这些事件中的一个事件。事件结构执行时，将等待一个之前指定事件的发生，待该事件发生后即执行事件相应的条件分支。一个事件处理完毕后，事件结构的执行亦宣告完成。事件结构并不通过循环来处理多个事件。与"等待通知"函数相同，事件结构也会在等待事件通知的过程中超时。发生这种情况时，将执行特定的超时分支。

事件结构由超时端子、事件结构节点和事件选择标签组成，如图 5-61 所示。

超时端子用于设定事件结构在等待指定事件发生时的超时时间，以毫秒为单位。当值为 -1 时，事件结构处于永远等待状态，直到指定的事件发生为止。当值为一个大于 0 的整数时，时间结构会等待相应的时间，当事件在指定的时间内发生时，事件接收并响应该事件，若超过指定的时间，事件没发生，则事件会停止执行，并返回一个超时事件。在通常情况下，应当为事件结构指定一个超时时间，否则事件结构将一直处于等待状态。

事件结构节点由若干个事件数据端子组成，增减数据端子可通过拖拉事件结构节点来进行，也可以在事件结构节点上单击右键选择添加或删除元素来进行。事件选择标签用于标识当前显示的子框图所处理的事件源，其增减与层叠式顺序结构和选择结构中的增减类似。

与条件结构一样，事件结构也支持隧道。但在默认状态下，无须为每个分支中的事件结构输出隧道连线。所有未连线的隧道的数据类型将使用默认值。右键单击隧道，从快捷菜单中取消选择未连线时使用默认可恢复至默认的条件结构行为，即所有条件结构的隧道必须要连线。

对于事件结构，无论是编辑还是添加或是复制等操作，都会使用的编辑事件对话框。编辑对话框的建立，可以通过在事件结构的边框上单击右键，从中选择编辑本分支所处理的事件，如图 5-62 所示。

如图 5-63 所示，为一个编辑事件对话框。每个事件分支都可以配置为多个事件，当这些事件中有一个发生时，对应的事件分支代码都会得到执行。事件说明符的每一行都是一个配置好的事件，每行分为左、右两部分，左侧列出事件源，右侧列出该事件源产生事件的名称，如图 5-64 中分支 2 只指定了一个事件，事件源是<本 VI>，事件名称是键按下。

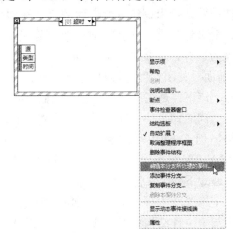

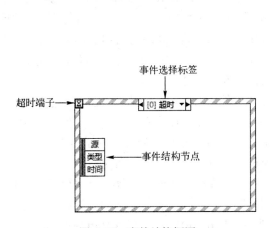

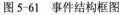

图 5-61 事件结构框图   图 5-62 创建编辑事件对话框

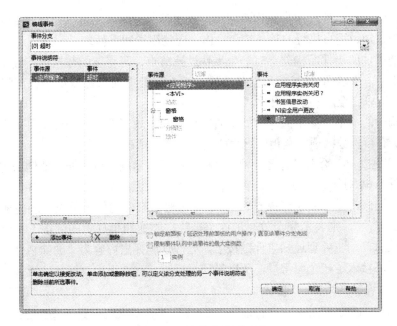

图 5-63 编辑事件对话框

事件结构能够响应的事件有两种类型：通知事件和过滤事件。在编辑事件对话框的事件列表中，通知事件左侧为绿色箭头，过滤事件左侧为红色箭头。通知事件用于通知程序代码某个用户界面事件发生了，过滤事件用来控制用户界面的操作。

通知事件表明某个用户操作已经发生，如用户改变了控件的值。通知事件用于在事件发生且 LabVIEW 已对事件处理后对事件作出响应。可配置一个或多个事件结构对一个对象上同一通知事件作出响应。事件发生时，LabVIEW 会将该事件的副本发送到每个并行处理该事件的事件结构中。

过滤事件将通知用户 LabVIEW 在处理事件之前已由用户执行了某个操作，以便用户就程序如何与用户界面的交互作出响应进行自定义。使用过滤事件参与事件处理可能会覆盖事件的默认行为。在过滤事件的事件结构分支中，可在LabVIEW结束处理该事件之前验证或改变事件数据，或完全放弃该事件以防止数据的改变影响到VI。例如，将一个事件结构配置为放弃前面板关闭事件可防止用户关闭VI的前面板。过滤事件的名称以问号结束，如"前面板关闭？"，以便与通知事件区分。多数过滤事件都有相关的同名通知事件，但没有问号。该事件是在过滤事件之后，如没有事件分支放弃该事件时则由LabVIEW产生。

同通知事件一样，对于一个对象上同一个通知事件，可配置任意数量与其响应的事件结构。但LabVIEW将按自然顺序将过滤事件发送给为该事件所配置的每个事件结构。LabVIEW向每个事件结构发送该事件的顺序取决于这些事件的注册顺序。在LabVIEW中能够通知下一个事件结构之前，每个事件结构必须执行完该事件的所有事件分支。如果某个事件结构改变了事件数据，LabVIEW会将改变后的值传递到整个过程中的每个事件结构。如果某个事件结构放弃了事件，LabVIEW便不把该事件传递给其他事件结构。只有当所有已配置的事件结构处理完事件，且未放弃任何事件时，LabVIEW才能完成对触发事件的用户操作的处理。

建议仅在希望参与处理用户操作时使用过滤事件，过滤事件可以是放弃事件或修改事件数据。如仅需要知道用户执行的某一特定操作，应使用通知事件。

处理过滤事件的事件结构分支有一个事件过滤节点。可将新的数据值连接至这些接线端以改变事件数据。如果不对某一数据项连线，那么该数据项将保持不变。可将真值连接至"放弃？"接线端以完全放弃某个事件。

事件结构中的单个分支不能同时处理通知事件和过滤事件。一个分支可处理多个通知事件，但仅当所有事件数据项完全相同时才能处理多个过滤事件。

图5-64和图5-65给出了包含两种事件处理的代码示例，可以通过此例来进一步了解事件结构，如图5-64对于分支0，在编辑事件结构对话框内，响应了数值控件上"键按下？"的过滤事件，用假常量连接了"放弃？"，这使得通知事件键按下得以顺利生成，若将真常量连接了"放弃？"，则表示完全放弃了这个事件，则通知事件上的键按下不会产生，如图5-65对于分支1，用于处理通知事件键按下，处理代码弹出内容为"通知事件"的消息框。图中While循环接入了一个假常量，所以循环只进行一次就退出，这样，键按下事件实际并没得到处理。若连接真常量，则执行。

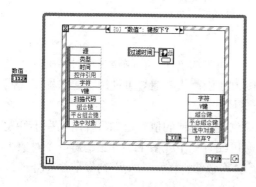

图5-64　过滤事件

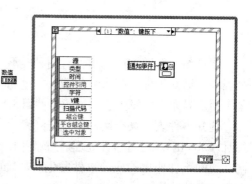

图5-65　通知事件

5.3.5　程序框图禁用结构

程序框图禁用结构用于禁用部分程序框图，包括一个或多个子程序框图（分支），仅有启用的子程序框图可执行，结构如图 5-66 所示。

该结构与条件结构相似，默认包括"启用"与"禁用"两个选择器，还可以添加多个选择器，如图 5-67 所示。

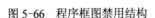

图 5-66　程序框图禁用结构　　　　　　　　　　图 5-67　添加子程序框图

选中该结构，单击右键，弹出图 5-68 所示的快捷菜单，该菜单可以对程序框图进行设置，快捷命令与其余结构类似，这里不再一一赘述。

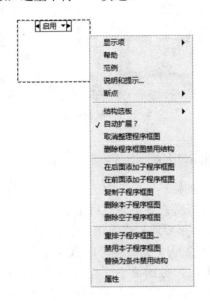

图 5-68　快捷命令

5.3.6　条件禁用结构

条件禁用结构包括一个或多个子程序框图，如图 5-69 所示。

LabVIEW 在执行时可依据子程序框图的条件配置只使用其中的一个子程序框图。需要依据用户定义的条件禁用程序框图上某部分的代码时，使用该结构。右键单击结构边框，可以添加或删除子程序框图。添加子程序框图或右键单击结构边框，在快捷菜单中选择编辑本子程序框图的条件，可在配置条件对话框中配置条件。

单击选择器标签中的向左和向右箭头可以滚动浏览已有的子

图 5-69　条件禁用结构

程序框图。创建条件禁用结构后，可以添加、复制、重排或删除子程序框图。

程序框图禁用结构可以使程序框图上某部分代码失效。右键单击条件禁用结构的边框，在快捷菜单中选择替换为程序框图禁用结构，可以完成转换。

5.4 定时循环

定时循环和定时顺序结构都用于在程序框图上重复执行代码块或在限时及延时条件下按特定顺序执行代码，定时循环和定时顺序结构都位于定时结构子选板中，如图 5-70 所示。

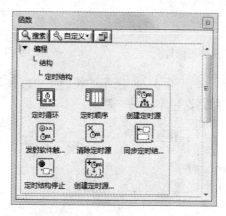

图 5-70   定时结构子选板

5.4.1   定时循环和定时顺序结构

添加定时循环与添加普通的循环一样，通过定时循环用户可以设定精确的定时代码，协调多个对时间要求严格的测量任务，并定义不同优先级的循环，以创建多采样的应用程序。与 While 循环不同，定时循环不要求与"停止"接线端相连。如不把任何条件连接到"停止"接线端，循环将无限运行下去。定时循环的执行优先级介于实时优先级和高优先级之间。这意味着在一个程序框图的数据流中，定时循环总是在优先级不是实时的 VI 前执行。若程序框图中同时存在优先级设为实时的 VI 和定时顺序，将导致无法预计的定时行为出现。

对于定时循环，双击输入端子，或右键单击输入节点并从快捷菜单中选择配置输入节点可打开"配置定时循环"对话框。在对话框中可以配置定时循环的参数。也可以直接将各参数值连接至输入节点的输入端进行定时循环的初始配置，如图 5-71 所示。图 5-72 所示为定时循环的结构。

定时循环的左侧数据节点用于返回各配置参数值并提供上一次循环的定时和状态信息，如循环是否延迟执行、循环实际起始执行时间和循环的预计执行时间等。可以将各值连接至右数据端子的输入端，以动态配置下一次循环，或右键单击右侧数据节点，从快捷菜单中选择配置输入节点的配置下一次循环对话框，输入各参数值。

输出端子返回由输入节点错误输入端输入的信息、执行中结构产生的错误信息，或在定时循环内执行的任务子程序框图所产生的错误信息。输出端子还返回定时和状态信息。

图 5-71　设置定时循环

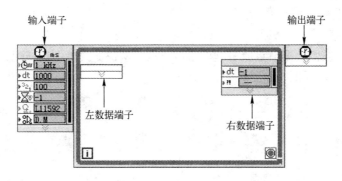

图 5-72　定时循环结构

输入端子的下侧有 6 个可能的端口，用鼠标左键附在输入端口可以看到其各自的名称。包括定时源、周期、优先级、期限、名称和模式。

定时源决定了循环能够执行的最高频率，默认为 1 kHz。

周期为相邻两次循环之间的时间间隔，其单位由定时源决定。当采用默认定时源时，循环周期的单位为毫秒。

优先级为整数，数字越大，优先级越高。优先级的概念是在同一程序框图中的多个定时循环之间相对而言的，即在其他条件相同的前提下，优先级高的定时循环先被执行。

名称是对定时循环的一个标志，一般被作为停止定时循环的输入参数，或者用来标识具有相同的启动时间的定时循环组。

执行定时循环的某一次循环的时间可能比指定的时间晚，模式决定了如何处理这些迟到的循环，处理方式可以如下。

1）定时循环调度器可以继续已经定义好的调度计划。

2）定时循环调度器可以定义新的执行计划，并且立即启动。

3）定时循环可以处理或丢弃循环。

当向定时循环添加帧时，可顺序执行多个子程序框图并指定循环中每次循环的周期，形成了一个多帧定时循环，如图 5-73 所示。多帧定时循环相当于一个带有嵌入顺序结构的定时循环。

定时顺序结构由一个或多个任务子程序框图或帧组成，是根据外部或内部信号时间源定时后顺序执行的结构。定时顺序结构适于开发精确定时、执行反馈、定时特征等动态改变或有多层执行优先级的 VI。定时顺序结构如图 5-74 所示。

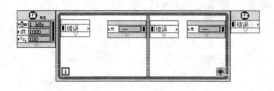
图 5-73　多帧定时循环

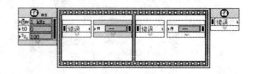
图 5-74　定时顺序结构

5.4.2　配置定时循环和定时顺序结构

配置定时循环主要包括以下几个方面。

1．配置下一帧

双击当前帧的右侧数据节点或右键单击该节点，从快捷菜单中选择配置输入节点，打开"配置下一次循环"对话框，如图 5-75 所示。

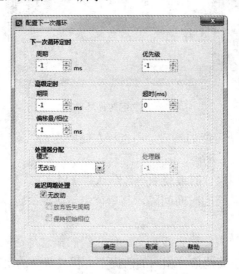
图 5-75　"配置下一次循环"对话框

在这个对话框中，可为下一帧设置优先级、执行期限以及超时等选项。开始时间指定了下一帧开始执行的时间。要指定一个相对于当前帧的起始时间值，其单位应与帧定时源的绝对单位一致。在开始文本框中指定起始时间值。还可使用帧的右侧数据节点的输入端动态配置下一次定时循环或动态配置下一帧。在默认状态下，定时循环帧的右侧数据节点不显示所有可用的输出端。如果需要显示所有可用的输出端，可调整右侧数据节点大小或右键单击右侧数据节点并从快捷菜单中选择显示隐藏的接线端。

2．设置定时循环周期

周期指定各次循环间的时间长度，以定时源的绝对单位为单位。

图 5-76 所示程序框图的定时循环使用默认的 1 kHz 的定时源。循环 1 的周期（dt）为 1000 ms，循环 2 为 2000 ms，这意味着循环 1 每秒执行一次，循环 2 每两秒执行一次。这两个定时循环均在 6 次循环后停止执行。循环 1 于 6 s 后停止执行，循环 2 则在 12 s 后停止执行。

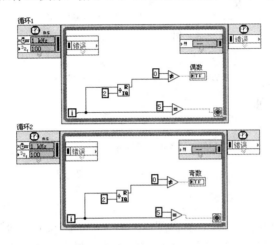

图 5-76　定时循环的简单使用

3．设置定时结构的优先级

定时结构的优先级指定了定时结构相对于程序框图上其他对象开始执行的时间。设置定时结构的优先级，可使应用程序中存在多个在同一 VI 中互相预占执行顺序的任务。定时结构的优先级越高，它相对于程序框图中其他定时结构的优先级便越高。优先级的输入值必须为 1～255 之间的正整数。

程序框图中的每个定时结构会创建和运行含有单一线程的自有执行系统，因此不会出现并行的任务。定时循环的执行优先级介于实时和高之间。这意味着在一个程序框图的数据流中，定时循环总是在优先级不是实时的 VI 前执行。

所以，如同前面所介绍，若程序框图中同时存在优先级设为实时的 VI 和定时顺序，将导致无法预计的定时行为出现。

用户可为每个定时顺序或定时循环的帧指定优先级。运行包含定时结构的 VI 时，LabVIEW 将检查结构框图中所有可执行帧的优先级，并从优先级实时的帧开始执行。

使用定时循环时，可将一个值连接至循环最后一帧的右侧数据节点的"优先级"输入端，以动态设置定时循环后续各次循环的优先级。对于定时结构，可将一个值连接至当前帧的右侧数据节点，以动态设置下一帧的优先级。在默认状态下，帧的右侧数据节点不显示所有可用的输出端。如果需要显示所有可用的输出端，可以调整右侧数据节点的大小或右键单击右侧数据节点并从快捷菜单中选择显示隐藏的接线端。

如图 5-77 所示，程序框图包含了一个定时循环及定时顺序。定时顺序第一帧的优先级（100）高于定时循环的优先级（100），因此定时顺序的第一帧先执行。定时顺序第一帧执行完毕后，LabVIEW 将比较其他可执行的结构或帧的优先级。定时循环的优先级（100）高于定时顺序第二帧（50）的优先级。LabVIEW 将执行一次定时循环，再比较其他可执行的结构或帧的优先级。定时循环的优先级（100）高于定时顺序第二帧的优先级（50）。在本例中，定时循环将在定时顺序第二帧执行前完全执行完毕。

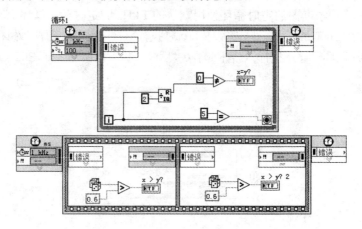

图 5-77　定时循环的优先级设置

4．选择定时结构的定时源

定时源控制着定时结构的执行。有内部或外部两种定时源可供选择。内部定时源可在定时结构输入节点的配置对话框中选择。外部定时源可通过创建定时源 VI 及 DAQmx 中的数据采集 VI 来创建。

内部定时源用于控制定时结构的内部定时，包括操作系统自带的 1 kHz 时钟及实时（RT）终端的 1 MHz 时钟。通过配置定时循环、配置定时顺序或配置多帧定时循环对话框的循环定时源或顺序定时源，可选中一个内部定时源。

➢ 1 kHz 时钟：在默认状态下，定时结构以操作系统的 1 kHz 时钟为定时源。如果使用 1 kHz 时钟，定时结构每毫秒执行一次循环。所有可运行定时结构的 LabVIEW 平台都支持 1 kHz 定时源。

➢ 1 MHz 时钟：终端可以使用终端处理器的 1 MHz 时钟来控制定时结构。如果使用 1 MHz 时钟，定时结构每微秒执行一次循环。如终端没有系统所支持的处理器，便不能选择使用 1 MHz 时钟。

➢ 1 kHz 时钟<结构开始时重置>：与 1 kHz 时钟相似的定时源，每次定时结构循环后重置为 0。

➢ 1 MHz 时钟<结构开始时重置>：与 1 MHz 时钟相似的定时源，每次定时结构循环后重置为 0。

外部定时源用于创建控制定时结构的外部定时。使用创建定时源 VI 通过编程选中一个外部定时源。另有几种类型 DAQmx 定时源可用于控制定时结构，如频率、数字边缘计数器、数字改动检测和任务源生成的信号等。通过 DAQmx 的数据采集 VI 可创建用于控制定时结构的 DAQmx 定时源。可使用次要定时源控制定时结构中各帧的执行。例如，以 1 kHz 时钟控制定时循环，以 1 MHz 时钟控制每次循环中各个帧的定时。

5．设置执行期限

执行期限是指执行一个子程序框图或一帧所需要的时间。执行期限与帧的起始时间相对。通过执行期限可设置子程序框图的时限。如子程序框图未能在执行期限前完成，下一帧的左侧数据节点将在"延迟完成？"输出端返回真值并继续执行。指定一个执行期限，其单位与帧定时源的单位一致。

在如图 5-78 中，定时顺序中首帧的执行期限已配置为 50。执行期限指定子程序框图须在 1 kHz 时钟走满 50 下前结束执行，即在 50 ms 前完成。而子程序框图耗时 100 ms 完成代码执行。当帧无法在指定的最后期限前结束执行代码时，第二帧的"延迟完成？"输出端将返回真值。

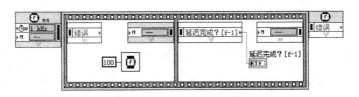

图 5-78　设置执行期限

6．设置超时

"超时"是指子程序框图开始执行前可等待的最长时间，以 ms 为单位。超时与循环起始时间，或上一帧的结束时间相对。如果子程序框图未能在指定的超时前开始执行，定时循环将在该帧的左侧数据节点的"唤醒原因"输出端中返回超时。

如图 5-79 所示，定时顺序的第一帧耗时 50 ms 执行，第二帧配置为定时顺序开始 51 ms 后再执行。第二帧的超时设为 10 ms，这意味着，该帧将在第一帧执行完毕后等待 10 ms 再开始执行。如第二帧未能在 10 ms 前开始执行，定时结构将继续执行余下的非定时循环，而第二帧则在左侧数据节点的"唤醒原因"输出端中返回超时。

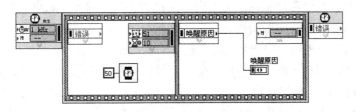

图 5-79　设置超时

余下各帧的定时信息与发生超时的帧的定时信息相同。如果定时循环必须再完成一次循环，则循环会停止于发生超时的帧，等待最初的超时事件。

定时结构第一帧的超时默认值为-1，即无限等待子程序框图或帧的开始。其他帧的超时默认值为 0，即保持上一帧的超时值不变。

7．设置偏移

偏移是相对于定时结构开始时间的时间长度，这种结构等待第一个子程序框图或帧执行的开始。偏移的单位与结构定时源的单位一致。

还可以在不同定时结构中使用与定时源相同的偏移，对齐不同定时结构的相位，如图 5-80 所示，定时循环都使用相同的 1 kHz 定时源，且偏移（t0）值为 500，这意味着循环将在定时源触发循环开始后等待 500 ms。

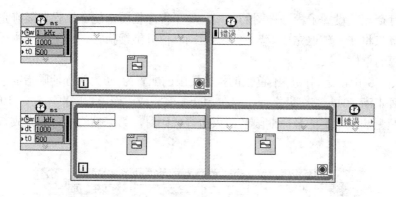

图 5-80　设置偏移

在定时循环的最后一帧中，可使用右侧数据节点动态改变下一次循环的偏移。然而，在动态改变下一次循环的偏移时，必须将值连接至右侧数据节点的模式输入端以指定一个模式。

如果通过右侧数据节点改变偏移，则必须选择一个模式值。

对齐两个定时结构无法保证二者的执行开始时间相同。使用同步定时结构起始时间，可以令定时结构的执行起始时间同步。

5.4.3　同步开始定时结构和中止定时结构的执行

同步定时结构用于将程序框图中各定时结构的起始时间同步。例如，使两个定时结构根据相对于彼此的同一时间表来执行。例如，令定时结构甲首先执行并生成数据，定时结构乙在定时结构甲完成循环后处理生成的数据。令上述定时结构的开始时间同步，以确保二者具有相同的起始时间。

可创建同步组以指定程序框图中需要同步的结构。创建同步组的步骤如下：将名称连接至同步组名称输入端，再将定时结构名称数组连接至同步定时结构开始程序的定时结构名称输入端。同步组将在程序执行完毕前始终保持活动状态。

定时结构无法同时属于两个同步组。如果需要向一个同步组添加一个已属于另一同步组的定时结构，LabVIEW 将把该定时结构从前一个组中移除，添加到新组。可将同步定时结构开始程序的替换输入端设为假，防止已属于某个同步组的定时结构被移动。如移动该定时结构，LabVIEW 将报错。

中止定时结构的执行，使用定时结构停止 VI 可通过程序中止定时结构的执行。将字符串常量或控件中的结构名称连接至定时结构停止 VI 的名称输入端，指定需要中止的定时结构的名称。例如，以下程序框图中，低定时循环含有定时结构停止 VI。运行高定时循环并显示已完成循环的次数，如图 5-81 所示。若单击位于前面板的中止实时循环按钮，左侧数据节点的"唤醒原因"输出端将返回"循环已中止"，同时弹出对话框。单击对话框的确定后，VI 将停止运行，如图 5-82 所示。

如图 5-83 所示，给出了定时循环数据端子应用的一个小例子。

由接入循环条件端子的判断逻辑可以知道，循环体执行 4 次。程序开始运行时定时源启动，经过 1000 ms 的偏移之后，第一次循环开始执行，执行完第 4 次后，周期变为 4000 ms，但在循环结束前，周期为 3000 ms，所以循环体本身执行时间为(0 ms+1000 ms+

2000 ms+3000 ms)，即 6 s，又因为偏移等待时间为 1 s，所以整个代码执行时间为 7 s。

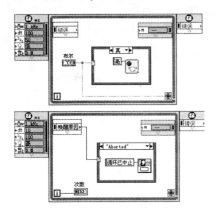

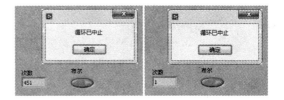

图 5-81　中止定时循环的程序框图　　　　　图 5-82　中止定时循环的前面板显示

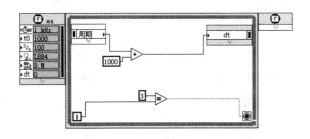

图 5-83　定时循环数据端子的应用

5.5　公式节点

　　由于一些复杂的算法完全依赖图形代码实现会过于烦琐。为此，在 LabVIEW 中还包含了以文本编程的形式实现程序逻辑的公式节点。

　　公式节点类似于其他结构，本身也是一个可调整大小的矩形框。当需要键入输入变量时可以在边框上单击右键，在弹出的菜单中选择"添加输入"，并且键入变量名，如图 5-84 所示。

　　同理也可以"添加输出"变量，如图 5-85 所示。

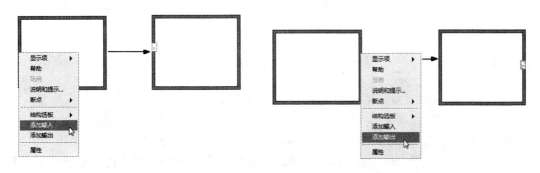

图 5-84　"添加输入"变量　　　　　　　　图 5-85　"添加输出"变量

输入变量和输出变量的数目可以根据具体情况而定，设定的变量的名字需注意区分大小写。

例如，输入 x 的值，求得相应的 y、z 的值，其中 $y=x3+6$，$z=5y+x$。

由题目可知，输入变量有 1 个，输出变量有两个，使用公式节点时可直接将表达式写入其中，具体程序如图 5-86 所示。

输入表达式时需要注意的是：公式节点中的表达式其结尾应以分号表示结束，否则将产生错误。

公式节点中的语句使用的句法类似于多数文本编程语言，并且也可以给语句添加注释，注释内容用一对"/*"封起来。

有一函数：当 $x<0$ 时，y 为-1；当 $x=0$ 时，y 为 0；当 $x>0$ 时，y 为 1；编写程序，输入一个 x 值，输出相应的 y 值。

由于公式语句的语法类似于 C 语言，所以代码框内可以编写相应的 C 语言代码，具体程序如图 5-87 所示。

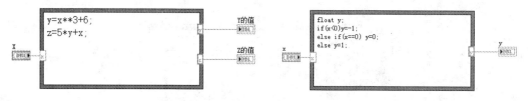

图 5-86　公式节点的使用　　　　图 5-87　公式节点与 C 语言的结合使用

图 5-88 显示了使用公式节点构建波形的程序框图，相应的前面板如图 5-89 所示。

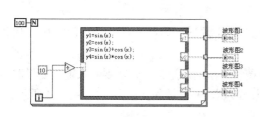

图 5-88　构建波形的程序框图

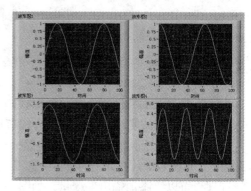

图 5-89　构建波形的前面板显示

5.6　变量

"结构"选板中的变量包括共享变量、局部变量和全局变量。

局部和全局变量是高级的 LabVIEW 概念。它们不是 LabVIEW 数据流执行模型中固有的部分。使用局部变量和全局变量时，程序框图可能会变得难以阅读。所以，对于全局变量来说，同使用局部变量一样，需要谨慎使用。错误地使用局部变量和全局变量，如将其取代连线板或用其访问顺序结构中每一帧中的数值，可能在 VI 中出现不可预期的行为。滥用局部变量和全局变量，如用来避免程序框图间的过长连线或取代数据流，将会降低执行速度。

需要注意的是，对于局部变量和全局变量，应确保 VI 运行前局部变量和全局变量含有已知的数据值。否则变量可能含有导致 VI 发生错误行为的数据。若在 VI 第一次读取变量之前，没有将变量初始化，则变量含有的是相关前面板对象的默认值。

5.6.1 共享变量

共享变量是一种已配置的软件项，能在 VI 之间传递数据。当不同的 VI 或同一个应用程序的不同位置之间无法用连线连接时，可以利用共享变量来共享数据。共享变量既可以代表一个值，也可以代表一个 I/O 点。改变一个共享变量的属性时，不必修改使用该共享变量的 VI 的程序框图。

创建共享变量之前，首先创建一个项目。在 VI 中选择项目菜单中的"新建项目"。将建立一个新的项目，并出现项目管理器窗口。在项目管理器窗口中的菜单栏中选择"文件"→"新建"，弹出"新建"窗口。在该窗口中选择"新建"栏，其他文件中的共享变量，单击"确定"按钮。弹出"共享变量属性"对话框。在该对话框中可以对新建立的共性变量的属性进行配置，如图 5-90 所示。对共享变量配置完成后，单击"确定"按钮完成共享变量的创建。

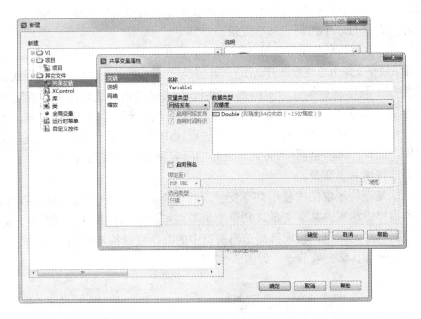

图 5-90 创建共享变量

使用共享变量进行数据共享时，仅需要在程序框图中编写少量程序，甚至不需要编写程序。缓冲和单一写入限制等共享变量的配置选项可在共享变量属性对话框中调整。在变量类型下拉列表中可以选择当前共享变量是在本地计算机上还是通过网络共享数据。选择变量类型列表中的"网络发布"选项可创建从远程计算机或同一网络上的终端读写数据的共享变量。选择变量类型列表中的"单进程"选项可以创建从单个计算机上读写数据的共享变量。配置选项因所选的变量类型而异。

共享变量创建完成后的项目管理器窗口如图 5-91 所示。可以看到在名称为"未命名库1"的项目库中包含了一个名称为 Varible1 的共享变量。

图 5-91　项目管理器窗口

　　共享变量总是存储于某个项目库中。LabVIEW 将共享变量的配置数据存储在它所在项目库的.lvlib 文件中。如果从项目库以外的终端或文件夹创建共享变量，LabVIEW 会创建相应的新项目库并在项目库中包括该共享变量。

　　在项目中打开含有共享变量节点的 VI，如该共享变量节点没有在项目浏览器中找到相关的共享变量，则该共享变量节点就会断开。所有与该共享变量相关的前面板控件的连线也会断开。

　　终端上的每个共享变量都有一个位置，NI-PSP 协议根据位置信息唯一确定共享变量。右键单击共享变量所在的项目库，从快捷菜单中选择"部署"，可部署项目库。所在项目库连接的共享变量，必须来源于前面板对象、程序框图的共享变量节点，或其他共享变量。右键单击项目库，选择"部署全部"，将共享变量的所有项目库部署到该终端。

　　有两种方法使用共享变量。

　　第一种方法是在程序框图中使用共享变量。共享变量节点是一个程序框图对象，用于指定项目浏览器窗口中相应的共享变量。共享变量节点可用于读写共享变量的值，并读取用于该共享变量数据的时间标记。将项目浏览器窗口中的共享变量拖放至相同项目中 VI 的程序框图中，可创建一个共享变量节点，如图 5-92 所示。

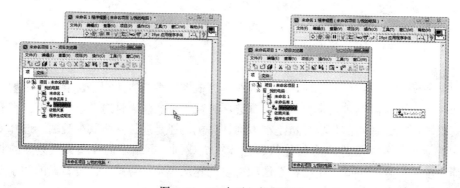

图 5-92　VI 中引入共享变量

在程序框图的数据通信选板上，也可找到共享变量节点。该节点位于函数选板上的数据通信子选板中。要将程序框图中的共享变量节点和处于活动状态的项目中的共享变量进行绑定，可双击该共享变量节点启动选择变量对话框。也可右键单击该共享变量节点并从快捷菜单中选择"选择变量"。在选择变量对话框的共享变量列表中选中一个共享变量，然后单击"确定"按钮。

在默认情况下，共享变量节点被设置为读取。要将程序框图中的共享变量节点的设置转换为写入，只需要右键单击这个共享变量节点，从快捷菜单中选择"访问模式"→"写入"。图 5-93 中的共享变量被设置为写入。

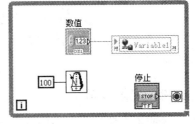

图 5-93　共享变量的使用

利用时间标识显示控件可以确定一个共享变量是否已失效，或最近一次读取之后是否被更新。要记录一个单个写入共享变量的时间标识，必须先在共享变量属性对话框的变量页勾选启用时间标识复选框。如果需要给一个共享变量节点添加一个时间标识显示控件，只需要右键单击程序框图上的共享变量节点，从快捷菜单上选中显示时间标识选项即可。如果应用程序需要读写不止一个最近更改的值，可对缓冲进行配置。

如果需要改变一个共享变量的配置，只需要在项目浏览器中右键单击这个共享变量，从快捷菜单上选择属性选项，并显示变量属性对话框中的变量页。

第二种使用共享变量的方法是在前面板上使用共享变量的值，即通过前面板数据绑定来读取或写入前面板对象中的实时数据。

将项目浏览器窗口中的共享变量拖放至 VI 的前面板，可创建该共享变量的控件绑定。如果需要将控件绑定到共享变量，或绑定到 NI 发布—订阅协议（NI-PSP）的数据项，可以通过该控件属性菜单中数据绑定页面上的选项进行设置。将控件绑定到共享变量的属性设置方法如图 5-94 所示。

启用控件的数据绑定时，通过修改控件的值可以改变与该控件绑定的共享变量的值。将数值输入控件绑定到共享变量后变为图 5-95 所示的图标。

图 5-94　将控件绑定到共享变量的属性设置

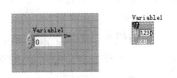

图 5-95　数值输入控件绑定共享变量

在默认情况下，多个应用程序可对同一个共享变量进行写操作。但也可以将一个网络发布的共享变量设定为每次仅接受来自一个应用程序的更改，只需要在共享变量属性对话框的变量页上，勾选单个写入复选框即可。这样就确保了共享变量每次仅允许一个写操作。在同一台计算机上，共享变量引擎仅允许对单个源进行写操作。连接到共享变量的第一个写入方可进行写操作，之后连接的写入方则无法进行写操作。当第一个写入方断开连接时，队列中的下一个写入方将获得共享变量的写权限。LabVIEW 会向那些无法对共享变量进行写操作的写入方发出相应提示。

当一个共享变量的配置被改变后，既可以右键单击它所在的项目库，从快捷菜单选择"部署"选项来更新当前终端上这个共享变量的属性。也可以使用变量引用和变量属性，通过编程配置共享变量。

5.6.2　局部变量

创建局部变量的方法有两种：第一种方法是直接在程序框图中已有的对象上单击鼠标右键，从弹出的快捷菜单中创建局部变量，如图 5-96 所示。第二种方法是在函数选板中的结构子选板中选择局部变量，形成一个没有被赋值的变量，此时的局部变量没有任何用处，因为它还没有和前面板的控制或指示相关联，这时可以通过在前面板添加控件来填充其内容，如图 5-97 所示。

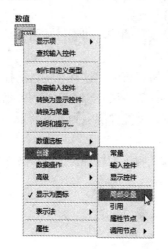

图 5-96　创建局部变量方法一

图 5-97　创建局部变量方法二

使用局部变量可以在一个程序的多个位置实现对前面板控件的访问，也可以在无法连线的框图区域之间传递数据。每一个局部变量都是对某一个前面板控件数据的引用。可以为一个输入量或输出量建立任意多的局部变量，从它们中的任何一个都可以读取控件中的数据，向这些局部变量中的任何一个写入数据，都将改变控件本身和其他局部变量。

图 5-98 显示了使用同一个开关同时控制两个 While 循环。

使用随机数（0～1）和 While 循环分别产生两组波形，在第一个循环中用布尔变量来控制循环是否继续，并创建其局部变量，在第二个循环中用第一个开关的局部变量连接到条件端子，对循环进行控制。

190

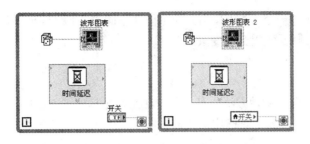

图 5-98　同时控制两个 While 循环的程序框图

相应的前面板如图 5-99 所示。

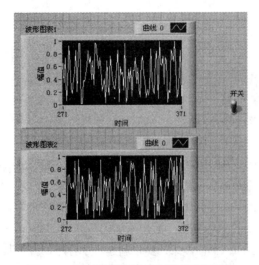

图 5-99　同时控制两个循环的前面板显示

　　一个局部变量就是其对应前面板对象的一个复制，要占一定的内存，所以使用过多的局部变量会占用大量内存，尤其当局部变量是数组这样的复合数据类型时。所以在使用局部变量时要先考虑内存，局部变量会复制数据缓冲区。从一个局部变量读取数据时，便为相关控件的数据创建了一个新的缓冲区。如果使用局部变量将大量数据从程序框图上的某个地方传递到另一个地方，通常会使用更多的内存，最终导致执行速度比使用连线来传递数据更慢。若在执行期间需要存储数据，可考虑使用移位寄存器。并且，过多的使用局部变量还会使程序的可读性变差，并且有可能导致不易发现的错误出现。

　　局部变量还可能引起竞态问题，如图 5-100 所示，此时无法估计出数值的最终值是多少，因为无法确认两个并行执行代码在时间上的执行顺序。该程序的输出取决于各运算的运行顺序。由于这两个运算间没有数据依赖关系，因此很难判断出哪个运算先运行。为避免竞争状态，可以用使用数据流或顺序结构，以强制加入运行顺序控制的机制，或者不要同时读写同一个变量。

图 5-100　竞态问题举例

局部变量只能在同一个 VI 中使用，而不能在不同的 VI 之间使用。若需要在不同的 VI 之间进行数据传递，则要使用全局变量。

5.6.3　全局变量

全局变量的创建也有两种方法：第一种方法是在结构的子选板中，从中选择全局变量，生成一个小图标，双击该图标，弹出框图，如图 5-101 所示。在框图内即可编辑全局变量。

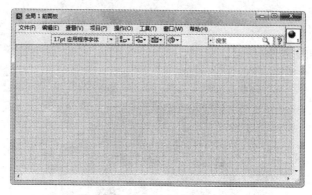

图 5-101　创建全局变量方法一

第二种方法是在 LabVIEW 中的新建菜单中选择全局变量，如图 5-102 所示，单击"确定"按钮后就可以打开设计全局变量窗口，如图 5-101 所示。

但此时只是一个没有程序框图的 LabVIEW 程序，要使用全局变量可按以下步骤：第一步，向刚才的前面板内添加想要的全局变量，如想添加的数据 X、Y、Z。第二步，保存这个全局变量，然后关闭全局变量的前面板窗口。第三步，新建一个程序，打开其程序框图，从函数选板中选择"选择 VI"，打开保存的文件，拖出一个全局变量的图标。第四步，右键单击图标，从弹出的选单中选择"选择项"，就可以根据需要选择相应的变量了，如图 5-103 所示。

图 5-102　创建全局变量方法二

图 5-103　使用全局变量

全局变量可以同时在运行的几个 VI 之间传递数据，例如可以在一个 VI 里向全局变量写入数据，在随后运行的同一程序中的另一个 VI 里从全局变量读取写好的数据。通过全局变量在不同的 VI 之间进行数据交换只是 LabVIEW 中 VI 之间数据交换的方式之一，通过动态数据交换也可以进行数据交换。需要注意的是，在一般情况下，不能利用全局变量在两个 VI 之间传递实时数据，原因是通常情况下两个 VI 对全局变量的读写速度不能保证严格的一致。

5.7 综合实例——全局变量的使用

利用全局变量编写程序，通过第一个 VI 产生数据，第二个 VI 显示第一个 VI 产生的数据，分化程序，从而简化程序编写复杂层度。

1. 设置工作环境

1）新建 VI。选择菜单栏中的"文件"→"新建 VI"命令，新建一个 VI，一个空白的 VI 包括前面板及程序框图。

2）保存 VI。选择菜单栏中的"文件"→"另存为"命令，输入 VI 名称为"产生叠加波形""生成波形参数"。

2. 创建全局变量

1）选择菜单栏中的"文件"→"新建"命令，打开"新建"对话框，选择"全局变量"选项，创建全局变量 VI。

2）在"控件"选板上选择"新式"子选板，建立数值和开关的全局变量，如图 5-104 所示。

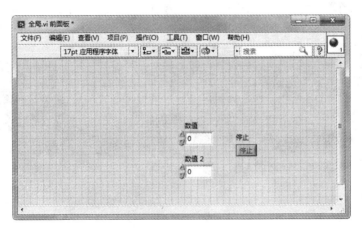

图 5-104 全局变量的建立

3. 创建波形数据 VI

打开"生成波形参数"VI，在"函数"选板上选择"编程"→"结构"→"While 循环"函数，创建循环结构，将其放置在程序框图中，利用该 VI 产生数据，如图 5-105 所示。

4. 创建叠加波形

1）打开"产生叠加波形"VI，利用该 VI 显示数据，如图 5-106 所示，其中的延时控制控件用于控制显示的速

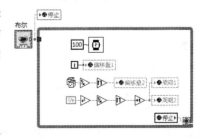

图 5-105 第一个子程序框图

度，如果输入为 2，则每个将延时 2 s。总开关可以同时控制这两个 VI 的停止。

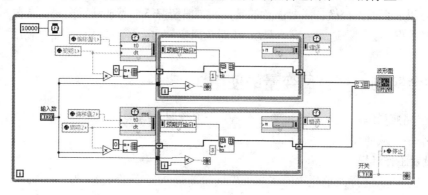

图 5-106　第二个子程序框图

2）该 VI 通过两个定时循环产生波形的情况。由于偏移量设置的不同，输出波形的起始点也不同。从程序框图可以知道：程序首先创建了两个长度为 100，元素为全 0 的一维数组。周期设置都为 10 ms，所以每隔 10 ms 将出现一次输入的新值（定时循环 1 其值为 1，定时循环 2 其值为 3）。

5．运行 VI

运行时需要先运行第一个 VI 生成数据，再运行第二个 VI 使用数据，终止程序时可以使用总开关，运行程序后，如图 5-107 所示。当要再次运行时，需要先把总开关打开。

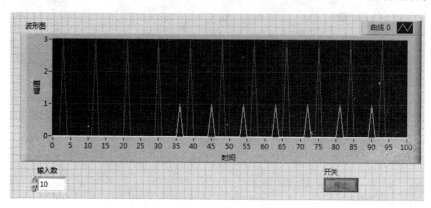

图 5-107　前面板显示

194

第6章 数据函数

函数是程序框图设计的工具，只有通过不同类型的函数，才能实现不同功能，达到不同的目的。

函数存储在"函数"选板中，并按类别划分，本章讲述几种基本的函数类型，是学习LabVIEW编程必须掌握并且能够灵活使用的数据类型。

 学习要点

● 数组函数
● 簇函数
● 基本波形函数

6.1 数组函数

数组在程序框图上则体现为一个一维或多维矩阵。数组中的每一个元素都有其唯一的索引数值，可以通过索引值来访问数组中的数据。下面详细介绍数组数据以及处理数组数据的方法。

对于一个数组可以进行很多操作，例如求数组的长度、对数组进行排序、查找数组中的某一元素和替换数组中的元素等。传统的编程语言主要依靠各种数组函数来实现这些运算，而在LabVIEW中，这些函数是以功能函数节点的形式来表现的。

LabVIEW中用于处理数组数据的函数位于"编程"→"数组"子选板中，如图 6-1所示。

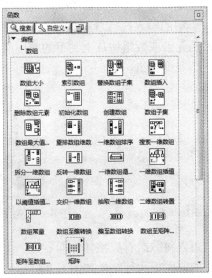

图 6-1 用于处理数组的函数

下面将介绍几种常用的数组函数。

6.1.1　数组大小

数组大小函数的节点图标和端口如图 6-2 所示，数组大小函数返回输入数组的元素个数，节点的输入为一个 n 维数组，输出为该数组各维包含元素的个数。当 $n=1$ 时，节点的输出为一个标量。当 $n>1$ 时，节点的输出为一个一维数组，数组的每个元素对应输入数组中每一维的长度。如图 6-3 和图 6-4 所示，分别求出了一个一维数组和一个二维数组的长度。

图 6-2　数组大小函数的节点图标和端口

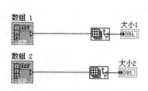

图 6-3　一维数组的长度

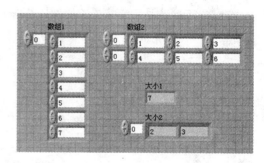

图 6-4　二维数组的长度

6.1.2　创建数组

1．创建数组函数

有时可能根据需要使用创建数组函数时，不是将两个一维数组合成一个二维数组，而是将两个一维数组连接成一个更长的一维数组；或者不是将两个二维数组连接成一个三维数组，而是将两个二维数组连接成一个新的二维数组。

创建数组函数的节点图标及端口定义如图 6-5 所示。创建数组函数用于合并多个数组或给数组添加元素。函数有两种类型的输入：标量和数组，因此函数可以接受数组和单值元素输入，节点将从左侧端口输入的元素或数组按从上到下的顺序组成一个新数组。如图 6-6 所示为使用创建数组函数创建一个一维数组。

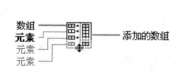

图 6-5　创建数组函数的节点图标和端口

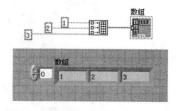

图 6-6　使用创建数组函数创建一维数组

当两个数组需要连接时，可以将数组看成整体，即看为一个元素。图 6-7 显示了两个数组合并成一个数组的情况。相应的前面板运行结果如图 6-8 所示。

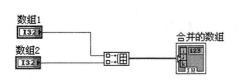
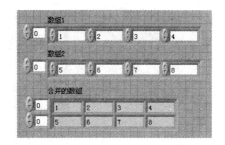

图 6-7　使用创建数组函数创建二维数组的程序框图　　图 6-8　使用创建数组函数创建二维数组的前面板

在这种情况下，需要利用创建数组节点的连接输入功能，在创建数组节点的右键弹出的快捷菜单中选择"连接输入"，创建数组的图标也有所改变，如图 6-9 所示。

若将图 6-7 改为图 6-10，即两个一维数组合成了一个更长的一维数组。

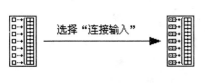
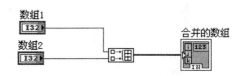

图 6-9　选择"连接输入"　　　　　　　图 6-10　合并数组的程序框图

2. 循环创建数组

数组经常要用一个循环来创建，其中 For 循环是最适用的，这是因为 For 循环的循环次数是预先指定的，在循环开始前它已分配好了内存，而 While 循环却无法做到这一点，因为无法预先知道 While 循环将循环多少次。

图 6-11 显示了使用 For 循环自动索引创建 8 个元素的数组。在 For 循环的每次迭代中创建数组的下一个元素。若循环计数器设置为 n，那么将创建一个有 n 个元素的数组。循环执行完成后，将数组从循环内输出到输出控件中。

若在边框上弹出的快捷菜单中选择禁用索引，那么将仅从循环中输出最后一个值，并且与显示的连线变细，如图 6-12 所示。

图 6-11　允许索引　　　　　　　　图 6-12　禁用索引

对于 For 循环来说，默认状态下是允许自动索引的，所以图 6-11 中可以直接连接显示控件。但对于 While 循环，默认状态下自动索引被禁用。若希望能够自动索引，需要从 While 循环隧道上弹出快捷菜单中选择启用索引。当不知道数组的具体长度时，使用 While 是最合适的，用户可以根据需要设定循环终止条件。

图 6-13 显示了使用 While 循环创建随机函数产生的数组，当按下终止键或数组长度超过 100 时将退出循环。

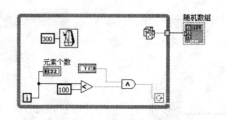

图 6-13　使用 While 循环创建数组

创建二维数组可以直接在数组控件的索引号上单击右键，从弹出的对话框内选择增加维度，如图 6-14 所示；也可以使用两个嵌套的 For 循环来创建，外循环创建行，内循环创建列。

图 6-15 显示了使用 For 循环创建了一个 8 行 8 列的二维数组的程序框图。

图 6-14　创建二维数组方法一

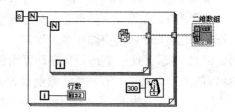

图 6-15　使用 For 循环创建二维数组

6.1.3　实例——仿真显示

本例主要显示如何将一段文本分段仿真显示，其中显示模式为渐入减出。

1．设置工作环境

1）新建 VI。选择菜单栏中的"文件"→"新建 VI"命令，新建一个 VI，一个空白的 VI 包括前面板及程序框图。

2）保存 VI。选择菜单栏中的"文件"→"另存为"命令，输入 VI 名称为"仿真显示"。

2．设置颜色渐变

1）打开程序框图，在"函数"选板上选择"编程"→"结构"→"For 循环"函数，创建循环次数 100。

2）在"函数"选板上选择"编程"→"图形与声音"→"图片函数"→"醒目显示颜色" VI，创建颜色常量，连接循环计数到函数百分比输入端，根据循环次数调整颜色，由于循环计数为依次递增，因此该操作实现从黑色递增和递减的灰度值。

3）在"函数"选板上选择"编程"→"数组"→"反转一维函数""创建数组"函数，创建颜色输出端组合的数组，如图6-16所示。

3. 将文字分段

1）打开前面板，在"控件"选板上选择"银色"→"数组"→"数组-字符串"控件，修改名称为"演讲稿"，如图6-17所示。

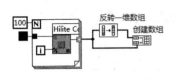

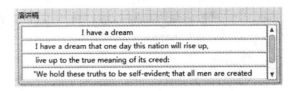

图6-16　程序显示　　　　　　　　　　　图6-17　放置控件

2）双击控件返回程序框图，在"函数"选板上选择"编程"→"数组"→"数组大小"函数，连接创建的字符串数组控件，统计该数组每个维度的元素个数。

3）在"函数"选板上选择"编程"→"结构"→"While循环"函数，循环抽取该数组不同维度元素，将循环计数的数值与数组大小值相除。

4）在"函数"选板上选择"编程"→"数组"→"索引数组大小"函数，连接字符串数组控件，索引数为商结果，随着循环计数的递增，依次输出下一级数组，函数的被除数为数组的大小，因此，索引数同样按照数组进行循环，如图6-18所示。

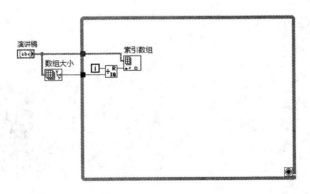

图6-18　程序显示

4. 仿真显示

1）在"函数"选板上选择"编程"→"结构"→"For循环"函数，设置仿真效果。

2）在"函数"选板上选择"编程"→"图形与声音"→"图片与函数"→"在绘制点插入文本"VI，创建原点坐标为（50,50）。

3）连接"索引数组"结果到"文本"输入端，连接颜色数组结果到"文本颜色"输入端。

4）在"文本方向"输入端创建"文本下拉列表"控件，在"新图片"输出端创建输出控件。

5）在"函数"选板上选择"编程"→"定时"→"等待"函数，设置等待时间为15。

6）在"循环条件"输入端创建布尔控件，控制循环的截止。

7）单击工具栏中的"整理程序框图"按钮![icon]，整理程序框图，结果如图 6-19 所示。

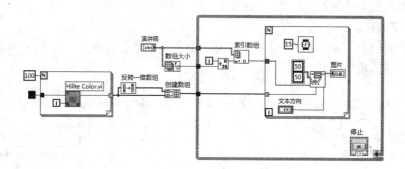

图 6-19　设计结果

5．设计前面板

1）返回前面板，将演讲稿控件调整到适当大小，插入图片。

2）选择菜单栏中的"编辑"→"将当前值默认为初始值"命令，则保留"演讲稿"输入控件中输入内容。

6．运行程序

在前面板窗口或程序框图窗口的工具栏中单击"运行"按钮![icon]，运行 VI，VI 居中显示，结果如图 6-20 所示。

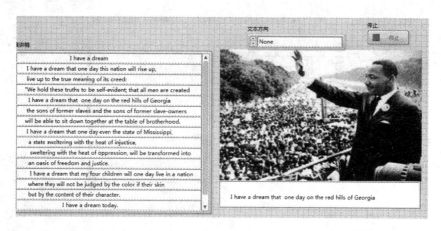

图 6-20　运行结果

6.1.4　一维数组排序

一维数组排序函数的节点图标如图 6-21 所示，此函数可以对输入的数组进行按升序排序，若用户想按降序排序，可以与反转一维数组函数组合，实现对数组的降序排列。

如图 6-22 和图 6-23 所示，为对一个已知一维数组进行升序和降序排列的程序框图和前面板。

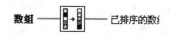

图 6-21　一维数组排序函数
的节点图标和端口

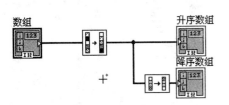

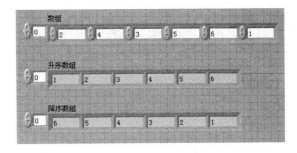

图 6-22　对一维数组进行升降序排列的程序框图　　　　图 6-23　对一维数组进行升降序排列的前面板

当数组使用的是布尔型时，真值比假值大，因此若图 6-22 中的数组数据类型为布尔型时，相应的结果如图 6-24 和图 6-25 所示。

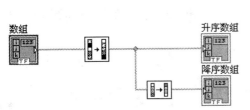

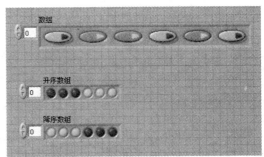

图 6-24　布尔型数据排序的程序框图　　　　　　图 6-25　布尔型数据排序的前面板

6.1.5　索引数组

索引数组函数的节点图标及端口定义如图 6-26 所示。索引数组用于访问数组的一个元素，使用输入索引指定要访问的数组元素，第 n 个元素的索引号是 n-1，如图 6-27 所示，索引号是 2，索引到的是第 3 个元素。

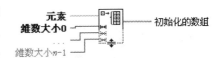

图 6-26　索引数组函数的图标和端口

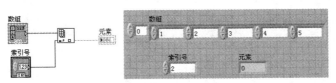

图 6-27　一维数组的索引

索引数组函数会自动调整大小以匹配连接的输入数组维数，若将一维数组连接到索引函数，那么函数将显示一个索引输入，若将二维数组连接到索引函数，那么将显示两个索引输入，即索引（行）和索引（列），当索引输入仅连接行输入时，则抽取完整的一维数组的那一行；若仅连接列输入时，那么将抽取完整的一维数组的那一列；若连接了行输入和列输入，那么将抽取数组的单个元素。每个输入数组是独立的，可以访问任意维数组的任意部分。如图 6-28 所示，对一个 4 行 4 列的二维数组进行索引，分别取其中的完整行、单个元素和完整列。图 6-29 显示了 VI 的前面板及运行结果。

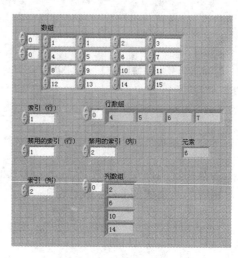

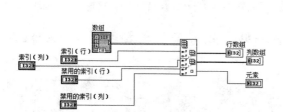

图 6-28　多维数组的索引的程序框图　　　　图 6-29　多维数组索引的前面板

6.1.6　初始化数组

初始化数组函数的节点图标及端口定义如图 6-30 所示。初始化数组函数的功能是为了创建 n 维数组，数组维数由函数左侧的维数大小端口的个数决定。创建之后每个元素的值都与输入到元素端口的值相同。函数刚放在程序框图上时，只有一个维数大小的输入端子，此时创建的是指定大小的一维数组。此时可以通过拖拉下边缘或在维数大小端口的右键弹出的选单中选择添加维度来添加维数大小端口，如图 6-31 所示。

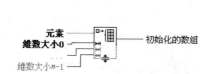

图 6-30　初始化数组的节点图标和端口　　　图 6-31　添加数组大小端口

如图 6-32 所示，为初始化一个一维数组和一个二维数组。

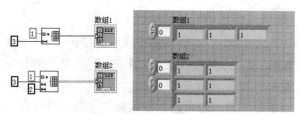

图 6-32　数组的初始化

在 LabVIEW 中初始化数组还有其他方法。若数组中的元素都是相同的，用一个带有常数的 For 循环即可初始化，这种方法的缺点是创建数组时要占用一定的时间。如图 6-32 所示，创建了一个元素为 1，长度为 3 的一维数组。

若元素值可以由一些直接的方法计算出来，把公式放到前一种方法中的 For 循环中取代其常数即可。例如这种方法可以产生一个特殊波形。也可以在框图程序中创建一个数组常量，手动输入各个元素的数值，而后将其连接到需要初始化的数组上。这种方法的缺点是过程烦琐，并且在存盘时会占用一定的磁盘空间。如果初始化数组所用的数据量很大，可以先将其放到一个文件中，在程序开始时再装载。

需要注意的是，在初始化时有一种特殊情况，那就是空数组，空数组不是一个元素值为 0、假、空字符串或类似的数组，而是一个包含零个元素的数组，相当于 C 语言中创建了一个指向数组的指针。经常用到空数组的例子是初始化一个连有数组的循环移位寄存器。有以下几种方法创建一个空数组：用一个数组大小输入端口不连接数值或输入值为 0 的初始化函数来创建一个空数组；创建一个 n 为 0 的 For 循环，在 For 循环中放入所需要数据类型的常量。For 循环将执行零次，但在其框架通道上将产生一个相应类型的空数组；但是不能用创建数组函数来创建空数组，因为它的输出至少包含一个元素。

6.1.7　替换数组子集

替换数组子集函数的节点图标及端口定义如图 6-33 所示。替换数组子集函数是从新元素/子数组端口中输入，去替换其中一个或部分元素。新元素/子数组输入的数据类型必须与输入的数组的数据类型一致。

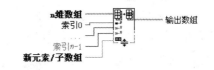

图 6-33　替换数组子集函数的节点图标和端口

如图 6-34 和图 6-35 所示，分别替换了二维数组中的某一个元素和某一行元素。

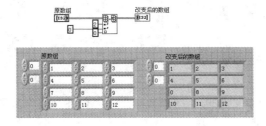

图 6-34　替换二维数组中的某一个元素

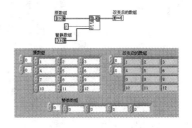

图 6-35　替换二维数组中的某一行元素

6.1.8　删除数组元素

删除数组元素函数的节点图标及端口定义如图 6-36 所示。删除数组元素用于从数组中删除指定数目的元素，索引端口用于指定所删除元素的起始元素的索引号，长度端口用于指定删除元素的数目。图 6-37 和图 6-38 分别显示了从一维数组和二维数组中删除元素。

图 6-36　删除数组元素函数的节点图标和端口

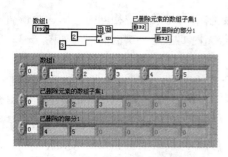

图 6-37　从一维数组中删除元素

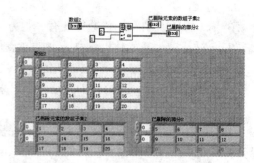

图 6-38　从二维数组中删除元素

6.1.9　实例——选项卡数组

数组函数的多样性不仅局限于对数组常量、数组控件的操作，还可以实现不同类型对象的创建、设计，数值、字符串、簇和波形图的对象也在数组函数的应用范围内。

1. 设置工作环境

1）新建 VI。选择菜单栏中的"文件"→"新建 VI"命令，新建一个 VI，一个空白的 VI 包括前面板及程序框图。

2）保存 VI。选择菜单栏中的"文件"→"另存为"命令，输入 VI 名称为"选项卡数组"。

2. 设置前面板

在"控件"选板上选择"新式"→"容器"→"选项卡"控件，默认该控件包含两个选项卡，单击右键选择"在后面添加选项卡"命令，创建包含 5 个选项卡的控件，如图 6-39 所示。

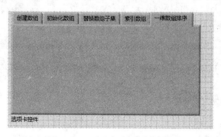

图 6-39　创建选项卡控件

3. 创建数组

1）打开程序框图，在"函数"选板上选择"编程"→"数组"→"创建数组"函数，在输入、输出端创建控件与常量，如图 6-40 所示。

2）双击控件，打开前面板，在输入控件中输入初始值，如图 6-41 所示。

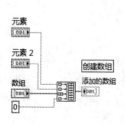

图 6-40　创建数组

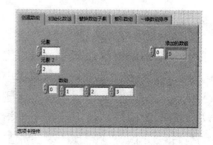

图 6-41　前面板设计

4. 初始化数组

1）在"函数"选板上选择"编程"→"数组"→"初始化数组"函数，在输入、输出端创建控件与常量，如图 6-42 所示。

2）双击控件，打开前面板，在输入控件中输入初始值，如图 6-43 所示。

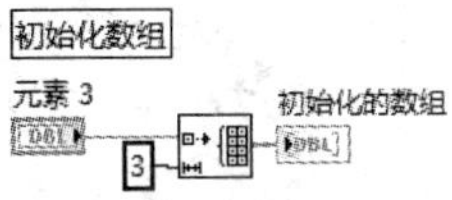

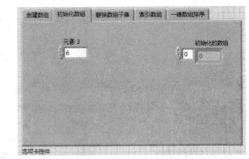

图 6-42　创建数组

图 6-43　初始化数组

5. 替换数组子集

1）在"函数"选板上选择"编程"→"数组"→"替换数组子集"函数，创建输入、输出控件，如图 6-44 所示。

2）双击控件，打开前面板，在输入控件中输入初始值，如图 6-45 所示。

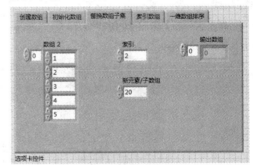

图 6-44　程序框图

图 6-45　前面板设计

6. 索引数组

1）打开程序框图，在"函数"选板上选择"编程"→"数组"→"索引数组"函数，创建输入、输出控件，如图 6-46 所示。

2）双击控件，打开前面板，在输入控件中输入初始值，如图 6-47 所示。

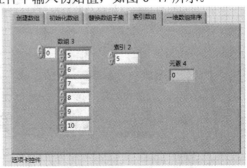

图 6-46　程序框图

图 6-47　前面板设计

7. 一维数组排序

1）在"函数"选板上选择"编程"→"数组"→"一维数组排序"函数，创建输入输出控件，如图 6-48 所示。

2）双击控件，打开前面板，在输入控件中输入初始值，如图 6-49 所示。

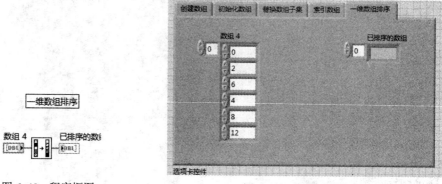

图 6-48　程序框图　　　　　　　　图 6-49　前面板设计

3）选择菜单栏中的"编辑"→"将当前值默认为初始值"命令，则保留"演讲稿"输入控件中输入的内容。

8. 运行程序

在前面板窗口或程序框图窗口的工具栏中单击"运行"按钮，运行 VI，VI 居中显示，结果如图 6-50 所示。

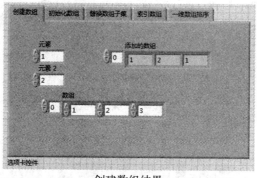

创建数组结果

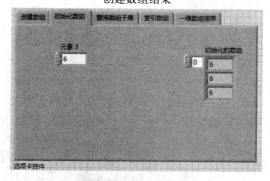

初始化数组结果

图 6-50　运行结果

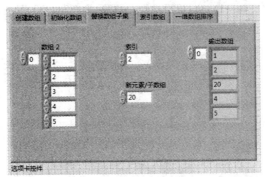

替换数组子集结果

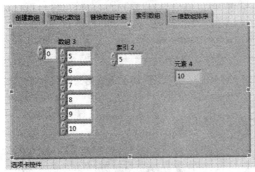

索引数组结果

一维数组排序结果

图 6-50 运行结果（续）

6.2 簇函数

"簇"是 LabVIEW 中一种特殊的数据类型，是由不同数据类型的数据构成的集合。在使用 LabVIEW 编写程序的过程中，不仅需要相同数据类型的集合——数组来进行数据的组织，有些时候也需要将不同数据类型的数据组合起来可以更加有效地行使其功能。在 LabVIEW 中，"簇"这种数据类型得到了广泛的应用。

对簇数据进行处理的函数位于函数选板→"编程"→"簇、类与变体"子选板中，如图 6-51 所示。

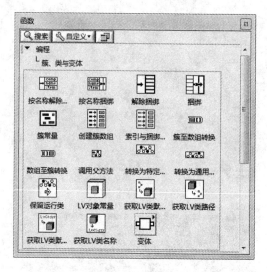

图 6-51　用于处理簇数据的函数

6.2.1　解除捆绑和按名称解除捆绑

　　解除捆绑函数的节点图标及端口定义如图 6-52 所示。解除捆绑函数用于从簇中提取单个元素，并将解除后的数据成员作为函数的结果输出。当解除捆绑未接入输入参数时，右端只有两个输出端口，当接入一个簇时，解除捆绑函数会自动检测到输入簇的元素个数，生成相应个数的输出端口。如图 6-53 和图 6-54 所示，为将一个含有数值、布尔、旋钮和字符串的簇解除捆绑。

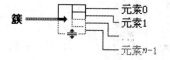

图 6-52　解除捆绑的节点图标和端口

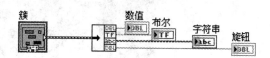

图 6-53　解除捆绑函数使用的程序框图

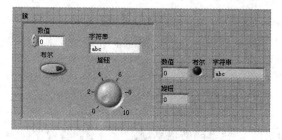

图 6-54　解除捆绑函数的前面板

　　按名称解除捆绑函数的节点图标如图 6-55 所示。按名称解除捆绑是把簇中的元素按标签解除捆绑，只有对于有标签的元素，按名称解除捆绑的输出端才能弹出带有标签的簇元素的标签列表。对于没有标签的元素，输出端不弹出其标签列表，输出端口的个数不限，可以根据需要添加任意数目的端口。如图 6-56 所示，由于簇中的布尔型数据没有标签，所以输出端没有它的标签列表，输出的是其他的有标签的簇元素。

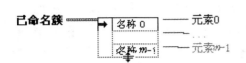

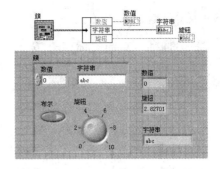

图 6-55　按名称解除捆绑函数的节点图标和端口　　　图 6-56　按名称解除捆绑函数的使用

6.2.2　捆绑函数

捆绑函数的节点图标如图 6-57 所示。捆绑函数用于将若干基本数据类型的数据元素合成为一个簇数据，也可以替换现有簇中的值，簇中元素的顺序和捆绑函数的输入顺序相同。顺序定义是从上到下，即连接顶部的元素变为元素 0，连接到第二个端子的元素变为元素 1。如图 6-58 所示，为使用捆绑函数将数值型数据、布尔型数据、字符串型数据组成了一个簇。

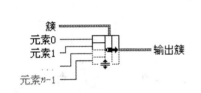

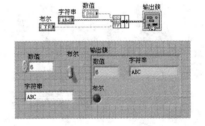

图 6-57　捆绑函数的节点图标和端口　　　　　　　图 6-58　捆绑函数的使用

捆绑函数除了左侧的输入端子，在中间还有一个输入端子，这个端子是连接一个已知簇的，这时可以改变簇中的部分或全部元素的值，当改变部分元素值时，不影响其他元素的值。所以在使用捆绑函数时，若目的是创建新的簇而不是改变一个已知簇，则不需要连接捆绑函数的中间输入端子。如图 6-59 和图 6-60 所示，对一个含有 4 个元素的簇中的两个值进行修改，例如对其中的量表和字符串进行修改，在其对应的输入端口创建输入控件即可，在改变量表和改变字符串中输入想要的值，其相应的前面板就会输出相应的值。

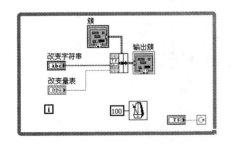

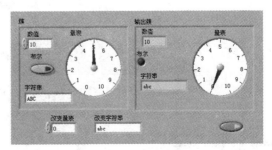

图 6-59　改变簇中元素值的程序框图　　　　　　　图 6-60　改变簇中元素的前面板

6.2.3 按名称捆绑

按名称捆绑节点的图标如图 6-61 所示。按名称捆绑函数可以将相互关联的不同或相同数据类型的数据组成一个簇，或给簇中的某些元素赋值。与捆绑函数不同的是，在使用本函数时，必须在函数中间的输入端口输入一个簇，确定输出簇的元素的组成。由于该函数是按照元素名称进行整理的，所以左端的输入端口不必像捆绑函数那样有明确的顺序，只需要按照在左端输入端口弹出的选单中所选的元素名称接入相应数据即可。如图 6-62 和图 6-63 所示。不需要改变的元素，在左端输入端不应显示其输入端口，否则将出现错误，若将图 6-62 改为图 6-64，即没改变字符串却显示了字符串的输入接口，则将出现连线错误，如图 6-65 所示。

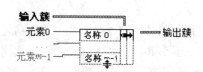

图 6-61 按名称捆绑函数的节点图标和端口

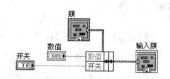

图 6-62 按名称捆绑使用的程序框图

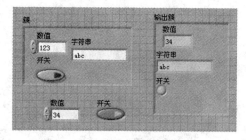

图 6-63 按名称捆绑使用的前面板

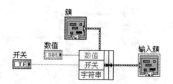

图 6-64 按名称捆绑的错误使用

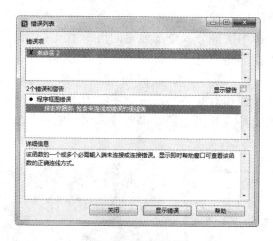

图 6-65 显示错误

6.2.4 创建簇数组

创建簇数组函数的节点图标和端口定义如图 6-66 所示。创建簇数组函数的用法与创建数组函数的用法类似，与创建数组不同的是其输入端口的分量元素可以是簇。函数会首先将输入到输入端口的每个分量元素转化簇，然后再将这些簇组成一个簇的数组，输入参数可以都为数组，但要求维数相同，需要注意的是，所有从分量元素端口输入的数据的类型必须相同，分量元素端口的数据类型与第一个连接进去的数据类型相同。如图 6-67 所示，第一个输入的是字符串类型，则剩下的分量元素输入端口将自动变为紫色，即表示是字符串类型，所以当再输入数值型数据或布尔型数据时将发生错误。

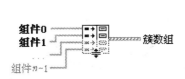

图 6-66　创建簇数组函数的节点图标和端口　　　　图 6-67　创建簇数组的错误使用

图 6-68 和图 6-69 为两个簇（簇1和簇2）合并成一个簇数组的前面板和程序框图。

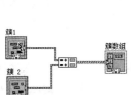

图 6-68　创建簇数组的使用的程序框图　　　　图 6-69　创建簇数组的使用的前面板

6.2.5　簇至数组转换和数组至簇转换

1）簇至数组转换函数的节点图标如图 6-70 所示。

2）簇至数组转换函数要求输入簇的所有元素的数据类型必须相同，函数按照簇中元素的编号顺序将这些元素组成一个一维数组，如图 6-71 所示，一个含有布尔型的簇通过使用簇至数组转换函数成为了一维布尔型数组。

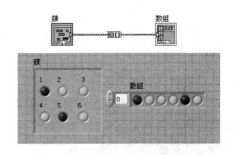

图 6-70　簇至数组转换函数的节点图标和端口　　　　图 6-71　簇至数组转换函数的使用

3）数组至簇转换函数的节点图标如图 6-72 所示。

4）数组至簇转换是簇至数组转换的逆过程，将数组转换为簇。需要注意的是，此函数并不是将数组中所有的元素都转换为簇，而是将数组中的前 n 个元素组成一个簇，n 由用户自己设置，默认为 9，当 n 大于数组的长度时，函数会自动补充簇中的元素，元素值为默认值。如把图 6-71 直接进行逆过程，则出现图 6-73 所示的情况。

图 6-72　数组至簇转换函数的节点图标和端口

此时应在数组至簇函数的图标上，单击右键，从快捷菜单中选择簇大小，并改为 6，再运行就可得到正确的输出，如图 6-74 所示。

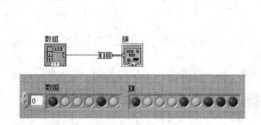

图 6-73　默认时数组至簇转换函数的使用　　图 6-74　数组至簇转换函数的使用

6.2.6　变体函数

LabVIEW 中用于处理变体数据的函数位于选板中的"编程"→"簇、类与变体"→"变体"子选板中，如图 6-75 所示。

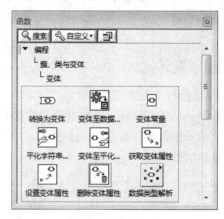

图 6-75　变体函数

1. "转换为变体"函数

转换为变体函数的节点图标及端口定义如图 6-76 所示，该函数完成 LabVIEW 中任意类型的数据到变体数据的转换，也可以将 ActiveX 数据（在程序框图的互连接口的子选板中）转化为变体数据。

任何数据类型都可以被转化为变体类型，然后为其添加属性，并在需要时转换回原来的数据类型。当需要独立于数据本身的类型对数据进行处理时，变体类型就成为很好的选择。

2．"变体至数据类型转换"函数

变体至数据类型转换函数节点图标和端口定义如图 6-77 所示，该函数是把变体数据类型转换为适当的 LabVIEW 数据类型。变体输入参数为变体类型数据。类型输入参数为需要转换的目标数据类型的数据，只取其类型，具体值没有意义。数据输出参数为转换之后与类型输入有相同类型的数据。

图 6-76　转换为变体函数的节点图标和端口　　图 6-77　变体至数据类型转换函数的图标和端口

3．"平化至字符串"函数

该函数是指使平化数据转换为变体数据。节点图标和端口如图 6-78 所示。

4．"变体至平化字符串转换"函数

该函数是指将变体数据转换为平化字符串和表示数据类型的整数数组。ActiveX 变体数据无法平化，节点图标和端口如图 6-79 所示。

图 6-78　平化至字符串函数的节点图标和端口　　图 6-79　变体至平化字符串转换函数的节点图标和端口

5．获取变体属性函数

获取变体属性函数获取变体类型输入数据的属性值。该函数节点图标和端口如图 6-80 所示。变体输入参数为要想获得的变体类型，名称输入参数为想要获取的属性的名字，默认值（空变体）定义了属性值的类型和默认值，若没有找到目标属性，则在值中返回默认值，输出参数值为找到的属性值。

6．设置变体属性函数

设置变体属性函数为变体类型输入数据添加或修改属性，其节点图标和端口如图 6-81 所示。变体输入参数为变体类型，名称输入参数为字符串类型的属性名，值输入参数为任意类型的属性值。若名为名称的属性已经存在，则完成了对该属性的修改，并且替换输出值为真，否则完成新属性的添加工作，替换输出值为假。

图 6-80　获取变体属性函数的节点图标和端口　　图 6-81　设置变体属性函数的节点图标和端口

任何数据都可以转化为变体类型，类似于簇，可以转换为不同的类型，所以在遇到变体时应注意事先定义其类型。如图 6-82 所示。当直接创建常量时，将弹出一个框图（图中棕色的正方形），这时需要向其中填充所需的数据类型，如图 6-83 所示为向其中填充了字符串类型数据。

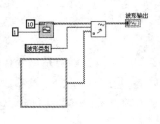

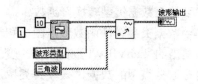

图 6-82　变体的创建第一步　　　　　　　　　　图 6-83　变体的创建第二步

7. 数据类型解析 VI

LabVIEW 2015 新增 VI，数据类型解析 VI 用于获取和比较变体或其他数据类型中保存的数据类型，如图 6-84 所示。

（1）获取类型信息 VI

该 VI 用于获取变体中存储的数据类型的类型信息，节点图标及端口定义如图 6-85 所示。

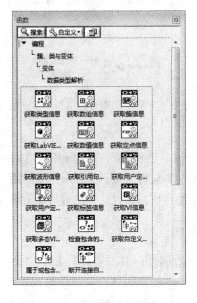

图 6-84　数据类型解析 VI

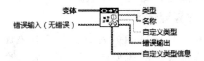

图 6-85　节点图标及端口

下面介绍节点端口输入、输出选项含义。

➢ 变体：指定获取数据类型信息的变体数据。

➢ 错误输入（无错误）：表明节点运行前发生的错误。该输入将提供标准错误输入功能。

➢ 类型：返回变体中返回的数据类型。

➢ 名称：返回变体中数据类型的名称。

➢ 自定义类型：当变体中的数据类型是自定义类型时，自定义类型将返回 TRUE。

➢ 错误输出：包含错误信息。该输出将提供标准错误输出功能。

➢ 自定义类型信息：只有在自定义类型为 TRUE 时才返回自定义类型信息。

（2）获取数组信息 VI

该 VI 从变体中存储的数据类型返回数组信息。该 VI 仅接受包含数组的变体。节点图标及端口定义显示如图 6-86 所示。

图 6-87 演示了获取数组信息 VI 程序框图的设计情况。

图 6-86 获取数组信息 VI 节点   图 6-87 程序框图

6.2.7 实例——矩形的绘制

通过簇函数，可将不同类型的数据组合演化成另外一种组合排布，通过该实例练习簇函数，学习簇函数的使用。

1. 设置工作环境

1）新建 VI。选择菜单栏中的"文件"→"新建 VI"命令，新建一个 VI，一个空白的 VI 包括前面板及程序框图。

2）保存 VI。选择菜单栏中的"文件"→"另存为"命令，输入 VI 名称为"矩形的绘制"。

2. 初始化图片

1）将程序框图置为当前，在"函数"选板上选择"编程"→"图形与声音"→"图片函数"→"空图片"函数，在输出端创建显示控件，修改控件名称为"矩形"，如图 6-88 所示。

2）在"函数"选板上选择"编程"→"结构"→"While 循环"函数，将空图片连接到循环边框上，可在图片上循环绘制矩形。

3）在图片控件上单击鼠标右键，弹出快捷菜单，选择"创建"→"局部变量"命令，在输出端创建局部变量，连接到空图片上。

3. 创建矩形第一点坐标

1）在图片控件上单击鼠标右键，选择"创建"→"属性节点"命令，创建"鼠标"属性节点，将鼠标的按键转化成矩形参数。

2）在"函数"选板上选择"编程"→"簇、类与变体"→"按名称解除捆绑"函数，拖动调整为 3 个元素，连接到属性节点上。

3）在函数上单击右键，选择"选择项"→"Mouse Position"→"X"命令，如图 6-89 所示，输出矩形第一点 X 坐标。

图 6-88　创建图片控件　　　　　　　　　图 6-89　快捷命令

4）选择"选择项"→"Mouse Position"→"Y"命令，输出矩形第一点 Y 坐标。

5）选择"选择项"→"Mouse Modifiers"→"Button Down"命令，设置鼠标属性为单击按下有效。

6）"按名称解除捆绑"函数中通过名称属性的选择，直接控制输出的对象，结果如图 6-90 所示，通过鼠标的按下位置，转化成该点的 X、Y 坐标值。

4．确定鼠标是否在图片上

1）在"函数"选板上选择"编程"→"比较"→"大于等于 0"函数，在"函数"选板上选择"编程"→"数值"→"复合运算"函数，设置运算模式为"与"，连接捆绑函数输出数据，进行"与"运算，如图 6-91 所示。

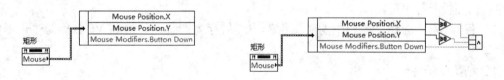

图 6-90　转化第一点坐标　　　　　　　　图 6-91　测试程序

2）在"While 循环""循环条件"输入端创建输入控件，控制程序的停止，如图 6-92 所示。

5．启动绘制功能

在"函数"选板上选择"编程"→"结构"→"条件循环"函数，将"与"输出结果连接到分支选择器输入端，则鼠标在图片内并按下鼠标时，X、Y 值为 1，符合"真"条件，启动绘制进程，则当鼠标不在图片上，X、Y 值为-1，符合"假"条件，不进行绘制。

6．确定矩形第二点

1）打开"真"选择条件，设置鼠标的动作与图片的关系，在"函数"选板上选择"编程"→"结构"→"While 循环"函数，将该循环嵌入到条件循环结构当中。

2）在内侧"While 循环"内部放置"矩形"属性节点（鼠标）与"按名称解除捆绑"函数，设置属性，输出矩形第二点坐标。

3）将嵌套的"循环条件"连接到鼠标属性输出端，可根据鼠标单击启动循环绘制，如图 6-93 所示。

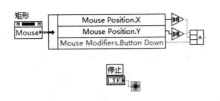

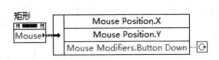

图 6-92 控制循环的停止

图 6-93 设置循环条件

4）打开"假"条件，默认为空，即鼠标不在图片上，不执行任何操作，如图6-94所示。

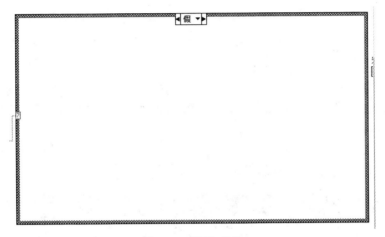

图 6-94 "假"条件

7. 绘制矩形

1）在"函数"选板上选择"编程"→"图形与声音"→"图片函数"→"绘制矩形"函数，进行矩形绘制。

2）在"函数"选板上选择"编程"→"簇、类与变体"→"捆绑"函数，连接矩形第一点、第二点坐标值，输出包含4个元素的簇控件。

3）在"绘制矩形"函数"矩形"输入端需要连接矩形的两个点坐标，包含 4 个双整型元素的簇。

4）在"函数"选板上选择"编程"→"数值"→"转换"→"转换为双字节整型"函数，将捆绑输出的簇转换成为双字节整型数据，连接到"矩形"输入端，如图6-95所示。

5）在前面板中"银色"面板中选择、创建"填充颜色""是否填充"控件，如图 6-96 所示。

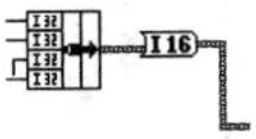

图 6-95 转换数据类型

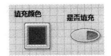

图 6-96 是否填充设计

6）在函数"填充""颜色"输入端连接上步创建的"填充颜色""是否填充"控件。

7）将空图片常量通过循环连接到"图片"输入端，在"新图片"输出端连接 "矩形"显示控件，将输出信息连接到做外层的循环边框上的移位寄存器。

8）程序框图设计结果如图6-97所示。

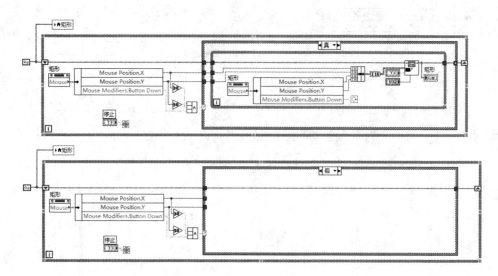

图 6-97 程序框图

9）在面板中插入图片，设计结果如图 6-98 所示。

图 6-98 前面板设计结果

8. 设置 VI 属性

选择菜单栏中的"文件"→"VI 属性"命令，弹出"VI 属性"对话框，在"类别"下拉列表中选择"窗口外观"选项，如图 6-99 所示。单击"自定义"按钮，弹出"自定义窗口外观"对话框，设置运行过程中前面板显示，如图 6-100 所示。

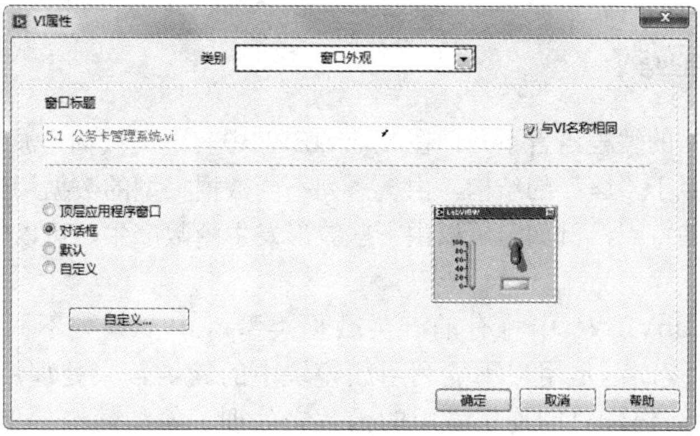

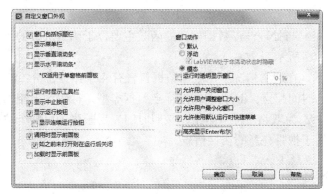

图 6-99　选择窗口外观

图 6-100　设置窗口外观

9．运行程序

在前面板窗口或程序框图窗口的工具栏中单击"运行"按钮 ⇨，运行 VI，结果如图 6-101 所示。

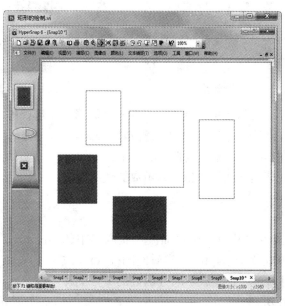

图 6-101　程序运行结果

6.3　基本波形函数

与其他基于文本的编程语言不同，在 LabVIEW 中有一类被称为波形数据的数据类型，这种数据类型更类似于"簇"的结构，由一系列不同数据类型的数据构成，但是波形数据由具有与"簇"不同的特点，例如它可以由一些波形发生函数产生，可以作为数据采集后的数据进行显示和存储。

波形数据是 LabVIEW 中特有的一类数据类型，由一系列不同数据类型的数据组成，是一类特殊的簇，但是用户不能利用簇模块中的簇函数来处理波形数据，波形数据具有预定义的固定结构，只能使用专用的函数来处理，例如簇中的捆绑和解除捆绑相当于波形中的创建波形和获取波形成分。波形数据的引入，可以为测量数据的处理带来极大的方便。

在 LabVIEW 中，与处理波形数据相关的函数主要位于函数选板的"编程"→"波形"子选板中，如图 6-102 所示。

如图 6-103 所示，在通常情况下，波形数据包含有 4 个组成部分：t0 是一个时间标识类型，标识波形数据的时间起点；dt 为双精度浮点数据类型，标识波形相邻数据点之间的时间距离，以秒为单位；Y 为双精度浮点数组，按照时间先后顺序给出整个波形的所有数据点；属性为变体类型，用于携带任意的属性信息。

图 6-102　波形子选板

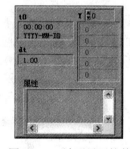

图 6-103　波形显示控件

波形类型控件位于"函数选板"→"编程"→"波形"子选板中。在默认情况下显示 3 个元素：t0、dt 和 Y。在波形控件上单击右键弹出快捷菜单，选择"显示项"→"属性"，可以打开波形控件的变体类型元素"属性"的显示。

下面将主要介绍一些基本波形数据运算函数的使用方法。

6.3.1　获取波形成分

获取波形成分函数可以从对一个已知波形获取其中的一些内容，包括波形的起始时刻 t，采样时间间隔 dt，波形数据 Y 和属性 attributes。获取波形成分函数的节点图标和端口定义如图 6-104 所示。

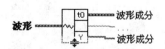

图 6-104　获取波形成分函数的
节点图标和端口

使用基本函数发生器产生正弦信号，并且获得这个正弦的波形的起始时刻，波形采样时间间隔和波形数据，如图 6-105 所示。由于要获取波形的信息，所以可使用获取波形成分函数，由一个正弦波形产生一个局部变量接入获取成分函数中，其程序框图如图 6-105 所示，其部分波形属性函数的前面板如图 6-106 所示。

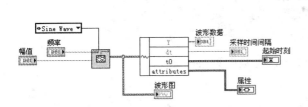

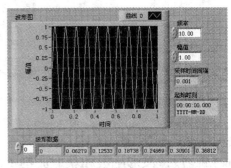

图 6-105　获取波形成分函数的使用的程序框图　　图 6-106　获取波形属性函数的使用的前面板

6.3.2　创建波形

创建波形函数用于建立或修改已有的波形，当上方的波形端口没有连接数据时，该函数创建一个新的波形数据。当波形端口连接了一个波形数据时，函数根据输入的值来修改这个波形数据中的值，并输出修改后的波形数据。创建波形函数的节点图标及端口定义如图 6-107 所示。

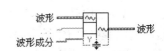

图 6-107　创建波形函数的节点图标和端口

图 6-105 显示的创建波形的使用的程序框图，其具体功能为：创建一个正弦波形，并输出该波形的波形成分。

具体程序框图如图 6-108 所示。注意要在第一个设置变体属性上创建一个空常量。当加入属性波形类型和长度时，需要用设置变体属性函数，也可以使用后面讲到的设置波形属性函数。

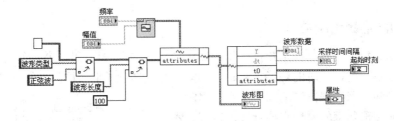

图 6-108　创建波形并获取波形成分的程序框图

相应的程序前面板如图 6-109 所示，需要注意的是：对于创建的波形，其属性的显示一开始是隐藏的，在默认状态下只显示波形数据中的前 3 个元素（波形数据、初始时间和采样间隔时间），可以在前面板的输出波形上单击右键，在弹出的菜单里选择显示项中的属性。

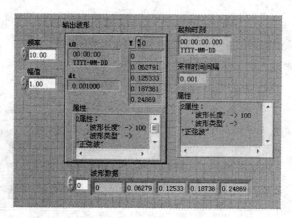

图 6-109　创建波形并获取波形成分的前面板

6.3.3　设置波形函数和获取波形函数

设置波形函数是为波形数据添加或修改属性的，该函数的节点图标和端口定义如图 6-110 所示。当"名称"输入端口指定的属性已经在波形数据的属性中存在时，函数将根据"值"端口的输入来修改这个属性。当"名称"端口指定的属性名称不存在时，函数将根据这个名称以及"值"端口输入的属性值为波形数据添加一个新的属性。

获取波形属性函数是从波形数据中获取属性名称和相应的属性值，在输入端的名称端口输入一个属性名称后，若函数找到了名称输入端口的属性名称，则从值端口返回该属性的属性值（即在值端口创建显示控件），返回值的类型为变体型，需要用变体至数据函数将其转化为属性值所对应的数据类型之后，才可以使用和处理。获取波形属性函数的节点图标及端口定义如图 6-111 所示。

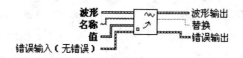

图 6-110　设置波形函数的节点图标和端口

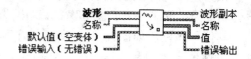

图 6-111　获取波形属性函数的节点图标和端口

6.3.4　索引波形数组函数

索引波形数组函数是从波形数据数组中取出由索引输入端口指定的波形数据。当从索引端口输入一个数字时，此时的功能与数组中的索引数组功能类似，即通过输入的数字就可以索引到想得到的波形数据；当输入一个字符串时，索引函数按照波形数据的属性来搜索波形数据。索引波形数组函数的节点图标及端口定义如图 6-112 所示。

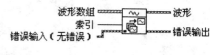

图 6-112　索引数组函数的节点图标和端口

6.3.5　获取波形子集函数

起始采样/时间端口用于指定子波形的起始位置，持续期端口用于指定子波形的长度；开始/持续期格式端口用于指定取出子波形时采用的模式，当选择相对时间模式时表示按照波形中数据的相对时间取出时间,当选择采样模式时按照数组的波形数据(Y)中的元素的索引取出数据。获取波形子集函数的节点图标及端口定义如图6-113所示。

如图6-114所示,采用相对时间模式对一个已知波形取其子集,注意要在输出的波形图的属性中选择不忽略时间标识。

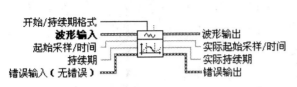

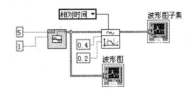

图6-113　获取波形子集的节点图标和端口　　　图6-114　取已知波形的子集的程序框图

6.3.6　实例——不同数据创建波形

该实例是基于指定的数字数据创建一个波形,不同的数据均能创建波形。

1. 设置工作环境

1)新建VI。选择菜单栏中的"文件"→"新建VI"命令,新建一个VI,一个空白的VI包括前面板及程序框图。

2)保存VI。选择菜单栏中的"文件"→"另存为"命令,输入VI名称为"不同数据创建波形"。

2. 设置前面板

1)在"控件"选板上选择"新式"→"容器"→"选项卡"控件,创建包含两个选项卡的控件,如图6-115所示。

2)在"控件"选板上选择"银色"→"数据、矩阵与簇"→"数组"控件,将其放置在"数组"选项卡中。

3)在"控件"选板上选择"银色"→"图形"→"波形图"控件,将其放置在"数组"选项卡中。

4)在"控件"选板上选择"银色"→"I/O"→"数字数据"控件,将其放置在"数字数据"选项卡中。

3. 创建数组波形

1)打开程序框图,在"函数"选板上选择"编程"→"波形"→"创建波形"函数,连接数组输入控件,并创建输出控件,如图6-116所示。

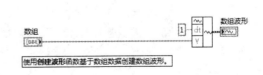

图6-115　创建选项卡控件　　　　　　　图6-116　程序框图

2)双击控件,打开前面板,在输入控件中输入初始值,如图6-117所示。

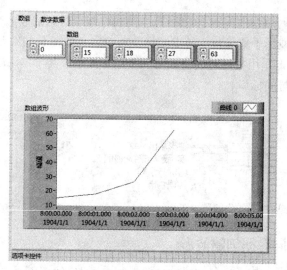

图 6-117　前面板设计

4．数字数据波形

1）打开程序框图，在"函数"选板上选择"编程"→"波形"→"创建波形"函数，连接数组输入控件，并创建输出控件，如图 6-118 所示。

图 6-118　程序框图

2）双击控件，打开前面板，在输入控件中输入初始值，如图 6-119 所示。

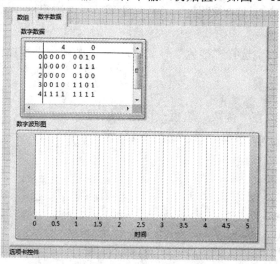

图 6-119　前面板设计

3）选择菜单栏中的"编辑"→"将当前值默认为初始值"命令，则保留"演讲稿"输入控件中输入内容。

5．运行程序

在前面板窗口或程序框图窗口的工具栏中单击"运行"按钮 ⬇，运行 VI，结果如图 6-120 所示。

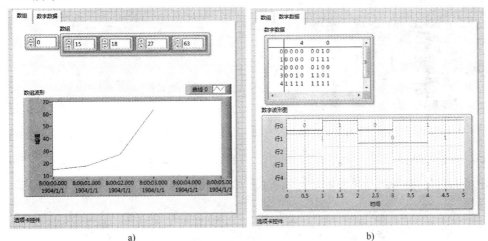

图 6-120　运行结果

a) 数组波形结果　b) 数字数据波形结果

6.3.7　Express 函数

Express VI 是从 LabVIEW 7 Express 开始引入的。从外观上看，Express VI 的图标很大。在"函数"选板中选择 Express VI，如图 6-121 所示。

下面介绍两种常用 VI。

1．仿真信号

Express VI，可模拟正弦波、方波、三角波、锯齿波和噪声。该 VI 还存在于"函数"选板→"Express"→"信号分析"子选板中。该 Express VI 的默认图标如图 6-122 所示。在配置对话框中选择默认选项后，其图标会发生变化。图 6-123 所示是选择添加噪声后的图标。另外，在图标上单击鼠标右键，选择"显示为图标"，可以以图标的形式显示该 Express VI，如图 6-124 所示。

图 6-121　Express VI

图 6-122　仿真信号 Express VI

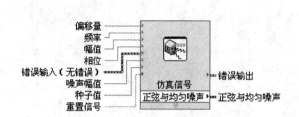

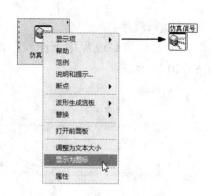

图 6-123　仿真信号 Express VI 添加噪声后　　　　图 6-124　以图标形式显示 Express VI

将仿真信号 Express VI 放置在程序框图上后，弹出图 6-125 所示的配置对话框，在该对话框中可以对仿真信号 VI 的参数进行配置。在仿真信号 VI 的图标上左键双击也会弹出该配置对话框。

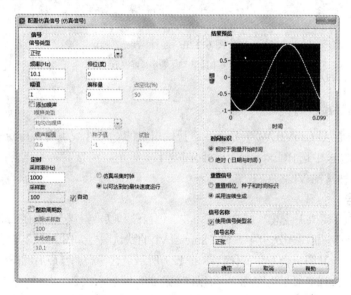

图 6-125　配置仿真信号对话框

下面对配置仿真信号对话框中的选项进行详细介绍。

（1）信号

➢ 信号类型：模拟的波形类型。可模拟正弦波、矩形波、锯齿波、三角波或噪声（直流）。

➢ 频率（Hz）：以赫兹为单位的波形频率。默认值为 10.1。

➢ 相位（度）：以度数为单位的波形初始相位。默认值为 0。

➢ 幅值：波形的幅值。默认值为 1。

➢ 偏移量：信号的直流偏移量。默认值为 0。

➢ 占空比（%）：矩形波在一个周期内高位时间和低位时间的百分比。默认值为 50。

➢ 添加噪声：向模拟波形添加噪声。

➤ 噪声类型：指定向波形添加的噪声类型。只有勾选了添加噪声复选框，才可使用该选项。

可添加的噪声类型如下。

均匀白噪声生成一个包含均匀分布伪随机序列的信号，该序列值的范围是[-a:a]，其中 a 是幅值的绝对值。

高斯白噪声生成一个包含高斯分布伪随机序列的信号，该序列的统计分布图为 (μ,sigma)=(0,s)，其中 s 是标准差的绝对值。

周期性随机噪声生成一个包含周期性随机噪声（PRN）的信号。

Gamma 噪声生成一个包含伪随机序列的信号，序列的值是一个均值为 1 的泊松过程中发生阶数次事件的等待时间。

泊松噪声生成一个包含伪随机序列的信号，序列的值是一个速度为 1 的泊松过程在指定的时间均值中，离散事件发生的次数。

二项噪声生成一个包含二项分布伪随机序列的信号，其值即某个随机事件在重复实验中发生的次数，其中事件发生的概率和重复的次数事先给定。

Bernoulli 噪声生成一个包含 0 和 1 伪随机序列的信号。

MLS 序列生成一个包含最大长度的 0、1 序列，该序列由阶数为多项式阶数的模 2 本原多项式生成。

逆 F 噪声生成一个包含连续噪声的波形，其频率谱密度在指定的频率范围内与频率成反比。

➤ 噪声幅值：信号可达的最大绝对值。默认值为 0.6。只有选择噪声类型下拉菜单的均匀白噪声或逆 F 噪声时，该选项才可用。

➤ 标准差：生成噪声的标准差。默认值为 0.6。只有选择噪声类型下拉菜单的高斯白噪声时，该选项才可用。

➤ 频谱幅值：指定仿真信号的频域成分的幅值。默认值为 0.6。只有选择噪声类型下拉菜单的周期性随机噪声时，该选项才可用。

➤ 阶数：指定均值为 1 的泊松过程的事件次数。默认值为 0.6。只有选择噪声类型下拉菜单的 Gamma 噪声时，该选项才可用。

➤ 均值：指定单位速率的泊松过程的间隔。默认值为 0.6。只有选择噪声类型下拉菜单的泊松噪声时，该选项才可用。

➤ 试验概率：某个试验为 TRUE 的概率。默认值为 0.6。只有选择噪声类型下拉菜单的二项分布的噪声时，该选项才可用。

➤ 取 1 概率：信号的一个给定元素为 TRUE 的概率。默认值为 0.6。只有选择噪声类型下拉菜单的 Bernoulli 噪声时，该选项才可用。

➤ 多项式阶数：指定用于生成该信号的模 2 本原项式的阶数。默认值为 0.6。只有选择噪声类型下拉菜单的 MLS 序列时，该选项才可用。

➤ 种子值：大于 0 时，可使噪声采样发生器更换种子值。默认值为–1。LabVIEW 为该重入 VI 的每个实例单独保存其内部的种子值状态。具体而言，如种子值小于等于 0，LabVIEW 将不对噪声发生器更换种子值，而噪声发生器将继续生成噪声的采样，作为之前噪声序列的延续。

➤ 指数：指定反 f 频谱形状的指数。默认值为 1。只有选择噪声类型下拉菜单的逆 F 噪声时，该选项才可用。

（2）定时

➤ 采样率（Hz）：每秒采样速率。默认值为 1000。

➤ 采样数：信号的采样总数。默认值为 100。

➤ 自动：将采样数设置为采样率（Hz）的十分之一。

➤ 仿真采集时钟：仿真一个类似于实际采样率的采样率。

➤ 以可达到的最快速度运行：在系统允许的条件下尽可能快地对信号进行仿真。

➤ 整数周期数：设置最近频率和采样数，使波形包含整数各周期。

➤ 实际采样数：表示选择整数周期数时，波形中的实际采样数量。

➤ 实际频率：表示选择整数周期数时，波形的实际频率。

（3）时间标识

➤ 相对于测量开始时间：显示数值对象从 0 起经过的小时、分钟及秒数。例如，十进制 100 等于相对时间 1:40。

➤ 绝对（日期与时间）：显示数值对象从格林尼治标准时间 1904 年 1 月 1 号 0 点至今经过的秒数。

（4）重置信号

➤ 重置相位、种子和时间标识：将相位重设为相位值，将时间标识重设为 0。种子值重设为-1。

➤ 采用连续生成：对信号进行连续仿真。不重置相位、时间表示或种子值。

（5）信号名称

➤ 使用信号类型名：使用默认信号名。

➤ 信号名称：勾选了使用信号类型名复选框后，显示默认的信号名。

（6）结果预览：显示仿真信号的预览。

以上所述的绝大部分参数都可以在程序框图中进行设定，如图 6-126 和图 6-127 所示。

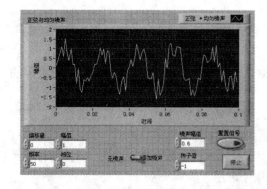

图 6-126　前面板

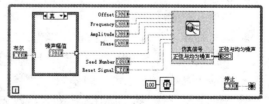

图 6-127　程序框图

2．仿真任意信号

该 Express VI 用于仿真用户定义的信号。仿真任意信号 Express VI 如图 6-128 所示。

图 6-128 仿真任意信号 Express VI

- 下一值：指定信号的下一个值。默认值为 TRUE。如为 FALSE，则该 Express VI 每次循环都输出相同的值。
- 重置：控制 VI 内部状态的初始化。默认值为 FALSE。
- 错误输入（无错误）：描述该 VI 或函数运行前发生的错误情况。
- 信号：返回输出信号。
- 数据有效：显示数据是否有效。
- 错误输出：包含错误信息。如错误输入表明在该 VI 或函数运行前已出现错误，则错误输出将包含相同错误信息。否则将表示 VI 或函数中出现的错误状态。

可以对 VI 进行图 6-129 所示的操作，从而以另一种样式显示输入、输出端子。也可以如图 6-124 所示，以图标方式显示 VI。

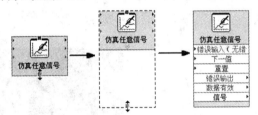

图 6-129 改变仿真任意信号 VI 的显示样式

将仿真任意信号 Express VI 放置在程序框图上后，弹出仿真任意信号配置对话框，如图 6-130 所示。左键双击 VI 的图标或者右键在快捷菜单中选取属性选项也会弹出该配置对话框。

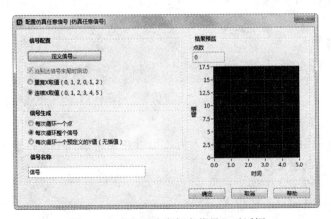

图 6-130 "配置仿真任意信号" 对话框

在该窗口中可以对仿真任意信号 Express VI 的参数进行配置。下面对窗口中的各选项进行介绍。

（1）信号配置

- 定义信号：显示定义信号对话框，用于生成一个任意信号。关于定义信号对话框，将在下面进行详细介绍。

➢ 当到达信号末尾时启动：连续地仿真用户定义的信号。

➢ 重复 X 取值（0, 1, 2, 0, 1, 2）：选中当到达信号末尾时启动，将重复取 X 值。

➢ 连续 X 取值（0, 1, 2, 3, 4, 5）：选中当到达信号末尾时启动，将 X 值顺序递增。

（2）信号生成

➢ 每次循环一个点：每次循环中仿真一个点。

➢ 每次循环整个信号：每次循环时仿真整个信号。

➢ 每次循环一个预定义的 Y 值（无插值）：每次循环中仿真一个点而不使用插值。

（3）信号名称

➢ 指定在程序框图上显示的信号名。

（4）结果预览

该区域显示仿真信号的预览。

单击配置方正任意信号敞口中的定义信号按钮时，将显示"定义信号"对话框，如图 6-131 所示。该对话框用于定义在图表中显示、发送至设备或用于边界测试的数值。

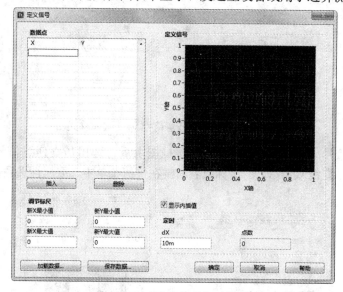

图 6-131 "定义信号"对话框

该对话框包括以下部分。

➢ 数据点：显示用于创建信号的输入值。可以在表格单元中直接输入值或使用调节标尺部分的选项创建信号。

➢ 插入：在数据点表格中添加新的一行。

➢ 删除：删除调节标尺中的值。

➢ 调节标尺：包含用于定义数值的下列选项。

新 X 最小值：指定 X 轴的最小值。

新 X 最大值：指定 X 轴的最大值。

新 Y 最小值：指定 Y 轴的最小值。

新 Y 最大值：指定 Y 轴的最大值。

- 加载数据：提示用户选择一个.lvm文件，其中包含用于定义信号的信号数据。
- 保存数据：将数据点中配置的文件保存至一个.lvm文件。
- 定义信号：如用户已选择显示参考数据，显示用户定义的信号以及参考信号。
- 显示参考数据：在定义信号图中显示一个参考信号。注：该选项仅在信号掩区和边界测试Express VI中定义信号时出现。
- 显示内插值：启用线性平均并在定义信号图中显示内插值。
- 定时：包含下列选项，用于为已定义信号指定定时特性。

dX：指定信号数据点之间的时间间隔或时长。

点数：显示在数据点中指定的一个信号中的数据点数量。

以上介绍的都是波形生成子选板只能够较为典型的VI的使用方法。其他VI的使用与上述VI类似。

6.4 综合实例——使用Express VI生成曲线

本例首先产生一个仿真信号，然后通过创建XY图，在XY图中显示一条生成的曲线。

1. 设置工作环境

1）新建VI。选择菜单栏中的"文件"→"新建VI"命令，新建一个VI，一个空白的VI包括前面板及程序框图。

2）保存VI。选择菜单栏中的"文件"→"另存为"命令，输入VI名称为"使用Express VI生成曲线"。

2. 设置前面板

1）在"控件"选板上选择"银色"→"数值"→"垂直指针滑动杆""水平指针滑动杆"控件。

2）在"控件"选板上选择"Express"→"图形显示"→"Express XY图"控件，如图6-132所示。

3）选中水平、垂直滑动杆控件，单击右键，选择"标尺"→"样式"，弹出刻度样式表，选择图6-133所示的样式，并适当调整控件外形大小。

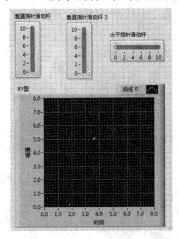

图6-132 放置控件

图6-133 刻度样式表

4）选择"XY 图"控件，单击右键，选择"替换"→"银色"→"图形"→"XY 图"，替换当前控件，前面板最终结果如图 6-134 所示。

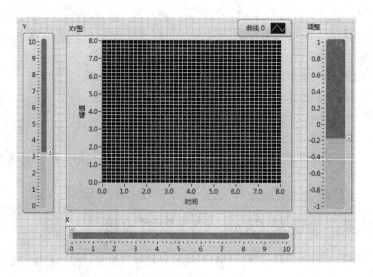

图 6-134　调整前面板

3．生成公式波形

1）打开程序框图，在"函数"选板中选择"编程"→"结构"→"While 循环"函数，创建循环结构。

2）在"函数"选板中选择"Express"→"算数与比较"→"公式"VI，弹出"配置公式"对话框，如图 6-135 所示。

3）调整"公式波形"VI 输入端与输出端，连接 X 和调整控件，如图 6-136 所示。

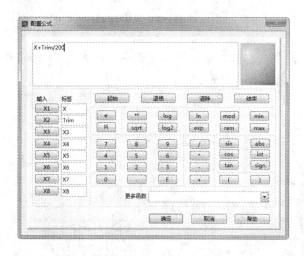

图 6-135　"配置公式"对话框

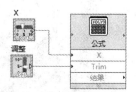

图 6-136　输出公式波形

4．创建仿真信号

1）在"函数"选板中选择"Express"→"输入"→"仿真信号"VI，将"仿真信号"

Express VI 放置在程序框图中，这时 LabVIEW 将自动打开"配置仿真信号"对话框。在对话框中进行如下设置。

> 在"信号类型"下拉列表框中选择"正弦"信号。
> 在"频率（Hz）"一栏中将频率设为 1 Hz。
> 在"幅值"一栏输入 0.95。
> 在"采样数"一栏中输入 1010。
> 取消"自动"复选框的勾选。

2）在更改设置的时候，可以从右上角"结果预览"区域中观察当前设置的信号的波形。其他项保持默认设置，完成后的设置如图 6-137 所示。单击"确定"按钮，退出"配置仿真信号"对话框。

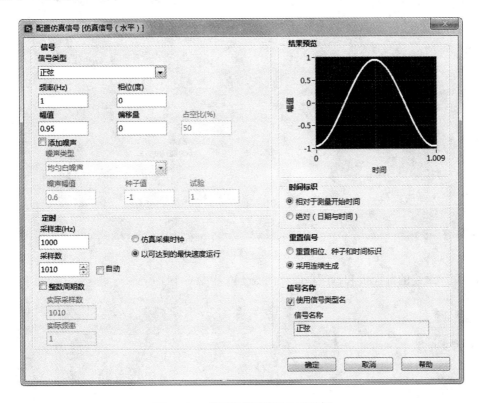

图 6-137 "配置仿真信号"对话框

3）按〈Ctrl〉键拖动仿真信号，复制仿真信号，双击仿真信号，修改频率为 10 Hz，其余参数设置为默认，如图 6-138 所示。

4）调整信号输入"频率"，结果如图 6-139 所示。

5）在"函数"选板中选择"编程"→"对话框与用户界面"→"合并错误"函数，合并量该仿真信号输出错误，并连接到"编程"→"对话框与用户界面"→"简易错误处理器"VI 输入端。

6）在"函数"选板中选择"编程"→"定时"→"等待"VI，创建常量 10。

在循环条件输入端放置"或"函数，在该函数输入端连接创建的布尔输入控件与"创建 XY 图"错误输出端。在程序运行过程中，单击"停止"按钮或 VI 输出错误，停止程序运行。

7) 修改 X、Y 表示法为 I32。

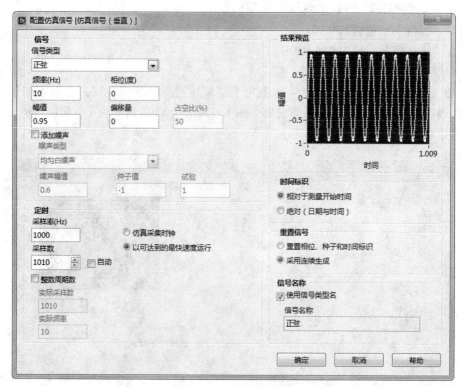

图 6-138　设置参数信息

8) 程序最终的前面板和程序框图如图 6-140 和图 6-141 所示。

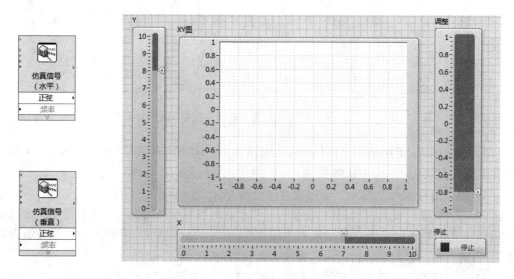

图 6-139　信号设置结果　　　　　　　图 6-140　前面板

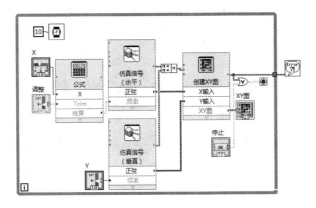

图 6-141　程序框图

9）选择"XY 图"，单击右键，选择"属性"命令，弹出"图形属性：XY 图"对话框，打开"曲线"选项卡，设置曲线类型，如图 6-142 所示。

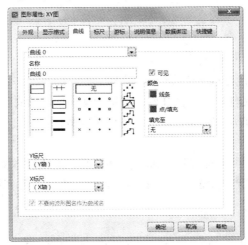

图 6-142　设置曲线类型

5. 运行程序

在前面板窗口或程序框图窗口的工具栏中单击"运行"按钮，运行 VI，结果如图 6-143 所示。

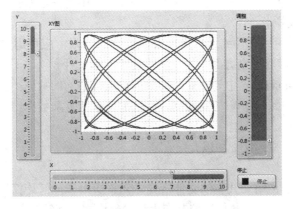

图 6-143　程序运行结果

第7章 文件操作

LabVIEW 为文件的操作提供了一组高效的 VI 集合。它能实现数据存储、参数输入和系统管理。

 学习要点

● 文件
● 文件操作的 VI 和函数
● 文件的输入与输出

7.1 文件

典型的文件 I/O 操作包括以下流程。

1）创建或打开一个文件，文件打开后，引用句柄即代表该文件的唯一标识符。

2）文件 I/O VI 或函数从文件中读取或向文件写入数据。

3）关闭该文件。

文件 I/O VI 和某些文件 I/O 函数，如读取文本文件和写入文本文件可执行一般文件 I/O 操作的全部 3 个步骤。但执行多项操作的 VI 和函数可能在效率上低于执行单项操作的函数。

7.1.1 文件的类型

采用何种文件 I/O 选板上的 VI 取决于文件的格式。LabVIEW 可读写的文件格式有文本文件、二进制文件和数据记录文件 3 种。使用何种格式的文件取决于采集和创建的数据及访问这些数据的应用程序。

根据以下标准确定使用的文件格式。

➢ 如果需要在其他应用程序（如 Microsoft Excel）中访问这些数据，应使用最常见且便于存取的文本文件。

➢ 如果需要随机读写文件或读取速度及磁盘空间有限，应使用二进制文件。因为在磁盘空间利用和读取速度方面二进制文件优于文本文件。

➢ 如果需要在 LabVIEW 中处理复杂的数据记录或不同的数据类型，应使用数据记录文件。如果仅从 LabVIEW 访问数据，而且需要存储复杂数据结构，数据记录文件是最好的方式。

下面分别对各种类型的文件加以介绍。

1. 文本文件

文本文件是最便于使用和共享的文件格式，几乎适用于任何计算机。许多基于文本的程序可读取基于文本的文件。多数仪器控制应用程序使用文本字符串。

如磁盘空间、文件 I/O 操作速度和数字精度不是主要考虑因素，或无须进行随机读写，应使用文本文件存储数据，方便其他用户和应用程序读取文件。

如果需要通过其他应用程序访问数据，如文字处理或电子表格应用程序，可将数据存储在文本文件中。如果需要将数据存储在文本文件中，使用字符串函数可将所有的数据转换为文本字符串。文本文件可包含不同数据类型的信息。

如果数据本身不是文本格式（例如图形或图表数据），由于数据的 ASCII 码表示通常要比数据本身大，因此文本文件要比二进制和数据记录文件占用更多内存。例如，将-123.4567 作为单精度浮点数保存时只需要 4B，如果使用 ASCII 码表示，需要 9B，每个字符占用一个字节。

另外，很难随机访问文本文件中的数值数据。尽管字符串中的每个字符占用一个字节的空间，但是将一个数字表示为字符串所需的空间通常是不固定的。如果需要查找文本文件中的第 9 个数字，LabVIEW 须先读取和转换前面 8 个数字。

将数值数据保存在文本文件中，可能会影响数值精度。计算机将数值保存为二进制数据，而通常情况下数值以十进制的形式写入文本文件。因此将数据写入文本文件时，可能会丢失数据精度。二进制文件中并不存在这种问题。

文件 I/O VI 和函数可在文本文件和电子表格文件中读取或写入数据。

2．二进制文件

二进制文件可用来保存数值数据并访问文件中的指定数字，或随机访问文件中的数字。与人可识别的文本文件不同，二进制文件只能通过机器读取。二进制文件是存储数据最为紧凑和快速的格式。在二进制文件中可使用多种数据类型，但这种情况并不常见。

磁盘用固定的字节数保存包括整数在内的二进制数据。例如，以二进制格式存储 0～40 亿之间的任何一个数，如 1、1000 或 1000000，每个数字占用 4B 的空间。

二进制文件占用较少的磁盘空间，且存储和读取数据时无须在文本表示与数据之间进行转换，因此二进制文件效率更高。二进制文件可在 1B 磁盘空间上表示 256 个值。除扩展精度和复数外，二进制文件中含有数据在内存中存储格式的映象。因为二进制文件的存储格式与数据在内存中的格式一致，无须转换，所以读取文件的速度更快。

文本文件和二进制文件均为字节流文件，以字符或字节的序列对数据进行存储。

文件 I/O VI 和函数可在二进制文件中进行读取写入操作。如果需要在文件中读写数字数据，或创建在多个操作系统上使用的文本文件，可考虑用二进制文件函数。

3．数据记录文件

数据记录文件可访问和操作数据（仅在 LabVIEW 中），并可快速方便地存储复杂的数据结构。

数据记录文件以相同的结构化记录序列存储数据（类似于电子表格），每行均表示一个记录。数据记录文件中的每条记录都必须是相同的数据类型。LabVIEW 会将每个记录作为含有待保存数据的簇写入该文件。每个数据记录可由任何数据类型组成，并可在创建该文件时确定数据类型。

例如，可创建一个数据记录，其记录数据的类型是包含字符串和数字的簇，则该数据记录文件的每条记录都是由字符串和数字组成的簇。第一个记录可以是（"abc"，1），而第二个记录可以是（"xyz"，7）。

数据记录文件只需进行少量处理，因而其读写速度更快。数据记录文件将原始数据块作为一个记录来重新读取，无须读取该记录之前的所有记录，因此使用数据记录文件简化了数据查询的过程。仅需记录号就可访问记录，因此可更快、更方便地随机访问数据记录文件。创建数据记录文件时，LabVIEW 按顺序给每个记录分配一个记录号。从前面板和程序框图可访问数据记录文件。

每次运行相关的 VI 时，LabVIEW 会将记录写入数据记录文件。LabVIEW 将记录写入数据记录文件后将无法覆盖该记录。读取数据记录文件时，可一次读取一个或多个记录。

如开发过程中系统要求更改或需要在文件中添加其他数据，则可能需要修改文件的相应格式。修改数据记录文件格式将导致该文件不可用。而存储 VI 可避免该问题出现。

前面板数据记录可创建数据记录文件，记录的数据可用于其他 VI 和报表中。

4．波形文件

波形文件是一种特殊的数据记录文件，它记录了发生波形的一些基本信息，如波形发生的起始时间、采样的时间间隔等。

7.1.2　路径

任何一个文件的操作（如文件的打开、创建、读写、删除和复制等），都需要确定文件在磁盘中的位置。LabVIEW 与 C 语言一样，也是通过文件路径（Path）来定位文件的。不同的操作系统对路径的格式有不同的规定，但大多数的操作系统都支持所谓的树状目录结构，即有一个根目录（Root），在根目录下，可以存在文件和子目录（Sub Directory），子目录下又可以包含各级子目录及文件。

在 Windows 系统下，一个有效的路径格式如下：

> drive :\<dir…>\<file or dir>

其中，<drive:>是文件所在的逻辑驱动器盘符，<dir…>是文件或目录所在的各级子目录，<file or dir>是所要操作的文件或目录名。LabVIEW 的路径输入必须满足这种格式要求。

在由 Windows 操作系统构造的网络环境下，LabVIEW 的文件操作节点支持 UNC 文件定位方式，可直接用 UNC 路径来对网络中的共享文件进行定位。可在路径控制中直接输入一个网路，在路径中只是返回一个网络路径，或者直接在文件对话框中选择一个共享的网络文件（文件对话框参见本节后述内容）。只要权限允许，对用户来说网络共享文件的操作与本地文件操作并无区别。

一个有效的 UNC 文件名格式为：

> \\<machine>\<share name>\<dir>\...\<file or dir>

其中，<machine>是网络中机器名，<share name>是该机器中的共享驱动器名，<dir>\...为文件所在的目录，<file>即为选择的文件。

LabVIEW 用路径控制（Path Control）输入一个路径，用路径指示（Path Indicator）显示下一个路径。路径及其端口如图 7-1 所示。

路径名的输入操作与字符串的输入完全相同，路径名实际就是一种符合一定格式的字符串。路径值可以是一个有效的路径名、一个空值或"非法路径"。单击路径控件上的标志，可以从其下拉菜单中选择"非法路径"，此时，控件上的路径标志将变成"非法路径"标志，并且<非法路径>将出现在路径文本显示区中，如图7-2所示。

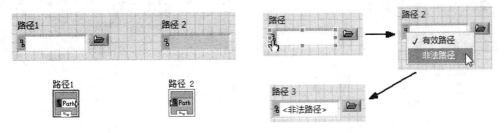

图 7-1　路径输入和输出控件　　　　　　　　图 7-2　设置路径控件属性

在一些文件 I/O 节点中，如果节点要求有一个路径输入，而这个路径的值如果是空路径或非法路径，则在运行时，它将通过一个标准的 Windows 对话框来选择所要操作的文件。

一个文件节点如果有一个路径输出，且这个输出通过路径显示控件显示，如果该节点操作失败，则路径显示控件将显示"非法路径"值，且其路径标志 将变成"非法路径"标志 。

7.1.3　实例——打开文件

1．设置工作环境

1）新建 VI。选择菜单栏中的"文件"→"新建 VI"命令，新建一个 VI，一个空白的 VI 包括前面板及程序框图。

2）保存 VI。选择菜单栏中的"文件"→"另存为"命令，输入 VI 名称为"打开文件"。

2．添加控件

在"控件"选板上选择"银色"→"字符串与路径"→"路径"控件，并放置在前面板的适当位置，修改控件名称，结果如图7-3所示。

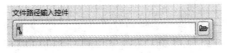

图 7-3　添加控件

3．设计程序框图

1）选择菜单栏中的"窗口"→"显示程序框图"命令，或双击前面板中的任一输入、输出控件，将程序框图置为当前。

2）在"函数"选板上选择"编程"→"字符串"→"路径/数组/字符串转换"→"路径至字符串转换"函数，将路径控件转换为字符串。

3）在"函数"选板上选择"编程"→"字符串"→"连接字符串"函数，在 3 个"字符串"输入端连接转换的字符串与字符串常量。

4）在"函数"选板上选择"互连接口"→"库与可执行程序"→"执行系统命令"VI，连接字符输出端到"命令行"输入端，执行打开路径下的文件命令。

5）在"错误输入"输入端与"错误输出"输出端创建控件，在"最小化运行""等待直到结束"输入端，创建布尔常量。

6）单击工具栏中的"整理程序框图"按钮 ，整理程序框图，结果如图7-4所示。

7）在前面板"路径"控件中输入需要打开文件的路径，如图7-5所示。

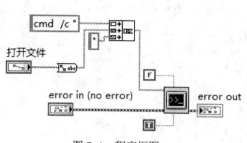

图 7-4　程序框图

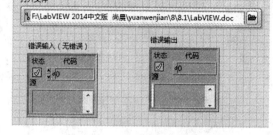

图 7-5　前面板设计

4. 运行程序

在前面板窗口或程序框图窗口的工具栏中单击"运行"按钮 ⟳，打开路径下的文件，运行结果如图 7-6 所示。

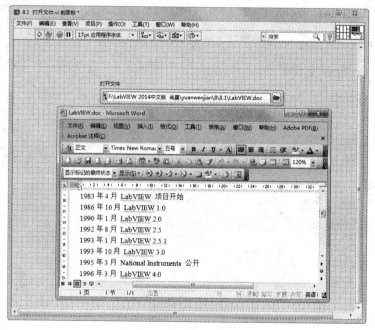

图 7-6　运行结果

7.2　文件操作的 VI 和函数

LabVIEW 的文件 I/O 操作是通过其 I/O 节点来实现的，这些 VI 和函数节点位于 I/O 子选板中。本节将对这些 VI 和函数及其使用方法进行介绍。

7.2.1　用于常用文件 I/O 操作的 VI 和函数

函数选板中文件 I/O 选板上的 VI 和函数可用于常见文件 I/O 操作，如读写以下类型的数据：在电子表格文本文件中读写数值；在文本文件中读写字符；从文本文件读取行；在二进制文件中读写数据。

可将读取文本文件、写入文本文件函数配置为可执行常用文件 I/O 操作。这些执行常用操作的 VI 和函数可打开文件或弹出提示对话框要求用户打开文件，执行读写操作后关闭文件，节省了编程时间。如果"文件 I/O" VI 和函数被设置为执行多项操作，则每次运行时都将打开关闭文件，所以尽量不要将它们放在循环中。执行多项操作时可将函数设置为始终保持文件打开。

文件 I/O 选板如图 7-7 所示。

下面对文件 I/O 选板中的节点进行介绍。

1．带入分隔符电子表格 VI

使字符串、带符号整数或双精度数的二维或一维数组转换为文本字符串，写入字符串至新的字节流文件或添加字符串至现有文件。带入分隔符电子表格文件 VI 的节点图标及端口定义如图 7-8 所示。

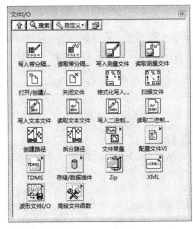

图 7-7　文件 I/O 选板

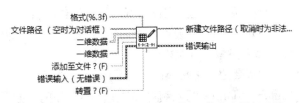

图 7-8　带入分隔符电子表格文件 VI 的节点图标及端口

- ➤ 格式：指定如何使数字转化为字符。如果格式为%.3f（默认），VI 可创建包含数字的字符串，小数点后有三位数字。如果格式为%d，VI 可使数据转换为整数，使用尽可能多的字符包含整个数字。如果格式为%s，VI 可复制输入字符串。使用格式字符串语法。
- ➤ 文件路径：表示文件的路径名。如果文件路径为空（默认值）或为<非法路径>，VI 可显示用于选择文件的文件对话框。如果在对话框内选择取消，可发生错误 43。
- ➤ 二维数据：指定一维数据未连线或为空时，写入的数据。
- ➤ 一维数据：指定输入不为空时要写入文件的数据。VI 在开始运算前可使一维数组转换为二维数组。
- ➤ 添加至文件？：为 TRUE 时，添加数据至现有文件。如添加至文件？的值为 FALSE（默认），VI 可替换已有文件中的数据。如果不存在已有文件，VI 可创建新文件。
- ➤ 错误输入（无错误）：表明节点运行前发生的错误。该输入将提供标准错误输入功能。
- ➤ 转置？：指定将数据从字符串转换后是否进行转置。默认值为 FALSE。如果转置？的值为FALSE，对 VI 的每次调用都在文件中创建新的行。

2．读取带分隔符电子表格 VI

在数值文本文件中从指定字符偏移量开始读取指定数量的行或列，并使数据转换为双精度的二维数组，数组元素可以是数字、字符串或整数。读取带分隔符电子表格 VI 的节点图标和端口定义如图 7-9 所示。

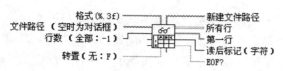

图 7-9　读取电子表格文件 VI

➢ 行数：VI 读取的最大行数。对于该 VI，一行按〈Enter〉键换行符或换行符隔开；或到了文件尾部。如果输入小于 0，VI 读取整个文件。默认为 -1。

➢ 读取起始偏移量：指定 VI 开始读取操作的位置，以字符（字节）为单位。字节流文件中可能包含不同类型的数据段，因此偏移量的单位为字节而非数字。因此，如需读取包含 100 个数字数组，且数组头为 57 个字符，需要设置读取起始偏移量为 57。

➢ 每行最大字符数：是在搜索行的末尾之前，VI 读取的最大字符数。默认值为 0，表示 VI 读取的字符数量不受限制。

➢ 分隔符：是用于对电子表格文件中的栏进行分隔的字符或由字符组成的字符串。例如，指定用单个逗号作为分隔符。默认值为\t，表明用制表符作为分隔符。

➢ 新建文件路径：返回文件的路径。

➢ 所有行：是从文件读取的数据。

➢ 第一行：是所有行数组中的第一行。可使用该输入使一行数据读入一维数组。

➢ 读后标记：返回文件中读取操作终结字符后的字符（字节）。

➢ EOF?：如果需要读取的内容超出文件结尾，则值为 TRUE。

3．写入测量文件 VI

写入测量文件 Express VI 用于将数据写入基于文本的测量文件（.lvm）、二进制测量文件（.tdm 或.tdms）。写入测量文件 Express VI 的初始图标及端口定义如图 7-10 所示。

将写入测量文件 Express VI 放到程序框图中时，会弹出"配置写入测量文件"对话框，如图 7-11 所示。

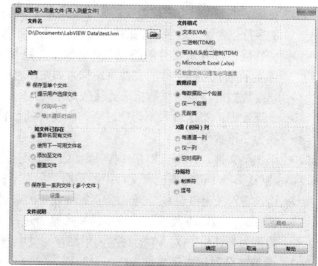

图 7-10　写入测量文件 Express VI　　　　图 7-11　"配置写入测量文件"对话框

下面对"配置写入测量文件"对话框中的选项进行介绍。

（1）文件名

242

显示被写入数据的文件的完整路径。仅在文件名输入端未连线时，该Express VI才将数据写入该参数所指定的文件。如果文件名输入端已连线，则数据将被该Express VI写入该输入端所指定的文件。

（2）文件格式

➢ 文本（LVM）：将文件格式设置为基于文本的测量文件（.lvm），并在文件名中设置文件扩展名为.lvm。

➢ 二进制（TDMS）：将文件格式设置为二进制测量文件（.tdms），并在文件名中将文件扩展名设置为.tdms。如果选择该选项，则不可使用分隔符部分，以及数据段首部分的无段首选项。

➢ 带XML头的二进制（TDM）：将文件格式设置为二进制测量文件（.tdm），并在文件名中将文件扩展名设置为.tdm。如果选择该选项，则不可以使用分隔符部分，以及数据段首部分的无段首选项。

当选择该文件格式时，可勾选锁定文件以提高访问速度复选框。勾选该复选框可以明显加快读写速度，但将影响对某些任务的多任务处理能力。在通常情况下推荐使用该选项。

启用该选项后，当两个Express VI中的一个正在写一系列文件时，两个Express VI不能同时访问同一个文件。

（3）动作

➢ 保存至单个文件：将所有数据保存至一个文件。

➢ 提示用户选择文件：显示对话框，提示用户选择文件。

➢ 仅询问一次：提示用户选择文件，仅提示一次。只有勾选提示用户选择文件复选框时，该选项才可用。

➢ 每次循环时询问：每次Express VI运行时都提示用户选择文件。只有勾选提示用户选择文件复选框时，该选项才可用。

➢ 保存至一系列文件（多个文件）：将数据保存至多个文件。如重置为TRUE，则VI将从序列中的第一个文件开始写入。当指定文件已经存在时将采取何种措施，由配置多文件设置对话框现有文件选项的值决定。如果 test_001.lvm 被保存为 test_004.lvm，则test_001.lvm可能已经被重命名、覆盖或者跳过。

➢ 设置：显示配置多文件设置对话框。只有勾选了保存至一系列文件（多个文件）复选框，才可使用该选项。

（4）如文件已存在

➢ 重命名现有文件：如果重置为TRUE，则重命名现有文件。

➢ 使用下一可用文件名：如重置为TRUE，向文件名添加下一个顺序数字。例如，当test.lvm已存在时，LabVIEW将文件保存为test1.lvm。

➢ 添加至文件：将数据添加至文件。如选中添加至文件，VI将忽略重置的值。

➢ 覆盖文件：如重置为TRUE，将覆盖现有文件的数据。

（5）数据段首

每数据段一个段首：在被写入文件的每个数据段创建一个段首。适用于数据采样率因时间而改变、以不同采样率采集两个或两个以上信号、被记录的一组信号随时间而变化的情况。

➢ 仅一个段首：在被写入文件中仅创建一个段首。适用于以相同的恒定采集率采集同一组信号的情况。

➢ 无段首：不在被写入的文件中创建段首。只有选择文件格式部分的文本（LVM）时，该选项才可用。

（6）X 值列

➢ 每通道一列：为每个通道产生的时间数据创建单独的列。对于每列 y 轴的值，都会生成一列相应 x 轴的值。适用于采集率不恒定或采集不同类型信号的情况。

➢ 仅一列：仅为所有通道生成的时间数据创建一个列。仅包括一列 x 轴的值。适用于以相同的恒定采集率采集同一组信号的情况。

➢ 空时间列：为所有通道生成的时间数据创建一个空列。不包括 x 轴的数据。只有选择了文件格式部分的文本（LVM）选项，才可使用该选项。

（7）分隔符

➢ 制表符：用制表符分隔文本文件中的字段。

➢ 逗号：用逗号分隔文本文件中的字段。只有选择了文件格式部分的文本（LVM）选项，才可使用该选项。

（8）文件说明

包含.lvm、.tdm 或.tdms 文件的说明。LabVIEW 将本文本框中输入的文本添加到文件的段首中。

➢ 高级：显示配置用户定义属性对话框。只有选择了二进制（TDMS）或带 XML 头的二进制（TDM），才可使用该选项。

4．读取测量文件

读取测量文件 Express VI 用于从基于文本的测量文件（.lvm）、二进制测量文件（.tdm 或.tdms）中读取数据。如果安装了 Multisim 9.0 或更高版本，也可使用该 VI 读取 Multisim 数据。读取测量文件 Express VI 的初始图标及端口定义如图 7-12 所示。

将读取测量文件 Express VI 放到程序框图中时，会弹出"配置读取测量文件"对话框，如图 7-13 所示。

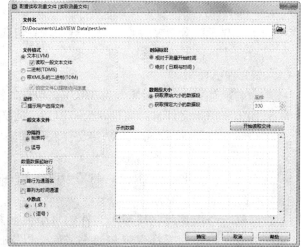

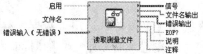

图 7-12　读取测量文件 Express VI　　　　图 7-13　"配置读取测量文件"对话框

下面对"配置读取测量文件"对话框中的选项进行介绍。

（1）文件名

显示希望读取其数据的文件的完整路径。仅在文件名输入端未连线时，Express VI 从参数所指定的文件读取数据。如文件名输入端已连线，则 Express VI 将从输入端所指定的文件读取数据。

（2）文件格式

➤ 文本（LVM）：将文件格式设置为基于文本的测量文件（.lvm），并在文件名中设置文件扩展名为.lvm。

➤ 二进制（TDMS）：将文件格式设置为二进制测量文件（.tdms），并在文件名中将文件扩展名设置为.tdms。

➤ 带 XML 头的二进制（TDM）：将文件格式设置为二进制测量文件（.tdm），并在文件名中将文件扩展名设置为.tdm。当选择该文件格式时，可勾选锁定文件以提高访问速度复选框。勾选该复选框可明显加快读写速度，但将影响对某些任务的多任务处理能力。在通常情况下推荐使用该选项。

（3）动作

➤ 提示用户选择文件：显示文件对话框，提示用户选择一个文件。

（4）数据段大小

➤ 获取原始大小的数据段：按照信号数据段原来的大小从文件读取信号的数据段。

➤ 获取指定大小的数据段：按照采样中指定的大小从文件读取信号的数据段。

➤ 采样：指定在从文件读取的数据段中，希望包含的采样数量。默认值为 100。只有选择获取指定大小的数据段时，该选项才可用。

（5）时间标识

➤ 相对于测量开始时间：显示数值对象从 0 起经过的小时、分钟及秒数。例如，十进制 100 等于相对时间 1:40。

➤ 绝对（日期与时间）：显示数值对象从格林尼治标准时间 1904 年 1 月 1 号零点至今经过的秒数。

（6）一般文本文件

➤ 数值数据起始行：表示数值数据的起始行。Express VI 从该行开始读取数据。默认值为 1。

➤ 首行为通道名：指明位于数据文件第一行的是通道名。

➤ 首列为时间通道：指明位于数据文件的第一列的是每个通道的时间数据。

➤ 开始读取文件：将数据从文件名中指定的文件导入至采样数据表格。

（7）分隔符

➤ 制表符：用制表符分隔文本文件中的字段。

➤ 逗号：用逗号分隔文本文件中的字段。

（8）小数点

➤ .（点）：使用点号作为小数点分隔符。

➤ ,（逗号）：使用逗号作为小数点分隔符。

5. 打开/创建/替换文件

使用编程方式或对话框的交互方式打开一个存在的文件、创建一个新文件或替换一个已存在的文件。可以选择使用对话框的提示或使用默认文件名。

打开/创建/替换文件函数的节点图标和端口定义如图 7-14 所示。

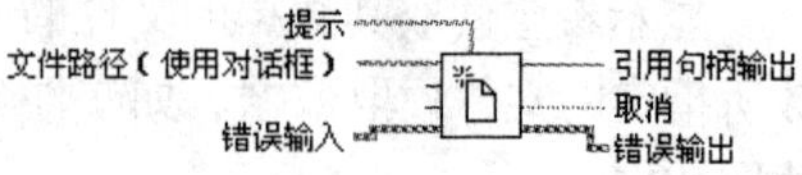

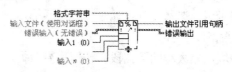

6. 关闭文件

图 7-14   打开/创建/替换文件函数

关闭一个引用句柄指定打开的文件，并返回文件的路径及应用句柄。这个节点不管是否有错误信息输入，都要执行关闭文件的操作。所以，必须从错误输出中判断关闭文件操作是否成功。关闭文件函数的节点图标和端口定义如图 7-15 所示。关闭文件要进行下列操作。

1）把文件写在缓冲区里的数据写入物理存储介质中。

2）更新文件列表的信息，如大小、最后更新日期等。

3）释放引用句柄。

7. 格式化写入文件

将字符串、数值、路径或布尔型数据格式化为文本格式并写入文本文件中。格式化写入文件函数的节点图标和端口定义如图 7-16 所示。

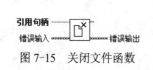

图 7-15   关闭文件函数

图 7-16   格式化写入文件

使用鼠标左键在格式化写入文件节点图标上双击，或者在节点图标上右键单击弹出快捷菜单中选择"编辑格式字符串"，显示"编辑格式字符串"对话框，如图 7-17 所示。该对话框用于将数字转换为字符串。

图 7-17   "编辑格式字符串"对话框

该对话框包括以下部分。

➢ 当前格式顺序：表示将数字转换为字符串的已选操作格式。

➢ 添加新操作：将已选操作列表框中的一个操作添加到当前格式顺序列表框中。

➢ 删除本操作：将选中的操作从当前格式顺序列表框中删除。

➢ 对应的格式字符串：显示已选格式顺序或格式操作的格式字符串。该选项显示为只读。

已选操作：列出可选的转换操作。

➢ 选项：指定以下格式化选项。

➢ 右侧调整：设置输出字符串为右侧调整或左侧调整。

- 用空格填充：设置以空格或零对输出字符串进行填充。
- 使用最小域宽：设置输出字符串的最小域宽。
- 使用指定精度：根据指定的精度将数字格式化。本选项仅在选中已选操作下拉菜单的格式化分数（12.345）、格式化科学计数法数字（1.234E1）或格式化分数/科学计数法数字（12.345）后才可用。
- 字符串：指定输出与文本框中输入的内容完全相同。该选项仅当在已选操作下拉列表中选择输出精确字符串（abc）后有效。

8．扫描文件

在一个文件的文本中扫描字符串、数值、路径和布尔数据，将文本转换成一种数据类型，并返回引用句柄的副本及按顺序输出扫描到的数据。可以使用该函数节点读取文件中的所有文本。但是使用该函数节点不能指定扫描的起始点。扫描文件函数的节点图标和端口定义如图 7-18 所示。

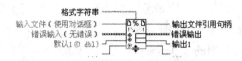

图 7-18　扫描文件函数

使用鼠标左键在扫描文件节点图标上双击，或者在节点图标上右键单击弹出快捷菜单中选择"编辑扫描字符串"，显示"编辑扫描字符串"对话框，如图 7-19 所示。该对话框用于指定将输入的字符串转换为输出参数的方式。

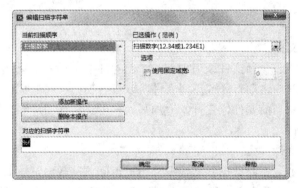

图 7-19　"编辑扫描字符串"对话框

该对话框包括以下部分。
- 当前扫描顺序：表示已选的将数字转换为字符串的扫描操作。
- 已选操作：列出可选的转换操作。
- 添加新操作：将已选操作列表框中的一个操作添加到当前扫描顺序列表框中。
- 删除本操作：将选中的操作从当前扫描顺序列表框中删除。
- 使用固定域宽：设置输出参数的固定域宽。
- 对应的扫描字符串：显示已选扫描顺序或格式操作的格式字符串。该选项显示为只读。

9．写入文本文件

以字母的形式将一个字符串或行的形式将一个字符串数组写入文件。如果将文件地址连接到对话框窗口输入端，在写之前 VI 将打开或创建一个文件，或者替换已有的文件。如果将引用句柄连接到文件输入端，将从当前文件位置开始写入内容。写入文本文件函数的节点图标及端口定义如图 7-20 所示。

图 7-20   写入文本文件函数

➤ 对话框窗口：在对话框窗口中显示的提示。
➤ 文件：文件路径输入。可以直接在"对话框窗口"端口中输入一个文件路径和文件名，如果文件是已经存在的，则打开这个文件，如果输入的文件不存在，则创建这个新文件。如果对话框窗口端口的值为空或非法的路径，则调用对话框窗口，通过对话框来选择或输入文件。

10．读取文本文件

从一个字节流文件中读取指定数目的字符或行。在默认情况下读取文本文件函数读取文本文件中所有的字符。将一个整数输入到计数输入端，指定从文本文件中读取以第一个字符为起始的多少个字符。在图标的右键单击弹出快捷菜单中选择"读取行"，计数输入端输入的数字是所要读取的以第一行为起始的行数。如果计数输入端输入的值为-1，将读取文本文件中所有的字符和行。读取文本文件函数的节点图标和端口定义如图 7-21 所示。

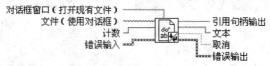

图 7-21   读取文本文件函数

11．写入二进制文件

将二进制数据写入一个新文件或追加到一个已存在的文件。如果连接到文件输入端的是一个路径，函数将在写入之前打开或创建文件，或者替换已存在的文件。如果将引用句柄连接到文件输入端，将从当前文件位置开始追加写入内容。写入二进制文件函数的节点图标及端口定义如图 7-22 所示。

12．读取二进制文件

从一个文件中读取二进制数据并从数据输出端返回这些数据。数据怎样被读取取决于指定文件的格式。读取二进制文件函数的节点图标和端口定义如图 7-23 所示。

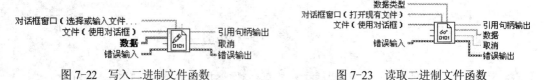

图 7-22   写入二进制文件函数   图 7-23   读取二进制文件函数

➤ 数据类型：函数从二进制文件中读取数据所使用的数据类型。函数从当前文件位置开始以选择的数据类型来翻译数据。如果数据类型是一个数组、字符串或包含数组和字符串的簇，那么函数将认为每一该数据实例包含大小信息。如果数据实例中不包含大小信息，那么函数将曲解这些数据。如果 LabVIEW 发现数据与数据类型不匹配，它将数据置为默认数据类型并返回一个错误。

13．创建路径

创建路径节点用于在一个已经存在的基路径后添加一个字符串输入，构成一个新的路径名。创建路径的节点图标及端口定义如图 7-24 所示。

在实际应用中，可以把基路径设置为工作目录，每次存取文件时就不用在路径输入控件中输入很长的一个目录名，而只需要输入相对路径或文件名。

14．拆分路径

拆分路径节点用于把输入路径从最后一个反斜杠的位置分成两部分，分别从拆分的路径输出端和名称输出端口输出。因为一个路径的后面常常是一个文件名，所以这个节点可以用于把文件名从路径中分离出来。如果要写一个重命名的 VI 文件，就可以使用这个节点。拆分路径函数的节点图标和端口定义如图 7-25 所示。

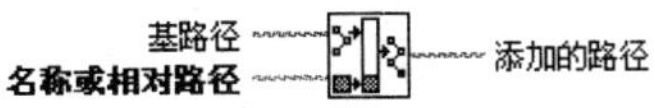

图 7-24　创建路径的节点 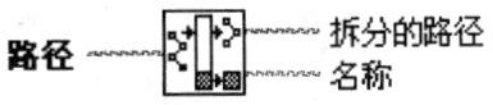　　　　　　　　图 7-25　拆分路径节点

7.2.2　文件常量

使用文件常量子选板中的节点与文件 I/O 函数和 VI 配合使用。文件常量子选板如图 7-26 所示。

图 7-26　文件常量子选板

➤ 路径常量：使用路径常量在程序框图中提供一个常量路径。

➤ 空路径常量：该节点返回一个空路径。

➤ 非法路径常量：返回一个值为<非法路径>的路径。当发生错误而不想返回一个路径时，可以使用该节点。

➤ 非法引用句柄常量：该节点返回一个值为非法引用句柄的引用句柄。当发生错误时，可使用该节点。

➤ 当前 VI 路径：返回当前 VI 所在文件的路径。如果当前 VI 没有保存过，将返回一个非法路径。

➤ VI 库：返回当前所使用的 VI 库的路径。

➤ 默认目录：返回默认目录的路径。

➤ 临时目录：返回临时目录路径。

➤ 默认数据目录：所配置的 VI 或函数所产生的数据存储的位置。

7.2.3　配置文件 VI

配置文件 VI 可读取和创建标准的 Windows 配置（.ini）文件，并以独立于平台的格式写入特定平台的数据（例如路径），从而可以跨平台使用 VI 生成的文件。对于配置文件，"配置文件 VI"不使用标准文件格式。通过"配置文件 VI"可在任何平台上读写由 VI 创建的文件。"配置文件 VI"子选板如图 7-27 所示。

图 7-27 "配置文件 VI"子选板

1．打开配置数据

打开配置文件的路径所指定的配置数据的引用句柄。打开配置数据函数的节点图标和端口定义如图 7-28 所示。

2．读取键

读取键为读取引用句柄所指定的配置数据文件的键数据。如果键不存在，将返回默认值。读取键函数的节点图标和端口定义如图 7-29 所示。

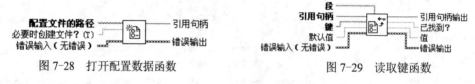

图 7-28 打开配置数据函数   图 7-29 读取键函数

➢ 段：从中读取键的段的名称。

➢ 键：所要读取的键的名称。

➢ 默认值：如果 VI 在段中没有找到指定的键或者发生错误，VI 返回默认值。

3．写入键

写入引用句柄所指定的配置数据文件的键数据。该 VI 修改内存中的数据，如果想将数据存盘，使用关闭配置数据 VI。写入键函数的节点图标和端口定义如图 7-30 所示。

4．删除键

删除由引用句柄指定的配置数据中由段输入端指定的段中的键。删除键函数的节点图标和端口定义如图 7-31 所示。

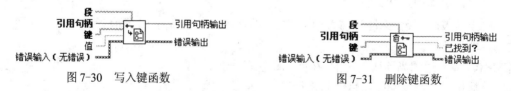

图 7-30 写入键函数   图 7-31 删除键函数

5．删除段

删除由引用句柄指定的配置数据中的段。删除段函数的节点图标及端口定义如图 7-32 所示。

6．关闭配置数据

将数据写入由引用句柄指定的独立于平台的配置文件，然后关闭对该文件的引用。关闭配置数据函数的节点图标及端口定义如图 7-33 所示。

250

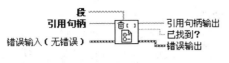

图 7-32　删除段函数　　　　　　　　　图 7-33　关闭配置数据函数

> 写入配置文件？（T）：如果为 TRUE（默认值），VI 将配置数据写入独立与平台的配置文件。配置文件由打开配置数据函数选择。如果为 FALSE，配置数据不被写入。

7．获取键名

获取由引用句柄指定的配置数据中特定段的所有键名。获取键名函数的节点图标及端口定义如图 7-34 所示。

8．获取段名

获取由引用句柄指定的配置数据文件的所有段名。获取段名函数的节点图标和端口定义如图 7-35 所示。

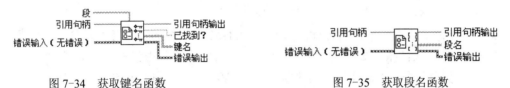

图 7-34　获取键名函数　　　　　　　　　图 7-35　获取段名函数

9．非法配置数据引用句柄

该函数可判断配置数据引用是否有效。非法配置数据引用句柄函数的节点图标及端口定义如图 7-36 所示。

图 7-36　非法配置数据引用句柄函数

7.2.4　TDM 流

使用 TDM 流 VI 和函数将波形数据和属性写入二进制测量文件。TDM 流子选板如图 7-37 所示。

1．打开 TDMS

打开一个扩展名为.tdms 的文件。也可以使用该函数新建一个文件或替换一个已存在的文件。TDMS 打开函数的节点图标及端口定义如图 7-38 所示。

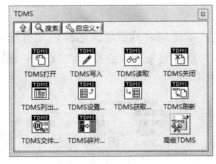

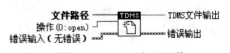

图 7-37　TDM 流子选板　　　　　　　　　图 7-38　TDMS 打开函数

操作：选择操作的类型。可以指定为下列 5 种类型之一。

➤ open（0）：打开一个要写入的.tdms 文件。

➤ open or create（1）：创建一个新的或打开一个已存在的要进行配置的.tdms 文件。

➤ create or replace（2）：创建一个新的或替换一个已存在的.tdms 文件。

➤ create（3）：创建一个新的.tdms 文件。

➤ open（read-only）（4）：打开一个只读类型的.tdms 文件。

2．写入 TDMS

将数据流写入指定.tdms 数据文件。所要写入的数据子集由组名称输入和通道名输入指定。TDMS 写入函数的节点图标及端口定义如图 7-39 所示。

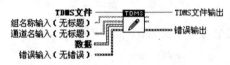

图 7-39　TDMS 写入函数

➤ 组名称输入：指定要进行操作的组名称。如果该输入端没有连接，默认为无标题。

➤ 通道名输入：指定要进行操作的通道名。如果该输入端没有连接，通道将自动命名。如果数据输入端连接波形数据，则 LabVIEW 将使用波形的名称。

3．读取 TDMS

打开指定的.tdms 文件，并返回由数据类型输入端指定类型的数据。TDMS 读取函数的节点图标及端口定义如图 7-40 所示。

4．关闭 TDMS

关闭一个使用 TDMS 打开函数打开的.tdms 文件。TDMS 关闭函数的节点图标及端口定义如图 7-41 所示。

图 7-40　TDMS 读取函数　　　　　　　　图 7-41　TDMS 关闭函数

5．列出 TDMS 内容

列出由 TDMS 文件输入端指定的.tdms 文件中包含的组和通道名称。TDMS 列出内容函数的节点图标及端口定义如图 7-42 所示。

6．设置 TDMS 属性

设置指定.tdms 文件的属性、组名称或通道名。如果组名称或通道名输入端有输入，属性将被写入组或通道。如果组名称或通道名无输入，属性将变为文件标识。TDMS 设置属性函数的节点图标及端口定义如图 7-43 所示。

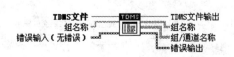
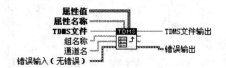

图 7-42　TDMS 列出内容函数　　　　　　图 7-43　TDMS 设置属性函数

7．获取 TDMS 属性

返回指定.tdms 文件的属性。如果组名称或通道名输入端有输入，函数将返回组或通道的属性。如果组名称和通道名无输入，函数将返回特定.tdms 文件的属性。TDMS 获取属性函数的节点图标及端口定义如图 7-44 所示。

8．刷新 TDMS

刷新系统内存中的.tdms 文件数据以保持数据的安全性。TDMS 刷新函数的节点图标及端口定义如图 7-45 所示。

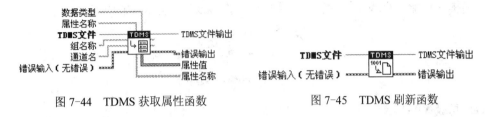

图 7-44　TDMS 获取属性函数　　　　　　图 7-45　TDMS 刷新函数

9．TDMS 文件查看器

打开由文件路径输入端指定的.tdms 文件，并将文件数据在 TDMS 查看器窗口中显示出来。TDMS 文件查看器函数的节点图标及端口定义如图 7-46 所示。

图 7-46　TDMS 文件查看器函数

将.tdms 文件的路径和 TDMS 文件查看器 VI 的文件路径输入相连，并运行该 VI，将出现"TDMS 文件查看器"窗口，如图 7-47 所示。该窗口用于读取和分析.tdms 文件和属性数据。

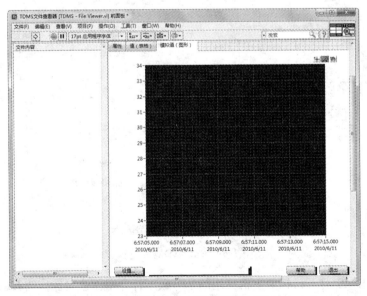

图 7-47　"TDMS 文件查看器"窗口

该窗口包括以下部分。

➤ 文件内容：列出.tdms 文件的属性和通道数据。选择要分析的值，以及出现在文件内容列表右侧的数据。

➤ 属性：包含显示指定.tdms 文件属性数据的表格。

➤ 值（表格）：包含显示指定.tdms 文件原始数据值的图表。

➤ 模拟值（图形）：包含.tdms 数据的图形。

10. TDMS 碎片整理

整理由文件路径指定的.tdms 文件的数据。如果.tdms 数据很乱，可以使用该函数进行清理，从而提高性能。TDMS 碎片整理函数的节点图标及端口定义如图 7-48 所示。

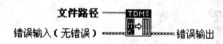

图 7-48　TDMS 碎片整理函数

11. 高级 TDMS

高级 TDMS VI 和函数可用于对.tdms文件进行高级 I/O 操作（例如异步读取和写入）。通过此类 VI 和函数可读取已有.tdms 文件中的数据，写入数据至新建的.tdms 文件，或替换已有.tdms 文件的部分数据。也可使用此类 VI 和函数转换.tdms 文件的格式版本，或新建未换算数据的换算信息。

高级 TDM 子选板如图 7-49 所示。

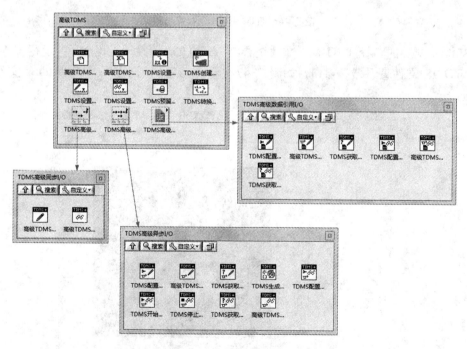

图 7-49　高级 TDM 子选板

1）高级 TDMS 打开：按照主机使用的字节顺序打开用于读写操作的.tdms 文件。该 VI 也可用于创建新文件或替换现有文件。不同于"TDMS 打开"函数，高级 TDMS 打开函数不创建.tdms 文件。如使用该函数打开.tdms 文件，且该文件已有对应的.tdms_index 文件，该函数可删除.tdms_index 文件。高级 TDMS 打开函数的节点图标及端口定义如图 7-50 所示。

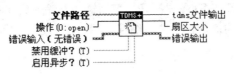

图 7-50　高级 TDMS 打开函数

2）高级 TDMS 关闭：关闭通过高级 TDMS 打开函数打开的.tdms 文件，释放 TDMS 预留文件大小保留的磁盘空间。高级 TDMS 关闭函数的节点图标及端口定义如图 7-51 所示。

3）TDMS 设置通道信息：定义要写入指定.tdms 文件的原始数据中包含的通道信息。通道信息包括数据布局、组名、通道名、数据类型和采样数。TDMS 设置通道信息的节点图标及端口定义如图 7-52 所示。

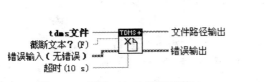

图 7-51　高级 TDMS 关闭函数

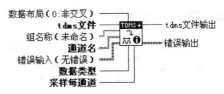

图 7-52　TDMS 设置通道信息

4）TDMS 创建换算信息（VI）：创建.tdms文件中未缩放数据的缩放信息。该 VI 将缩放信息写入.tdms 文件。必须手动选择所需要的多态实例。

TDMS 创建换算信息（线性、多项式、热电偶、RTD、表格和应变）如图 7-53 所示。

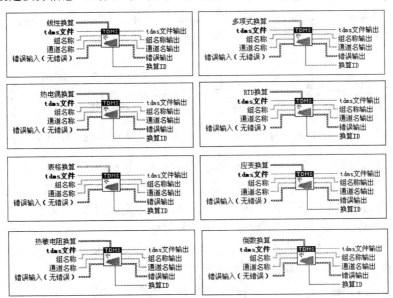

图 7-53　TDMS 创建换算信息（VI）

5）TDMS 设置下一个写入位置（函数）：配置高级 TDMS 异步写入或高级 TDMS 同步写入函数开始重写.tdms文件中已有的数据。如果高级 TDMS 打开的禁用缓冲？输入为 TRUE，则设置的下一个写入位置必须为磁盘扇区大小的倍数，其节点图标及端口定义如图 7-54 所示。

6）TDMS 设置下一个读取位置（函数）：配置高级 TDMS 异步读取函数读取.tdms文件中数据的开始位置。如果高级 TDMS 打开的禁用缓冲？输入为 TRUE，则设置的下一个读取位置必须为磁盘扇区大小的倍数，其节点图标及端口定义如图 7-55 所示。

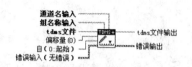 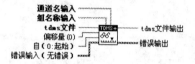

图 7-54　TDMS 设置下一个写入位置　　　　图 7-55　TDMS 设置下一个读取位置

7）TDMS 预留文件大小（函数）：为写入操作预分配磁盘空间，防止文件系统碎片。函数使用.tdms文件时，其他进程无法访问该文件，其节点图标及端口定义如图 7-56 所示。

8）TDMS 转换格式（VI）：将.tdms文件的格式从 1.0 转换为 2.0，或者相反。该 VI 依据目标版本中指定的新文件格式版本指定重写.tdms 文件，如图 7-57 所示。

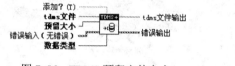

图 7-56　TDMS 预留文件大小　　　　　　图 7-57　TDMS 转换格式 （VI）

9）TDMS 高级同步 I/O （VI）：用于同步读取和写入.tdms 文件。

① 高级 TDMS 同步写入.tdms 文件。同步写入数据至指定的.tdms 文件。高级 TDMS 同步写入的节点图标及端口定义如图 7-58 所示。

② 高级 TDMS 同步读取。读取指定的.tdms 文件并以数据类型输入端指定的格式返回数据。高级 TDMS 同步读取的节点图标及端口定义如图 7-59 所示。

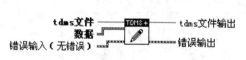 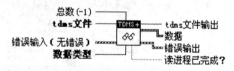

图 7-58　高级 TDMS 同步写入函数　　　　图 7-59　高级 TDMS 同步读取

10）TDMS 高级异步 I/O：用于异步读取和写入.tdms 文件。

① TDMS 配置异步写入 （函数）：为异步写入操作分配缓冲区并配置超时值。写超时的值适用于所有后续异步写入操作，其节点图标及端口定义如图 7-60 所示。

② 高级 TDMS 异步写入（函数）：异步写入数据至指定的.tdms文件。该函数可以同时执行多个在后台执行的异步写入操作。使用TDMS 获取异步写入状态函数可以查询暂停的异步写入操作的数量，其节点图标及端口定义如图 7-61 所示。

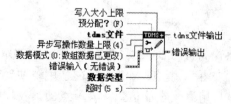 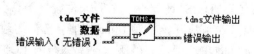

图 7-60　TDMS 配置异步写入　　　　　　图 7-61　高级 TDMS 异步写入

③ TDMS 获取异步写入状态 （函数）：获取高级 TDMS 异步写入函数创建的尚未完成的异步写入操作的数量，其节点图标及端口定义如图 7-62 所示。

④ TDMS 生成随机数据：可以使用生成的随机数据去测试高级 TDMS VI 或函数的性能。在标记测试时利用从数据获取装置中生成的数据，使用该 VI 进行仿真，其节点图标及端口定义如图 7-63 所示。

图 7-62　TDMS 获取异步写入　　　　　图 7-63　TDMS 生成随机数据

⑤ TDMS 配置异步读取（函数）：为异步读取操作分配缓冲区并配置超时值。读超时的值适用于所有后续异步读取操作，其节点图标及端口定义如图 7-64 所示。

⑥ TDMS 开始异步读取（函数）：开始异步读取过程。此前异步读取过程完成或停止前，无法配置或开始异步读取过程。通过TDMS 停止异步读取函数可停止异步读取过程，其节点图标及端口定义如图 7-65 所示。

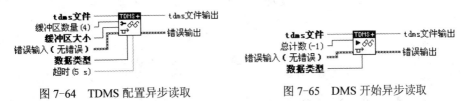

图 7-64　TDMS 配置异步读取　　　　　图 7-65　DMS 开始异步读取

⑦ TDMS 停止异步读取（函数）：停止初始新的异步读取。该函数不忽略完成的异步读取或取消尚未完成的异步读取操作。通过该函数停止异步读取后，可以通过高级 TDMS 异步读取函数读取完成的异步读取操作，其节点图标及端口定义如图 7-66 所示。

⑧ TDMS 获取异步读取状态（函数）：获取包含高级 TDMS 异步读取函数要读取数据的缓冲区的数量，其节点图标及端口定义如图 7-67 所示。

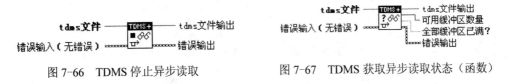

图 7-66　TDMS 停止异步读取　　　　图 7-67　TDMS 获取异步读取状态（函数）

⑨ 高级 TDMS 异步读取（函数）：读取指定的.tdms文件并以数据类型输入端指定的格式返回数据。该函数可以返回此前读入缓冲区的数据，缓冲区通过TDMS 配置异步读取函数配置。该函数可以同时执行多个异步读取操作，其节点图标及端口定义如图 7-68 所示。

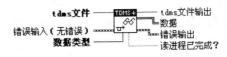

图 7-68　高级 TDMS 异步读取

11）TDMS 高级数据引用 I/O （函数）：用于与数据交互，也可以使用这些函数从".tdms"文件异步读取数据并将数据直接置于 DMA 缓存中。

① TDMS 配置异步写入（数据引用）：配置异步写入操作的最大数量以及超时值。超时

的值适用于所有后续写入操作。使用 TDMS 高级异步写入（数据引用）之前，必须使用该函数配置异步写入，其节点图标及端口定义如图 7-69 所示。

② 高级 TDMS 异步写入（数据引用）：该数据引用输入端指向的数据异步写入指定的"`.tdms`"文件。该函数可以在后台执行异步写入的同时发出更多异步写入指令。还可以查询挂起的异步写入操作的数量，其节点图标及端口定义如图 7-70 所示。

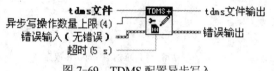 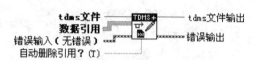

图 7-69　TDMS 配置异步写入　　　　　图 7-70　高级 TDMS 异步写入（数据引用）

③ TDMS 获取异步写入状态（数据引用）：返回高级 TDMS 异步写入（数据引用）函数创建的尚未完成的异步写入操作的数量，其节点图标及端口定义如图 7-71 所示。

④ TDMS 配置异步读取（数据引用）：配置异步读取操作的最大数量、待读取数据的总量以及异步读取的超时值。使用 TDMS 高级异步读取（数据引用）之前，必须使用该函数配置异步读取，其节点图标及端口定义如图 7-72 所示。

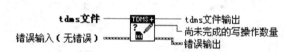 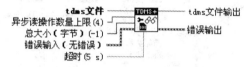

图 7-71　TDMS 获取异步写入状态（数据引用）　　　图 7-72　TDMS 配置异步读取（数据引用）

⑤ 高级 TDMS 异步读取（数据引用）：从指定的"`.tdms`"文件中异步读取数据，并将数据保存在 LabVIEW 之前的存储器中。该函数在后台执行异步读取的同时发出更多异步读取指令，其节点图标及端口定义如图 7-73 所示。

⑥ TDMS 获取异步读取状态（数据引用）：返回高级 TDMS 异步读取（数据引用）函数创建的尚未完成的异步读取操作的数量，其节点图标及端口定义如图 7-74 所示。

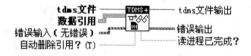 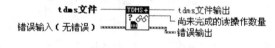

图 7-73　高级 TDMS 异步读取（数据引用）　　　图 7-74　TDMS 获取异步读取状态（数据引用）

文件格式版本 2.0 包括文件格式 1.0 的所有特性以及下列特性。

➢ 可以写入间隔数据至.tdms 文件。

➢ 在.tdms 文件中写入数据可以使用不同的 endian 格式或字节顺序。

➢ 不使用操作系统缓冲区写入.tdms 数据，可以提高性能，特别是在冗余磁盘阵列（RAID）中。

➢ 也可以使用 NI-DAQmx 在.tdm 文件中写入带换算信息的元素数据。

➢ 通过位连续数据的多个数据块使用单个头，文件格式版本 2.0 可优化连续数据采集的写入性能，可提升单值采集的性能。

➢ 文件格式版本 2.0 支持.tdms 文件异步写入，可以使应用程序在写入数据至文件的同时处理内存中的数据，无须等待写入函数结束。

7.2.5 存储/数据插件

函数选板上的"存储/数据插件"VI 可在二进制测量文件（.tdm）中读取和写入波形及波形属性。通过".tdm"文件可以在 NI 软件（如 LabVIEW 和 DIAdem）间进行数据交换。

"存储/数据插件"VI 将波形和波形属性组合，从而构成通道。通道组可管理一组通道。一个文件中可包括多个通道组。如果按名称保存通道，就可以从现有通道中快速添加或获取数据。除数值之外，"存储/数据插件"VI 也支持字符串数组和时间标识数组。在程序框图上，引用句柄可以代表文件、通道组和通道。"存储"VI 也可以查询文件以获取符合条件的通道组或通道。

如果开发过程中系统要求发生改动，或需要在文件中添加其他数据，则"存储/数据插件"VI 可以修改文件格式且不会导致文件不可用。存储 VI 子选板如图 7-75 所示。

1．打开数据存储

该选项功能为打开 NI 测试数据格式交换文件（.tdm）以用于读写操作。该 VI 也可以用于创建新文件或替换现有文件。通过"关闭数据存储 VI"可以关闭文件引用。

图 7-75　存储 VI 子选板

2．写入数据

该选项功能为添加一个通道组或单个通道至指定文件。也可以使用这个 VI 来定义被添加的通道组或者单个通道的属性。

3．读取数据

该选项功能为返回用于表示文件中通道组或通道的引用的句柄数组。如果选择通道作为配置对话框中的读取对象类型，该 VI 就会读出这个通道中的波形。该 VI 还可以根据指定的查询条件返回符合要求的通道组或者通道。

4．关闭数据存储

该选项功能为对文件进行读写操作后，将数据保存至文件并关闭文件。

5．设置多个属性

对已经存在的文件、通道组或单个通道定义属性。如果在句柄连接到存储引用句柄之前配置这个 VI，根据所连接的句柄，可能会修改配置信息。例如，如果配置 VI 用于单通道，然后连接通道组的引用句柄，由于单个通道属性不适用于通道组，VI 将在程序框图上会显示断线。

6．获取多个属性

该选项功能为从文件、通道组或者单个通道中读取属性值。如果在句柄连接到存储引用句柄之前配置这个 VI，根据所连接的句柄，可能会修改配置信息。例如，如果配置 VI 用于单通道，然后连接通道组的引用句柄，由于单个通道属性不适用于通道组，VI 将在程序框图上会显示断线。

7．删除数据

该选项功能为删除一个通道组或通道。如果选择删除一个通道组，该 VI 将删除与该通道组相关联的所有通道。

8．数据文件查询器

该选项功能为连线数据文件的路径至数据文件查看器VI 的文件路径输入，运行 VI，可显示该对话框。该选项用于读取和分析数据文件。

9. 转换至 TDM 或 TDMS

该选项功能为将指定文件转换成.tdm 格式的文件或.tdms 格式的文件。

10. 管理数据插件

该选项功能为将所选择的.tdms 格式的文件转换成.tdm 格式的文件。

11. 高级存储

该选项功能为使用高级存储 VI 进行程序运行期间的数据的读取、写入和查询。

7.2.6　Zip

使用 Zip VI 可以创建新的 Zip 文件、向 Zip 文件添加文件和关闭 Zip 文件。Zip VI 子选板如图 7-76 所示。

1. 新建 Zip 文件

该选项功能为创建一个由目标路径指定的 Zip 空白文件。根据确认覆盖输入端的输入值，新文件将覆盖一个已存在的文件或出现一个确认对话框。新建 Zip 文件 VI 的节点图标及端口定义如图 7-77 所示。

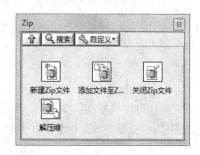

图 7-76　Zip 函数子选板

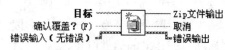

图 7-77　新建 Zip 文件 VI

➤ 目标：指定新 Zip 文件或已存在 Zip 文件的路径。VI 将删除或重写已存在的文件。不能在 Zip 文件后面追加数据。

2. 添加文件至 Zip 文件

该选项功能为将源文件路径输入端所指定的文件添加到 Zip 文件中。Zip 文件目标路径输入端指定已压缩文件的路径信息。添加文件至 Zip 文件 VI 的节点图标和端口定义如图 7-78 所示。

3. 关闭 Zip 文件

该选项功能为关闭 Zip 文件输入端指定的 Zip 文件。关闭 Zip 文件 VI 的节点图标及端口定义如图 7-79 所示。

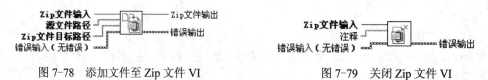

图 7-78　添加文件至 Zip 文件 VI　　　　　　图 7-79　关闭 Zip 文件 VI

4. 解压缩

该选项功能为使解压缩的内容解压缩至目标目录。该 VI 无法解压缩有密码保护的压缩文件。解压缩文件 VI 的节点图标及端口定义如图 7-80 所示。

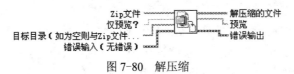

图 7-80 解压缩

7.2.7 XML

XML VI 和函数用于操作 XML 格式的数据，可扩展标记语言（XML）是一种独立于平台的标准化统一标记语言（SGML），可用于存储和交换信息。使用 XML 文档时，可使用解析器提取和操作数据，而不必直接转换 XML 格式。例如，文档对象模型（DOM）核心规范定义了创建、读取和操作 XML 文档的编程接口。DOM 核心规范还定义了 XML 解析器必须支持的属性和方法。XML VI 子选板如图 7-81 所示。

1. LabVIEW 模式 VI 和函数

LabVIEW 模式 VI 和函数用于处理 XML 格式的 LabVIEW 数据。LabVIEW 模式子选板如图 7-81 所示。

图 7-81 XML VI 子选板

图 7-82 LabVIEW 模式子选板

1）平化至 XML：根据 LabVIEW XML 模式将连接至任何的数据类型转换为 XML 字符串。如果任何含有<、>或 &等字符，该函数将分别把这些字符转换为<、>或&。可将其他字符使用转换特殊字符至 XMLVI（例如，"转换为 XML 语法）。平化至 XML 函数的节点图标及端口定义如图 7-83 所示。

2）从 XML 还原：依据 LabVIEW XML 模式将 XML 字符串转换为 LabVIEW 数据类型。如果 XML 字符串含有<、>或&等字符，该函数将分别把这些字符转换为<、>或&。使用从 XML 还原特殊字符 VI 转换其他字符（例如"）。从 XML 还原函数的节点图标及端口定义如图 7-84 所示。

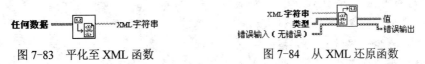

图 7-83 平化至 XML 函数

图 7-84 从 XML 还原函数

3）写入 XML 文件：将 XML 数据的文本字符串与文件头标签同时写入文本文件。通过将数据连线至 XML 输入端可确定要使用的多态实例，也可手动选择实例。所有

XML 数据必须符合标准的 LabVIEW XML 模式。写入 XML 文件函数的节点图标及端口定义如图 7-85 所示。

4）读取 XML 文件：读取并解析 LabVIEW XML 文件中的标签。将该 VI 放置在程序框图上时，多态 VI 选择器可见。通过该选择器可选择多态实例。所有 XML 数据必须符合标准的 LabVIEW XML 模式。读取 XML 文件 VI 的节点图标及端口定义如图 7-86 所示。

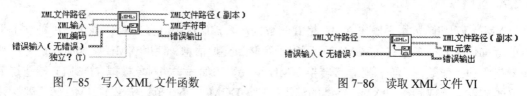

图 7-85　写入 XML 文件函数　　　　　　　图 7-86　读取 XML 文件 VI

5）转换特殊字符至 XML：依据 LabVIEW XML 模式将特殊字符转换为 XML 语法。平化至字符串函数可将<、>或&等字符分别转换为<、>或&。但如果需要将其他字符（如"）转换为 XML 语法，则必须使用"转换特殊字符至 XML"。转换特殊字符至 XML VI 的节点图标及端口定义如图 7-87 所示。

6）从 XML 还原特殊字符：依据 LabVIEW XML 模式将特殊字符的 XML 语法转换为特殊字符。从 XML 还原函数可将<、>或&等字符分别转换为<、>或&。但如果需要转换其他字符（如"），则必须使用"从 XML 还原特殊字符"函数。从 XML 还原特殊字符 VI 的节点图标及端口定义如图 7-88 所示。

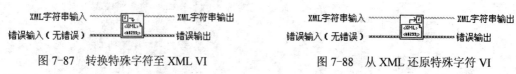

图 7-87　转换特殊字符至 XML VI　　　　　　图 7-88　从 XML 还原特殊字符 VI

2. XML 解析器

XML 解析器可以配置为检测某个 XML 文档是否有效。如果文档与外部词汇表相符合，则该文档为有效文档。在 LabVIEW 解析器中，外部词汇表可以是文档类型定义（DTD）或模式（Schema）。有的解析器只解析 XML 文件，但是加载前不会验证 XML。LabVIEW 中的解析器是一个验证解析器。验证解析器根据 DTD 或模式检验 XML 文档，并报告找到的非法项。必须确保文档的形式和类型是已知的。使用验证解析器可省去为每种文档创建自定义验证代码的时间。

XML 解析器在加载文件方法的解析错误中报告验证错误。

💡 注意

XML 解析器在 LabVIEW 加载文档或字符串时验证文档或 XML 字符串。如果对文档或字符串进行了修改，并要验证修改后的文档或字符串，请使用加载文件或加载字符串方法重新加载文档或字符串。解析器会再一次验证内容。XML 解析器子选板如图 7-89 所示。

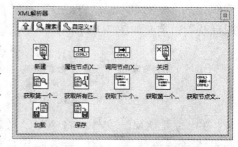

图 7-89　XML 解析器子选板

1）新建（VI）：通过该 VI 可以新建 XML 解析器会话句柄。新建（VI）的节点图标及端口定义如图 7-90 所示。

2）属性节点（XML）：获取（读取）和/或设置（写入）XML 引用的属性。该节点的操作与属性节点的操作相同。属性节点（XML）VI 的节点图标及端口定义如图 7-91 所示。

图 7-90　新建（VI）　　　　　　　　　图 7-91　属性节点（XML）VI

3）调用节点（XML）：调用 XML 引用的方法或动作。该节点的操作与调用节点的操作相同。调用节点（XML）VI 的节点图标及端口定义如图 7-92 所示。

4）关闭：关闭对所有 XML 解析器类的引用。通过该多态 VI 可以关闭对 XML_指定节点映射类、XML_节点列表类、XML_实现类和 XML_节点类的引用句柄。XML_节点类包含其他 XML 类。关闭 VI 的节点图标及端口定义如图 7-93 所示。

图 7-92　调用节点（XML）VI　　　　　　　　图 7-93　关闭 VI

5）获取第一个匹配的节点：返回节点输入的第一个匹配 Xpath 表达式的节点。获取第一个匹配的节点 VI 图标及端口定义如图 7-94 所示。

6）获取所有匹配的节点：返回节点输入的所有匹配 Xpath 表达式的节点。获取所有匹配的节点 VI 图标及端口定义如图 7-95 所示。

图 7-94　获取第一个匹配的节点 VI　　　　　图 7-95　获取所有匹配的节点 VI

7）获取下一个非文本同辈项：返回节点输入节点中第一个类型为 Text_Node 的同辈项。获取下一个非文本同辈项 VI 的节点图标及端口定义如图 7-96 所示。

8）获取第一个非文本子项：返回节点输入节点中第一个类型为 Text_Node 的子项。获取第一个非文本子项 VI 的节点图标及端口定义如图 7-97 所示。

图 7-96　获取下一个非文本同辈项 VI　　　　图 7-97　获取第一个非文本子项 VI

9）获取节点文本内容：返回节点输入节点包含的 Text_Node 的子项。获取节点文本内容 VI 的节点图标及端口定义如图 7-98 所示。

10）加载：打开 XML 文件并配置 XML 解析器依据模式或 DTD（文档类型定义）对文件进行验证。加载 VI 的节点图标及端口定义如图 7-99 所示。

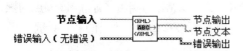

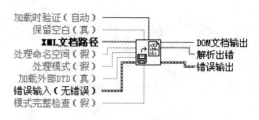

图 7-98　获取节点文本内容 VI　　　　　　　　　图 7-99　加载 VI

11）保存：保存 XML 文档。保存 VI 的节点图标及端口定义如图 7-100 所示。

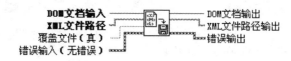

图 7-100　保存 VI

7.2.8　波形文件 I/O 函数

波形文件 I/O 选板上的函数用于从文件读取写入波形数据。波形文件函数子选板如图 7-101 所示。

1. 写入波形至文件函数

创建新文件或添加至现有文件，在文件中指定数量的记录，然后关闭文件，检查是否发生错误。写入波形至文件函数的节点图标及端口定义如图 7-102 所示。

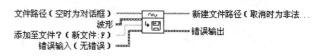

图 7-101　波形文件函数子选板　　　　　　　图 7-102　写入波形至文件函数

2. 从文件读取波形函数

打开使用写入波形至文件 VI 创建的文件，每次从文件中读取一条记录。该 VI 可返回记录中所有波形和记录中的第一波形，单独输出。从文件读取波形函数的节点图标及端口定义如图 7-103 所示。

3. 导出波形函数至电子表格文件

使波形转换为文本字符串，然后使字符串写入新字节流文件或添加字符串至现有文件。导出波形函数至电子表格文件节点图标及端口定义如图 7-104 所示。

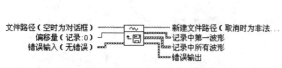

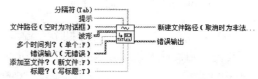

图 7-103　从文件读取波形函数　　　　　　图 7-104　导出波形函数至电子表格文件

7.2.9 高级文件 I/O 函数

文件 I/O 选板上的函数可以控制单个文件 I/O 操作，这些函数可创建或打开文件，向文件读写数据及关闭文件。上述 VI 可实现以下任务。

➤ 创建目录。
➤ 移动、复制或删除文件。
➤ 列出目录内容。
➤ 修改文件特性。
➤ 对路径进行操作。

使用高级文件 VI 和函数对文件、目录及路径进行操作。高级文件函数子选板如图 7-105 所示。

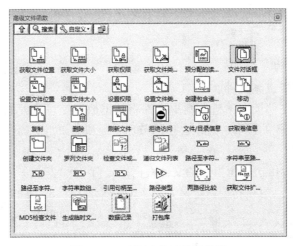

图 7-105　高级文件函数子选板

1．获取文件位置

该选项功能为获取返回引用句柄指定的文件的相对位置。获取文件位置函数的节点图标及端口定义如图 7-106 所示。

2．获取文件大小

该选项功能为获取返回文件的大小。获取文件大小函数的节点图标及端口定义如图 7-107 所示。

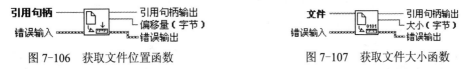

图 7-106　获取文件位置函数　　　　　　图 7-107　获取文件大小函数

➤ 文件：该输入可以是路径也可以是引用句柄。如果是路径，节点将打开文件路径所指定的文件。

➤ 引用句柄输出：函数读取的文件的引用句柄。根据对文件需要进行的操作，可以将该输出连接到另外的文件操作函数上。如果文件输入为一个路径，则操作完成后节点默认将文件关闭。如果文件输入端输入一个引用句柄，或者如果将引用句柄输出连接到另一个函数节点，LabVIEW 认为文件仍在使用，直到使用关闭函数将其关闭。

3．获取权限

该选项功能为返回由路径指定文件或目录的所有者、组和权限。获取权限函数的节点图标及端口定义如图 7-108 所示。

➤ 权限：函数执行完成后输出将包含当前文件或目录的权限设置。

➤ 所有者：函数执行完成后输出将包含当前文件或目录的所有者设置。

4．获取文件类型和创建者

该选项功能为获取有路径指定的文件的类型和创建者。类型和创建者有 4 种类型。如果指定文件名后有 LabVIEW 认可的字符，例如.vi 和.llb，那么函数将返回相应的类型和创建者。如果指定文件包含未知的 LabVIEW 文件类型，函数将在类型和创建者输出端返回????。获取文件类型和创建者函数的节点图标及端口定义如图 7-109 所示。

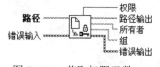

图 7-108　获取权限函数

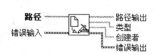

图 7-109　获取文件类型和创建者函数

5．预分配的读取二进制文件

该选项功能为从文件读取二进制数据，并将数据放置在已分配的数组中，不另行分配数据的副本空间。预分配的读取二进制文件的节点图标和端口定义如图 7-110 所示。

6．设置文件位置

该选项功能为将引用句柄所指定的文件根据模式自（0：起始）移动到偏移量的位置。设置文件位置函数的节点图标和端口定义如图 7-111 所示。

图 7-110　预分配的读取二进制文件

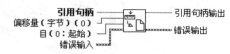

图 7-111　设置文件位置函数

7．设置文件大小

该选项功能为将文件结束标记设置为文件起始处到文件结束位置的大小字节，从而设置文件的大小。该函数不可用于 LLB 中的文件。设置文件大小函数的节点图标和端口定义如图 7-112 所示。

8．设置权限

该选项功能为设置由路径指定的文件或目录的所有者、组和权限。该函数不可用于 LLB 中的文件。设置权限函数的节点图标和端口定义如图 7-113 所示。

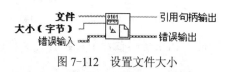

图 7-112　设置文件大小

图 7-113　设置权限

9．设置文件类型和创建者

该选项功能为设置由路径指定的文件类型和创建者。类型和创建者均为含有 4 个字符的字符串。该函数不可用于 LLB 中的文件。设置文件类型和创建者函数的节点图标和端口定义如图 7-114 所示。

10．创建包含递增后缀的文件 VI

如果文件已经存在，创建一个文件并在文件名的末尾添加递增后缀。如果文件不存在，VI 则创建文件，但是不在文件名的末尾添加递增的后缀。创建包含递增后缀的文件 VI 的节点图标和端口定义如图 7-115 所示。

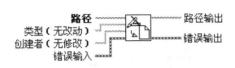

图 7-114　设置文件类型和创建者

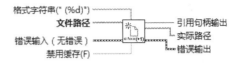

图 7-115　创建包含递增后缀的文件 VI

7.3　文件的输入与输出

上一节主要对 LabVIEW 中的 I/O 函数和节点的功能和端口定义进行了介绍，本节将在上一节的基础上以实例的形式对典型 I/O 函数的用法进行介绍，最后还将对前面板数据的记录以及数据与 XML 数据格式之间的转换方法进行介绍。

7.3.1　文本文件的写入与读取

要将数据写入文本文件，必须将数据转化为字符串。

由于大多数文字处理应用程序读取文本时并不要求格式化的文本，因此将文本写入文本文件无须进行格式化。如果需要将文本字符串写入文本文件，可以用写入文本文件函数自动打开和关闭文件。

由于文字处理应用程序采用了"文件 I/O" VI 无法处理的字体、颜色、样式和大小不同的格式化文本，因此从文字处理应用程序中读取文本可能会导致错误。

如果需要将数字和文本写入电子表格或文字处理应用程序，可以使用字符串函数和数组函数格式化数据并组合这些字符串。然后将数据写入文件。

格式化写入文件函数可将字符串、数值、路径和布尔数据格式化为文本，并将格式化以后的文本写入文件。该函数可一次实现多项操作，而无须先用格式化写入文件函数格式化字符串，然后用写入文本文件函数将结果字符串写入文件。

扫描文件函数可扫描文件中的文本获取字符串、数值、路径和布尔值并将该文本转换成某种数据类型。该函数可一次实现多项操作，无须先用读取二进制文件或读取文本文件函数读取数据，然后使用扫描字符串将结果扫描至文件。

1．文本文件的写入

文本文件的写入演示程序的程序框图如图 7-116 所示。

运行程序，可以发现在 D 盘根目录下生成了一个名为 data 的文件，使用 Windows 的记事本程序打开这个文件，可以发现记事本中显示了这 200 个余弦数据，每个数据的精度达到小数点后 4 位，如图 7-117 所示。

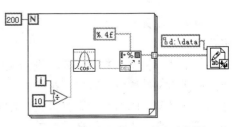

图 7-116　文本文件写入的程序框图

267

可以使用 Microsoft Excel 电子表格程序打开这个数据文件，绘图以观察波形，如图 7-118 所示，可以看到图中显示了数据的余弦波形。

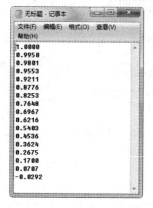
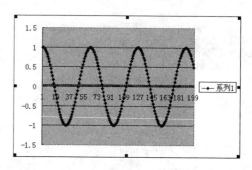

图 7-117　程序存储的余弦数据　　　图 7-118　用存储在文本文件中的数据在 Microsoft Excel 中绘图

　　使用写入文本文件 VI 可以将文本文件存储称为电子表格文件的格式，也就是说这个实例揭示了电子表格文件其实是一种特殊的文本文件，用写入文本文件 VI 存储的文件同样可以为 Microsoft Excel 这样的电子表格处理软件打开并编辑。

2．文本文件的读取

　　文本文件的读取由读取文本文件 VI 来完成，本实例演示读取文本文件 VI 的使用方法。

　　文本文件的读取演示程序的程序框图如图 7-119 所示。在程序中，读取文本文件 VI 有两个重要的输入数据端口，分别是文件和计数。两个数据端口分别用以表示读取文件的路径、文件读取数据的字节数（如果值为-1，则表示一次读出所有数据）。在实例中，读取文本文件 VI 读取 D 盘根目录下的 data 文件，并将读取的结果在文本框中显示出来。程序的前面板及运行结果如图 7-120 所示。

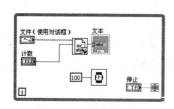

图 7-119　程序框图　　　　　　　图 7-120　程序前面板

　　可见，用读取文本文件 VI 可以将文本文件中的数据以字符串的格式读出，并作为一个字符串来存储。

　　由于计算机中的数据都是二进制格式来存储的，因而无论是将字符串存储为文本文件，还是从文本文件读取字符串，都要经过二进制格式到文本格式的数据类型转换，这将消耗时间和系统资源，因而对于数据量大、要求存储和读取效率高的场合，文本文件往往是不适用的，这时更为合适的文件格式是二进制文件。

7.3.2 电子表格文件的写入与读取

要将数据写入电子表格，必须格式化字符串为包含分隔符（如制表符）的字符串。

写入电子表格文件 VI 或数组至电子表格字符串转换函数可以将来自图形、图表或采样的数据集转换为电子表格字符串。

LabVIEW 2015 中文版提供了两个 VI 用于写入和读取电子表格文件，它们分别是写入电子表格文件 VI 和读取电子表格文件 VI。下面以两个实例分别介绍这两个函数存取电子表格文件的方法。

写入电子表格文件 VI 可以将一个一维或二维数组写入文件，如果没有在文件路径输入端口指定文件路径，则程序会弹出一个"文件"对话框，提示用户给出文件名。除了文件路径输入端口以外，此 VI 的二维数据和一维数据输入端口分别用于连接将要存储为文件的二维和一维数组。"添加至文件？（新文件：F）"输入端口用于连接一个布尔变量，如果变量的值为 TRUE，则输入的数据追加到已有文件的后面，如果是 FALSE，则输入的数据将覆盖原有的文件。"转置？（否：F）"数据输入端同样也连接一个布尔型变量，如果是 TRUE，则将输入的数组做转置运算，然后将运算的结果存储为电子表格文件。在格式数据输入端口可以更改数组中数据的格式。

1. 写入电子表格文件 VI 的使用

写入电子表格文件 VI 的演示程序的程序框图如图 7-121 所示。

图 7-121 中的程序将 For 循环产生的正弦与余弦数据存储在电子表格文件 data 中，用 Microsoft Excel 打开这个文件，可以发现文件中有两行，第一行为余弦数据，第二行为正弦数据，用 Microsoft Excel 的绘图功能分别汇出这两行数据的散点图分别如图 7-122 和图 7-123 所示。

图 7-120 所示的程序可能有些不容易理解，问题在于两个写入电子表格文件 VI 的执行次序问题。更容易理解且更常用的方法是将数据合并成一个二维数组，将二维数组一次性写入电子表格文件。程序框图如图 7-124 所示。

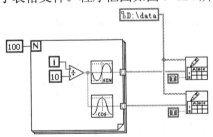

图 7-121 程序框图

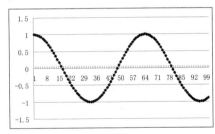

图 7-122 用存储在电子表格文件中的余弦数据绘图

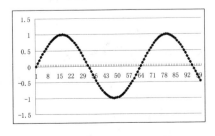

图 7-123 用存储在电子表格文件中图
的正弦数据绘图

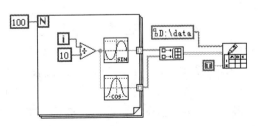

图 7-124 使用写入电子表格文件 VI
写入二维数组

本程序充分印证了电子表格的特性，也是这种文件格式最大的好处，可以用其他电子表格处理软件来处理文件中的数据。

2．电子表格文件的读取

电子表格文件的读取演示程序的程序框图如图 7-125 所示，使用读取电子表格文件 VI 读取用写入电子表格文件VI 存储的正弦与余弦波形文件。

如果不在读取电子表格文件 VI 的文件路径端口连接任何路径，那么程序将打开"文件路径"对话框，让用户选择存储的电子表格文件的路径。在读取电子表格文件 VI 中另外几个比较重要的端口有行数（全部：-1）、读取起始偏移量（字符：0）和转置（否：F）。

将读取的电子表格文件的数据使用波形图控件在前面板上显示，程序的前面板及运行结果如图 7-126 所示。

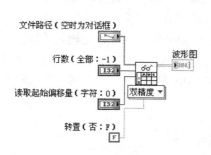

图 7-125　程序框图

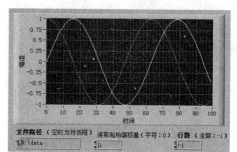

图 7-126　程序前面板及运行结果

在程序前面板中，波形图控件显示出了用读取电子表格文件 VI 读取的电子表格中的数据。两条正弦余弦曲线就是上一节中用写入电子表格 VI 存储的正弦、余弦数据。

"文件 I/O"函数还可用于流盘操作，它可以减少函数因打开和关闭文件与操作系统交互的次数，从而节省内存资源。流盘是一项在进行多次写操作时保持文件打开的技术，如在循环中使用流盘。如将路径控件或常量连接至写入文本文件、写入二进制文件或写入电子表格文件函数，则函数将在每次函数或 VI 运行时打开关闭文件，增加了系统占用。避免对同一文件进行频繁的打开和关闭操作，可提高 VI 效率。

在循环之前放置打开/创建/替换文件函数，在循环内部放置读或写函数，在循环之后放置关闭文件函数，即可创建一个典型的流盘操作。此时只有写操作在循环内部进行，从而避免了重复打开、关闭文件的系统占用。

对于速度要求高、时间持续长的数据采集，流盘是一种理想的方案。数据采集的同时将数据连续写入文件中。为获取更好的效果，在采集结束前应避免运行其他 VI 和函数（如分析 VI 和函数等）。

3．文件 I/O 函数的流盘操作

使用写入电子表格文件 VI 演示文件 I/O 函数的流盘操作。操作步骤如下。

"打开/替换/创建" VI 的操作端口设置为"create or open"，即创建文件或替换已有文件。文件名的后缀并不重要，但习惯上常取"txt"或"dat"。

4．利用 While 循环将数据写入电子表格文件

5．使用关闭文件函数节点关闭文件

信号源是一个随机噪声。VI 的前面板和程序框图如图 7-127 和图 7-128 所示。

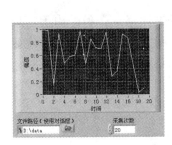

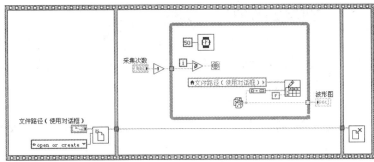

图 7-127　连续写入电子表格文件前面板　　　　　图 7-128　连续写入电子表格文件程序框图

可以使用 Windows 操作系统的文本编辑工具查看文件中的数据。图 7-129 所示是用记事本打开的所存储的数据文件。从图中可以看出，数据共有一列 20 行，每一行对应一次数据采集，每次数据采集包含一个数据。

下面使用读取电子表格文件 VI 演示数据读取中的流盘操作。步骤如下。

1）使用"打开/替换/创建" VI 打开一个文件，它的操作端口设置为"open"，即打开已有文件。

2）使用读取电子表格文件 VI 将保存在文件中的数据逐个读出。将这些数据打包成数组送入波形图显示。

3）使用关闭文件函数节点关闭数据文件。

VI 的前面板及运行结果如图 7-130 所示，VI 的程序框图如图 7-131 所示。

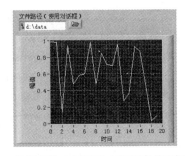

图 7-129　写入电子表格文件中的数据　　　　　图 7-130　连续读取电子表格文件程序前面板及运行结果

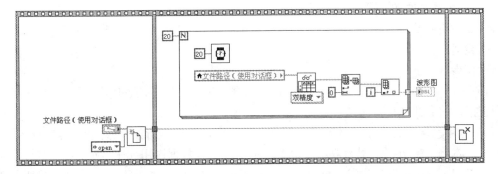

图 7-131　连续读取电子表格文件程序框图

7.3.3 二进制文件的写入与读取

尽管二进制文件的可读性比较差，是一种不能直接编辑的文本格式，但是由于它是 LabVIEW 中格式最为紧凑、存取效率最高的一种文件格式，因而在 LabVIEW 程序设计中这种文件类型得到了广泛的应用。

1. 二进制文件的写入

使用写入二进制文件函数 VI 演示二进制文件写入的流盘操作。操作步骤如下。

1）使用文件对话框 VI 打开文件对话框，选择文件路径。

2）使用打开/创建/替换文件函数节点创建一个新的文件。

3）通过写入二进制文件函数节点将正弦波 VI 产生的正弦波数据写入文件。

4）使用关闭文件节点关闭数据文件。

VI 的前面板及运行结果如图 7-132 所示，VI 的程序框图如图 7-133 所示。

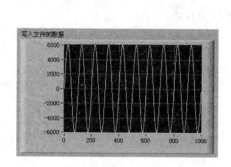

图 7-132　程序前面板及运行结果

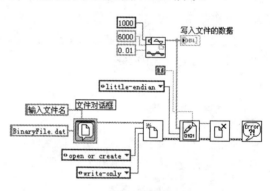

图 7-133　程序框图

信号源是正弦波发生器，输出的是一个正弦波形数组。可以看到，在存储数据时，是将双精度数组数据直接写入文件的，而没有经过数据转换，因此写入二进制文件的速度是很快的。

需要注意的是，应该把文件的打开和关闭操作放在 While 循环的外面。如果单独将打开文件的操作放在循环里面，将会重复打开文件；如果单独将关闭文件的操作放在循环内部，在循环第一次运行结束后，文件引用句柄将被关闭，在循环第二次运行时，关闭文件 VI 将试图关闭一个不存在的文件应用句柄，程序会报错；如果同时将文件打开和关闭操作放在循环内，虽然程序能够运行，但数据文件中只能记录最近一次采集的数据。

2. 二进制文件的读取

读取二进制数据文件时需要注意两点：一是计算数据量；二是必须知道存储文件时使用的数据类型。

操作步骤如下。

1）使用文件对话框 VI 打开一个文件对话框，选择文件路径。使用打开/创建/替换文件函数将指定的文件打开。

2）利用获取文件大小函数节点计算文件的长度，并根据所使用数据类型的长度计算出数据量，本例中的数据类型为双精度数据，每个双精度数据占用 8B，所以数据量等于文件长度除以 8。使用读取二进制文件 VI 读取数据时，必须指定数据类型，方法是将所需要类型的数据连接到读取二进制文件 VI 的数据类型输入端。

3）读取完毕，使用关闭文件函数节点关闭数据文件。

VI 的前面板及运行结果如图 7-134 所示，VI 的程序框图如图 7-135 所示。

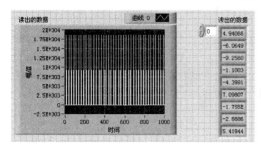

图 7-134　程序前面板及运行结果

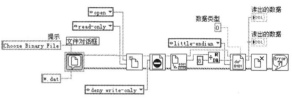

图 7-135　程序框图

7.3.4　数据记录文件的创建和读取

启用前面板数据记录或使用数据记录函数采集数据并将数据写入文件，从而创建和读取数据记录文件。

无须将数据记录文件中的数据按格式处理。但是，读取或写入数据记录文件时，必须首先指定数据类型。例如，采集带有时间和日期标识的温度读数时，将这些数据写入数据记录文件需要将该数据指定为包含一个数字和两个字符串的簇。

数据记录文件中的记录可包含各种数据类型。数据类型由数据记录到文件的方式决定。LabVIEW 向数据记录文件写入数据的类型与"写入数据记录"函数创建的数据记录文件的数据类型一致。

在通过前面板数据记录创建的数据记录文件中，数据类型为由两个簇组成的簇。第一个簇包含时间标识，第二个簇包含前面板数据。时间标识中用 32 位无符号整数代表秒，16 位无符号整数代表毫秒，根据 LabVIEW 系统时间计时。前面板上数据簇中的数据类型与控件的〈Tab〉键顺序一一对应。

下面以两个实例介绍数据记录文件的创建和读取。

1. 数据记录文件的创建

记录文件的创建与二进制文件的创建类似，记录文件在读写时需要指定数据类型。

本实例的操作步骤如下。

1）使用文件对话框 VI 打开一个文件对话框，选择文件路径。使用打开/创建/替换数据记录文件函数将指定的文件打开或创建一个记录文件。创建记录文件时，必须指定数据类型，方法是将所需要类型的数据连接到打开/创建/替换数据记录文件函数的记录类型输入端。指定的数据类型必须和需要存储的数据的类型相同。

2）使用写入数据记录文件函数节点将数据写入数据记录文件。数据包含当前日期和时间的簇数据。

3）使用关闭文件节点关闭数据文件。

演示程序前面板及程序框图如图 7-136 和图 7-137 所示。

图 7-136　程序前面板

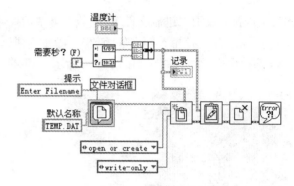

图 7-137　程序框图

2. 数据记录文件的读取

1）使用文件对话框 VI 打开一个文件对话框，选择文件路径。使用打开/创建/替换数据记录文件函数将指定的文件打开。

2）使用读取记录文件函数将指定的数据记录文件打开。

3）读取完毕，使用关闭文件函数节点关闭数据文件。

演示的前面板及运行结果如图 7-138 所示，VI 的程序框图如图 7-139 所示。

图 7-138　程序前面板及运行结果

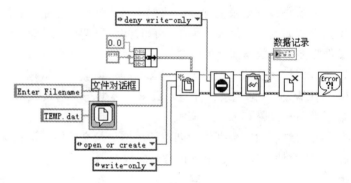

图 7-139　程序框图

7.3.5　测量文件的写入与读取

写入波形至文件和导出波形至电子表格文件 VI 前者可以将波形写入文件，后者可以将波形写入电子表格、文本文件或数据记录文件。

如果只需要在 VI 中使用波形，则可以将该波形保存为数据记录文件（.log）。

以下 VI 一个正弦波形并在一个图形上进行显示，然后将这些波形写入测量文件。

1. 测量文件的写入

首先使用正弦波发生器产生了一个正弦波形，然后使用写入测量文件 Express VI 将该波形写入一个测量文件。写入测量文件 Express VI 的配置如图 7-140 所示。本实例的程序前面板及程序框图如图 7-141 和图 7-142 所示。

可以使用读取测量文件 Express VI 将存储的测量文件读出。下面的例子演示了测量文件的读取方法。

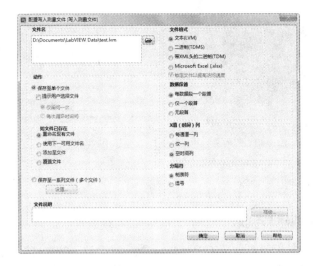

图 7-140　写入测量文件 Express VI 的配置

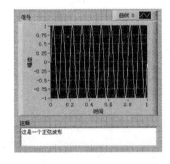

图 7-141　前面板

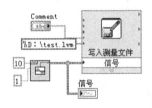

图 7-142　程序框图

2．测量文件的读取

使用读取测量文件 Express VI。从程序中可以看出，其使用方法非常简单。读取测量文件 Express VI 的配置如图 7-143 所示。程序前面板及程序框图如图 7-144 和图 7-145 所示。

图 7-143　读取测量文件 Express VI 的配置

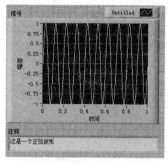

图 7-144 程序前面板

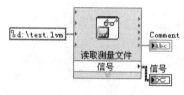

图 7-145 程序框图

7.3.6 配置文件的创建与读取

配置文件 VI 可读取和创建标准的 Windows 配置（.ini）文件，并以独立于平台的格式写入特定平台的数据（例如路径），从而可以跨平台使用 VI 生成的文件。对于配置文件，"配置文件" VI 不使用标准文件格式。通过 "配置文件" VI 可在任何平台上读写由 VI 创建的文件，但无法使用 "配置文件" VI 创建或修改 Mac OS 或 Linux 格式的配置文件。

标准的 Windows 配置文件是用于在文本文件中存储数据的特定格式。由于该文件遵循特定的格式，因此可以通过编程方便地访问.ini 文件中的数据。

1）例如，含有以下内容的配置文件：

➢ [Data]

➢ Value=7.2

2）Windows 配置文件由分节命名的文本文件组成。分节的名称位于方括号中。文件中的每个分节名称必须唯一。分节包括由等号（=）隔开的一对键/值。在每个分节中，键名必须唯一。键名代表配置选项，值名代表该选项的设置。以下例子显示了文件的结构：

➢ [Section 1]

➢ key1=value

➢ key2=value

➢ [Section 2]

➢ key1=value

➢ key2=value

3）在 "配置文件" VI 中键参数的值部分可用以下数据类型：

➢ 字符串

➢ 路径

➢ 布尔

➢ 64 位二进制双精度浮点数

➢ 32 位二进制有符号整数

➢ 32 位二进制无符号整数

"配置文件" VI 可以读写原始或经转换的字符串数据。该 VI 可以逐字节读写原始数据，而不需要将数据转换成 ASCII 代码。在已转换的字符串中，LabVIEW 在配置文件中用对等的十六进制转换码保存任何不可显示的文本字符，如\0D 表示回车。此外，LabVIEW 在

276

配置文件中将反斜杠符号存储为双反斜杠符号，即用\\表示\。将配置文件 VI 的"读取原始字符串？"或"写入原始字符串？"的输入设置为 TRUE，则输入原始数据，FALSE 则使用转换后的数据。

当 VI 写配置文件时，可将任何含有空格键的字符串或路径数据加上引号。如一个字符串含有引号，则 LabVIEW 将其保存为\"。如用文本编辑器读写配置文件，则 LabVIEW 用\"替换引号。

下面以实例来说明配置文件的具体操作过程。

1. 配置文件的创建

1）使用"文件对话框 VI"打开一个文件对话框，选择文件路径。使用打开配置文件函数创建一个配置文件，并将文件打开。

2）使用写入键 VI 在段 1 中写入 3 个值，在段 2 中写入两个值。

3）使用关闭配置数据 VI 关闭配置数据文件。

演示的前面板及程序框图如图 7-146 和图 7-147 所示。

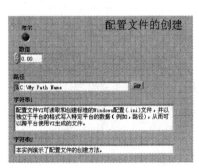

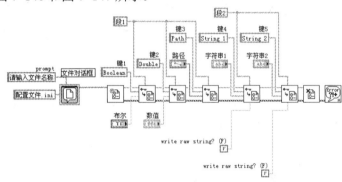

图 7-146　程序前面板　　　　　　　　　　　图 7-147　程序框图

2. 配置文件的读取

首先使用文件对话框 VI 打开一个文件对话框，提示选择所要打开的配置数据文件。然后使用读取键值 VI 读取指定文件中的键。读取完成后，使用关闭配置文件 VI 关闭打开的配置文件。

演示的程序前面板及运行结果如图 7-148 所示，程序框图如图 7-149 所示。

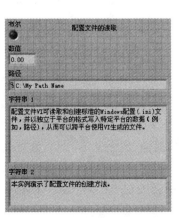

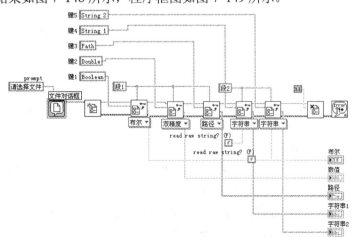

图 7-148　程序前面板及运行结果　　　　　　图 7-149　程序框图

7.3.7 记录前面板数据

前面板数据记录可记录数据，并将这些数据用于其他 VI 和报表中。例如，先记录图形的数据，可将这些数据用于其他 VI 中的另一个图形中。

每次 VI 运行时，前面板数据记录会将前面板数据保存到一个单独的数据记录文件中，其格式为使用分隔符的文本文件。可以通过以下方式获取数据。

➤ 使用与记录数据相同的 VI 通过交互方式获取数据。

➤ 将该 VI 作为子 VI 并通过编程获取数据。

➤ "文件 I/O" VI 和函数可获取数据。

每个 VI 都包括一个记录文件绑定，该绑定包含 LabVIEW 用于保存前面板数据的数据记录文件的位置。记录文件绑定是 VI 和记录该 VI 数据的数据记录文件之间联系的桥梁。

"数据记录"文件所包含的记录均包括时间标识和每次运行 VI 时的数据。访问数据记录文件时，通过在获取模式中运行 VI 并使用前面板控件可以选择需要查看的数据。在获取模式下运行 VI 时，前面板上部将包括一个数字控件，用于选择相应数据记录，如图 7-150 所示。

图 7-150　数据获取工具栏

选择菜单栏中的"操作"→"结束时记录"命令可启用自动数据记录。第一次记录 VI 的前面板数据时，LabVIEW 会提示为数据记录文件命名。以后每次运行该 VI 时，LabVIEW 都会记录每次运行 VI 的数据，并将新记录追加到该数据记录文件中。LabVIEW 将记录写入数据记录文件后将无法覆盖该记录。

选择菜单栏中的"操作"→"数据记录"→"记录"命令，可交互式记录数据。LabVIEW 会将数据立即追加到数据记录文件中。交互式记录数据可选择记录数据的时间。自动记录数据在每次运行 VI 时记录数据。

波形图表在使用前面板数据记录时每次仅记录一个数据点。如果将一个数组连接到该图表的显示控件，数据记录文件将包含该图表所显示数组的一个子集。

记录数据以后，选择菜单栏中的"操作"→"数据记录"→"获取"命令可以交互式查看数据。数据获取工具栏如图 7-150 所示。

高亮显示的数字表示正在查看的数据记录。方括号中的数字表明当前 VI 记录的范围。每次运行 VI 时均会保存一条记录。日期和时间表示所选记录的保存时间。单击递增或递减箭头可查看下一个或前一个记录。也可使用键盘中的向上和向下箭头键。

除数据获取工具栏外，前面板外观也会根据在工具栏中所选的记录而改变。例如，单击向上箭头并前移到另一个记录时，控件将显示保存数据时特定的记录数据。单击✓按钮退出获取模式，返回查看数据记录文件的 VI。

➤ 删除记录：在获取模式中，可删除特定记录。通过查看该记录并单击删除数据记录按钮🔟，可将一个记录标记为删除。再次单击删除数据记录按钮，可恢复数据记录。在获取模式中选择"操作"→"数据记录"→"清除数据"命令可删除所有被标记为删除的记录。如果单击✓按钮之前没有删除被标记的记录，则 LabVIEW 会提示删除这些已被标记的记录。

➤ 清除记录文件绑定：当记录或获取前面板数据时，通过记录文件绑定可以将该 VI 与所使用的数据记录文件联系起来。一个 VI 可以绑定两个或多个数据记录文件。这有助于测试和比较 VI 数据。例如，可将第一次和第二次运行 VI 时记录的数据进行比较。如果需要将多个数据记录文件与一个 VI 进行绑定，选择"操作"→"数据记录"→"清除记录文件绑定"命令，即可清除记录文件绑定。在启用自动记录或选择交互式记录数据的情况下再次运行 VI 时，LabVIEW 会提示指定数据记录文件。

➢ 修改记录文件绑定：选择"操作"→"数据记录"→"修改记录文件绑定"命令可以修改记录文件绑定，从而可用其他数据记录文件保存或获取前面板数据。LabVIEW 会提示选择不同的记录文件或创建新文件。如果需要在 VI 中获取不同的数据或将该 VI 中的数据追加到其他数据记录文件中，可以选择修改记录文件绑定。

可以通过编程获取前面板数据，子 VI 或"文件 I/O" VI 和函数可获取记录数据。

将第 4 章例 4-1 计算两数之积 VI 作为子 VI 添加到程序框图中，右键单击一个子 VI 并从快捷菜单中选择"禁用数据库访问"权限时，该子 VI 周围会出现黄色边框，如图 7-151 所示。

黄色边框像是一个存储文件的柜子，其中包含了可从数据记录文件访问数据的接线端，如图 7-152 所示。当该子 VI 启用数据库访问时，输入和输出实际上均为输出，并可以返回记录数据。"记录#"表示所要查找的记录，"非法记录#"表示该记录号是否存在，"时间标识"表示创建记录的时间，而"前面板数据"是前面板对象簇。将前面板数据簇连接到解除捆绑函数可以访问前面板对象的数据。

图 7-151　子 VI 启用数据库访问权限

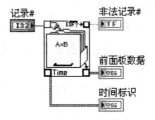

图 7-152　获取子 VI 前面板记录

7.3.8　数据与 XML 格式间的相互转换

可扩展标记语言（XML）是一种用标记描述数据的格式化标准。与 HTML 标记不同，XML 标记不会告诉浏览器如何按格式处理数据，而是使浏览器能识别数据。

例如，假定书商要在网上出售图书。库中的图书按以下标准进行分类：

➢ 书的类型（小说或非小说）；
➢ 标题；
➢ 作者；

➤ 出版商；

➤ 价格；

➤ 体裁；

➤ 摘要；

➤ 页数。

现在可以为每本书创建一个 XML 文件。书名为 Touring Germany's Great Cathedrals 的
XML 文件大致内容如下：

➤ <nonfiction>；

➤ <Title>Touring Germany's Great Cathedrals</Title>；

➤ <Author>Tony Walters</Author>；

➤ <Publisher>Douglas Drive Publishing</Publisher>；

➤ <Price US>$29.99</Price US>；

➤ <Genre>Travel</Genre>；

➤ <Genre>Architecture</Genre>；

➤ <Genre>History</Genre>；

➤ <Synopsis>This book fully illustrates twelve of Germany's most inspiring cathedrals with full-
color photographs， scaled cross-sections， and time lines of their construction.</Synopsis>；

➤ <Pages>224</Pages>；

➤ </nonfiction>。

同样，也可根据名称、值和类型对 LabVIEW 数据进行分类。可以使用以下 XML 表示
一个用户名称的字符串控件：

➤ <String>；

➤ <Name>User Name</Name>；

➤ <Value>Reggie Harmon</Value>；

➤ </String>。

将 LabVIEW 数据转换成 XML 需要格式化的数据以便将数据保存到文件时，可以从描
述数据的标记方便地识别数值、名称和数据类型。例如，如图 7-153 所示，如果将一个温度
值数组转换为 XML，并将这些数据保存到文本文件中，则可以通过查找用于表示每个温度
的<Value>标记确定温度值。

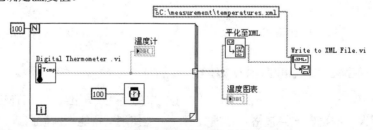

图 7-153　将一个温度值数组转换为 XML

平化至 XML 函数可将 LabVIEW 数据类型转换为 XML 格式。如图 7-154 所示程序框图
生成了 100 个模拟温度值，并将该温度数组绘制成图表，同时将数字数组转换为 XML 格
式，最后将 XML 数据写入 temperatures.xml 文件中。

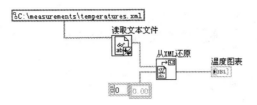

图 7-154　将 XML 格式的数据还原至温度数组

XML 还原函数可将 XML 格式的数据类型转换成 LabVIEW 数据类型。

7.4　综合实例——编辑选中文件

本实例演示用"罗列文件夹"函数读取文件夹路径，并对该文件夹下文件进行复制、删除。

1．设置工作环境

1）新建 VI。选择菜单栏中的"文件"→"新建 VI"命令，新建一个 VI，一个空白的 VI 包括前面板及程序框图。

2）保存 VI。选择菜单栏中的"文件"→"另存为"命令，输入 VI 名称为"编辑选中文件"。

2．设计程序框图

将程序框图置为当前。

（1）获取文件路径

在"函数"选板上选择"编程"→"文件 IO"→"高级文件函数"→"罗列文件夹"函数，在输入端创建"路径""模式"输入控件。

在"函数"选板上选择"编程"→"结构"→"条件结构"，拖动鼠标，在"For 循环"内部创建条件结构。

在"函数"选板上选择"编程"→"文件 IO"→"创建路径"函数，在输入端将"路径"输入控件连接到"基路径"输入端，将"文件名"输出端连接到"模式"输入端，获取选定文件路径，程序框图显示如图 7-155 所示。

（2）编辑显示对话框

在"函数"选板中选择"编程"→"字符串"→"连接字符串"函数，在输入端连接"文件夹名"与"编辑该文件""？"字符常量，将三组字符连在一起。

在"函数"选板上选择"编程"→"对话框与用户界面"→"三按钮对话框"函数，在"消息"输入端连接合并的字符串，创建 3 个按钮常量即"复制""删除"和"取消"，程序运行过程中，显示在对话框中，程序框图显示如图 7-156 所示。

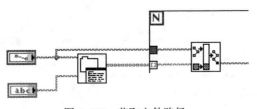

图 7-155　获取文件路径

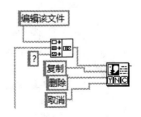

图 7-156　设置显示对话框

（3）设置编辑条件

在"函数"选板上选择"编程"→"结构"→"条件结构"，拖动鼠标，在"For 循环"内部创建条件结构。

条件结构的选择器标签包括"真"和"假"两种，单击右键，选择"在后面添加分支"，显示三种条件。

将按钮对话框的"哪个按钮"输出端连接到"条件结构"中的"分支选择器"端，分支选择器将自动根据按钮转换标签名，如图 7-157 所示。根据按钮的显示选择执行该条件。

选择"Left Button，默认"选项，在"函数"选板上选择"编程"→"文件 IO"→"高级文件函数"→"复制"函数，如图 7-158 所示。

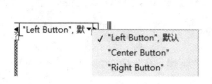

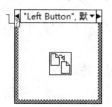

图 7-157　转换标签名　　　　　　　　　　　　图 7-158　复制文件

选择"Center Button"，在"函数"选板上选择"编程"→"文件 IO"→"高级文件函数"→"删除"函数，如图 7-159 所示。

选择"Right Button"，直接连接输入、输出端，如图 7-160 所示。

图 7-159　删除文件　　　　　　　　　　　　图 7-160　取消操作

在"函数"选板上选择"编程"→"对话框与用户界面"→"简易错误处理器"，连接输出错误。

连接剩余程序框图，单击工具栏中的"整理程序框图"按钮，整理程序框图，结果如图 7-161 所示。

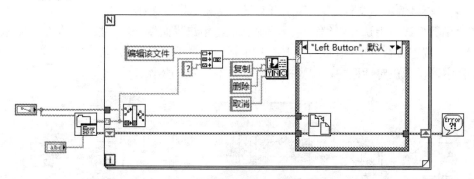

图 7-161　程序框图

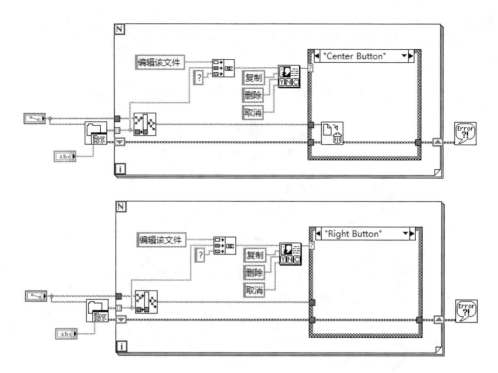

图 7-161   程序框图（续）

3. 显示程序框图

打开程序框图，在空间中输入路径与文件类型，如图 7-162 所示。

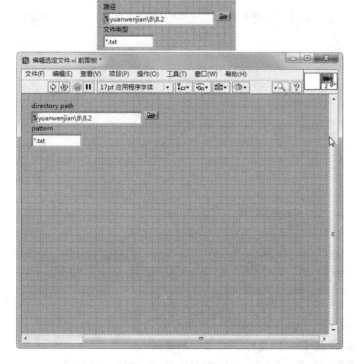

图 7-162   设计前面板

4. 运行程序

1）在前面板窗口或程序框图窗口的工具栏中单击"运行"按钮 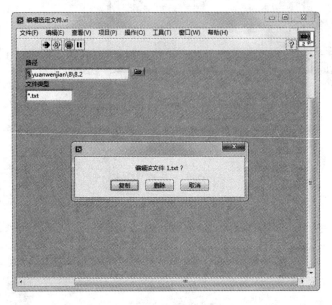，运行 VI 结果如图 7-163 所示。

图 7-163   运行结果

2）单击"复制"按钮，弹出图 7-164 所示的"选择或输入需复制的终端文件路径"对话框，输入复制文件名称，选择路径，完成文件的复制。

图 7-164   复制文件

3）单击"删除"按钮，则直接删除选中的文件。

4）单击"取消"按钮，关闭该对话框，不对选中文件执行任何操作，返回程序框图。

第8章 数据分析

数据采集、数据分析显示了 LabVIEW 强大的图形界面表达能力，极大地方便了用户对虚拟仪器的学习和掌握，本章将介绍相关内容。

 **学习要点**

- 数据采集节点介绍
- 波形分析
- 信号分析
- 其余 VI

8.1 数据采集基础

在学习 LabVIEW 所提供的功能强大的数据采集和分析软件以前，首先需要对数据采集系统的原理、构成进行了解。因此，本节首先对 DAQ 系统进行了介绍，然后对 NI-DAQ 的安装及 NI-DAQ 节点中常用的参数进行了介绍。

8.1.1 DAQ 功能概述

典型的基于 PC 的 DAQ 系统框图如图 8-1 所示。它包括传感器、信号调理模块、数据采集硬件设备以及装有 DAQ 软件的 PC。

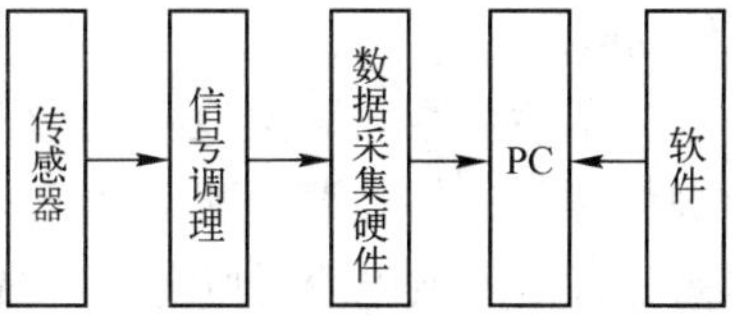

下面对数据采集系统的各个组成部分进行介绍，并介绍使用各组成部分的最重要的原则。

传感器 → 信号调理 → 数据采集硬件 → PC ← 软件

图 8-1 典型的基于 PC 的 DAQ 系统

1. 个人计算机（PC）

数据采集系统所使用的计算机会极大地影响连续采集数据的最大速度，而当今的技术已可以使用 Pentium 和 PowerPC 级的处理器，它们能结合更高性能的 PCI、PXI/CompactPCI 和 IEEE 1394（火线）总线以及传统的 ISA 总线和 USB 总线。PCI 总线和 USB 接口是目前绝大多数台式计算机的标准设备，而 ISA 总线已不再经常使用。随着 PCMCIA、USB 和 IEEE 1394 的出现，为基于桌面 PC 的数据采集系统提供了一种更为灵活的总线替代选择。对于使用 RS-232 或 RS-485 串口通信的远程数据采集应用，串口通信的速率常常会使数据吞吐量受到限制。在选择数据采集设备和总线方式时，请记住所选择的设备和总线所能支持的数据传输方式。

计算机的数据传送能力会极大地影响数据采集系统的性能。所有 PC 都具有可编程 I/O 和中断传送方式。目前绝大多数个人计算机可以使用直接内存访问（Direct Memory Access，DMA）传送方式，它使用专门的硬件把数据直接传送到计算机内存中，从而提高了系统的数据吞吐量。采用这种方式后，处理器不需要控制数据的传送，因此它就可以用来处理更复杂的工作。为了利用 DMA 或中断传送方式，选择的数据采集设备必须能支持这些传送类型。例如，PCI、ISA 和 IEEE1394 设备可以支持 DMA 和中断传送方式，而 PCMCIA 和 USB 设备只能使用中断传送方式。所选用的数据传送方式会影响数据采集设备的数据吞吐量。

限制采集大量数据的因素常常是硬盘，磁盘的访问时间和硬盘的分区会极大地降低数据采集和存储到硬盘的最大速率。对于要求采集高频信号的系统，就需要为 PC 选择高速硬盘，从而保证有连续（非分区）的硬盘空间来保存数据。此外，要用专门的硬盘进行采集并且在把数据存储到磁盘时使用另一个独立的磁盘运行操作系统。

对于需要实时处理高频信号的应用，需要用到 32 位的高速处理器以及相应的协处理器或专用的插入式处理器，如数字信号处理（DSP）板卡。然而，对于在 1 s 内只需要采集或换算一两次数据的应用系统而言，使用低端的 PC 就可以满足要求。

在满足短期目标的同时，要根据投资所能产生的长期回报的最大值来确定选用何种操作系统和计算机平台。影响选择的因素可能包括开发人员和最终用户的经验和要求、PC 的其他用途（现在和将来）、成本的限制以及在实现系统期间内可使用的各种计算机平台。传统平台包括具有简单的图形化用户界面的 Mac OS 以及 Windows 9x。此外，Windows NT 4.0 和 Windows 2000 能提供更为稳定的 32 位 OS，并且使用起来和 Windows 9x 类似。Windows 2000/XP 是新一代的 Windows NT OS，它结合了 Windows NT 和 Windows 9x 的优势，这些优势包括固有的即插即用和电源管理功能。

2. 传感器和信号调理

传感器能够感应物理现象并生成数据采集系统可测量的电信号。例如，热电偶、电阻式测温计（RTD）、热敏电阻器和 IC 传感器可以把温度转变为模拟数字转化器（Analog-to-Digital Converter，ADC）可测量的模拟信号。其他例子包括应力计、流速传感器、压力传感器，它们可以相应地测量应力、流速和压力。在所有这些情况下，传感器可以生成和它们所检测的物理量呈比例的电信号。

为了适合数据采集设备的输入范围，由传感器生成的电信号必须经过处理。为了更精确地测量信号，信号调理配件能放大低电压信号，并对信号进行隔离和滤波。此外，某些传感器需要有电压或电流激励源来生成电压输出。

3. 数据采集硬件

模拟输入：模拟输入在模拟输入的技术说明中将给出关于数据采集产品的精度和功能的信息。基本技术说明适用于大部分数据采集产品，包括通道数目、采样速率、分辨率和输入范围等方面的信息。

模拟输出：经常需要模拟输出电路为数据采集系统提供激励源。数模转换器（DAC）的一些技术指标决定了所产生输出信号的质量——稳定时间、转换速率和输出分辨率。

触发器：许多数据采集的应用过程需要基于一个外部事件来起动或停止一个数据采集的工作。数字触发使用外部数字脉冲来同步采集与电压生成。模拟触发主要用于模拟输入操作，当一个输入信号达到一个指定模拟电压值时，根据相应的变化方向来起动或停止数据采集的操作。

RTSI 总线：NI 公司为数据采集产品开发了 RTSI 总线。RTSI 总线使用一种定制的门阵列和一条带形电缆，能在一块数据采集卡上的多个功能之间或者两块甚至多块数据采集卡之间发送定时和触发信号。通过 RTSI 总线，用户可以同步模数转换、数模转换、数字输入、数字输出和计数器/计时器的操作。例如，通过 RTSI 总线，两个输入板卡可以同时采集数据，同时第三个设备可以与该采样率同步地产生波形输出。

数字 I/O (DIO)：DIO 接口经常在 PC 数据采集系统中使用，它被用来控制过程、产生测试波形、与外围设备进行通信。在每一种情况下，最重要的参数有可应用的数字线的数目、在这些通路上能接收和提供数字数据的速率以及通路的驱动能力。如果数字线被用来控制事件，例如打开或关掉加热器、电动机或灯，由于上述设备并不能很快地响应，因此通常不采用高速输入、输出。

数字线的数量当然应该与需要被控制的过程数目相匹配。在本书讲述的每一个例子中，需要打开或关掉设备的总电流必须小于设备的有效驱动电流。

定时 I/O：计数器/定时器在许多应用中具有很重要的作用，包括对数字事件产生次数的计数、数字脉冲计时以及产生方波和脉冲。通过 3 个计数器/计时器信号就可以实现所有上述应用——门、输入源和输出。门是指用于使计数器开始或停止工作的一个数字输入信号。输入源是一个数字输入，它的每次翻转都导致计数器的递增，因而提供计数器工作的时间基准。在输出线上输出数字方波和脉冲。

4. 软件

软件使 PC 和数据采集硬件形成了一个完整的数据采集、分析和显示系统。没有软件，数据采集硬件是毫无用处的——或者使用比较差的软件，数据采集硬件也几乎无法工作。大部分数据采集应用实例都使用了驱动软件。软件层中的驱动软件可以直接对数据采集硬件的寄存器编程，管理数据采集硬件的操作并把它和处理器中断，DMA 和内存这样的计算机资源结合在一起。驱动软件隐藏了复杂的硬件底层编程细节，为用户提供容易理解的接口。

随着数据采集硬件、计算机和软件复杂程度的增加，好的驱动软件就显得尤为重要。合适的驱动软件可以最佳地结合灵活性和高性能，同时还能极大地降低开发数据采集程序所需要的时间。

为了开发出用于测量和控制的高质量数据采集系统，用户必须了解组成系统的各个部分。在所有数据采集系统的组成部分中，软件是最重要的。这是由于插入式数据采集设备没有显示功能，软件是使用者和系统的唯一接口。软件提供了系统的所有信息，使用者也需要通过它来控制系统。软件把传感器、信号调理、数据采集硬件和分析硬件集成为一个完整的多功能数据采集系统。

8.1.2 NI-DAQ 安装

NI 公司官方提供了支持 LabVIEW 2015 的 DAQ 驱动程序，下载地址为：http://www.ni.c omdo wnloadni-daqmx15.0.15353en。把 DAQ 卡与计算机连接后，就可以开始安装驱动程序了。

双击下载的安装程序🐾，弹出图 8-2 所示的解压对话框，单击"确定"按钮，进入图 8-3 所示的解压路径设置对话框。

1）单击"Unzip"按钮，解压缩文件，过程如图 8-4 所示，勾选"When done unzipping open"复选框，当完成解压后，直接启动安装程序 Setup.exe。

图 8-2 解压对话框

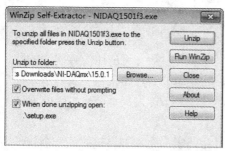
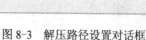

图 8-3 解压路径设置对话框

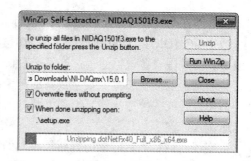

图 8-4 解压过程

2）解压缩完成后，弹出解压成功对话框，如图 8-5 所示，单击"确定"按钮，启动安装。把压缩包解压以后，会出现图 8-6 所示的对话框。

图 8-5 解压成功

图 8-6 NI-DAQmx 初始化界面

单击"下一步"按钮，对安装路径进行选择，如图 8-7 所示。

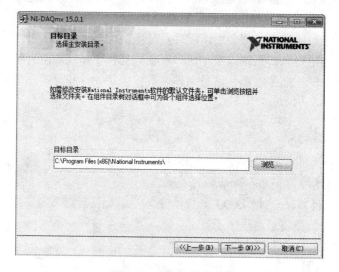

图 8-7 选择文件路径

单击"下一步"按钮，选择安装类型，经典、自定义可以由用户选择，如图 8-8 所示。单击"下一步"按钮，显示"产品通知"对话框，如图 8-9 所示，取消复选框的勾选。

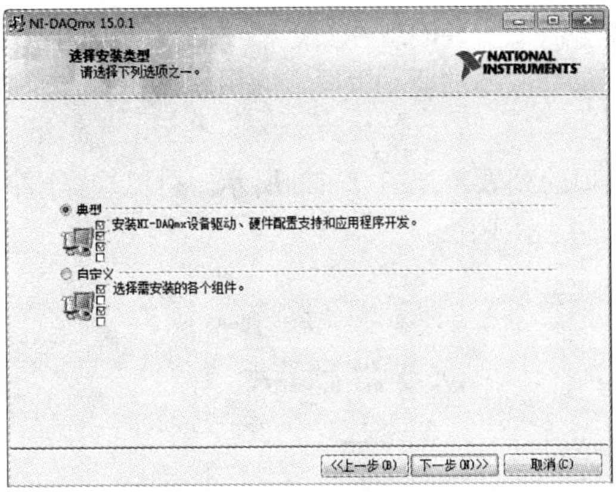

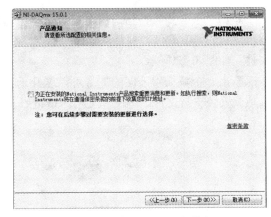

图 8-8 选择安装类型   图 8-9 "产品通知"对话框

单击"下一步"按钮,显示许可协议,选择"我接受该许可协议。",如图 8-10 所示。

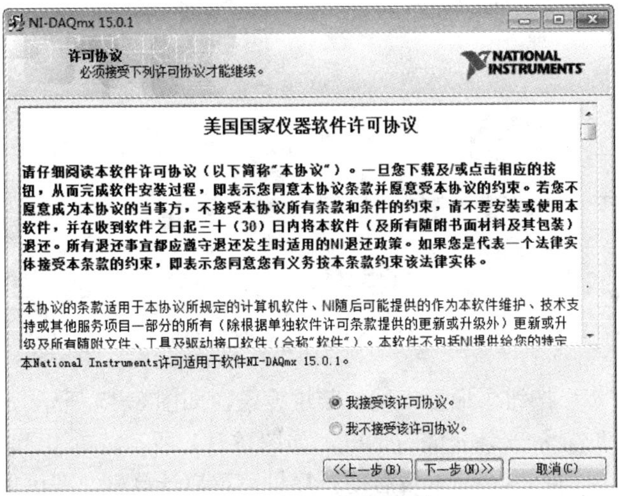

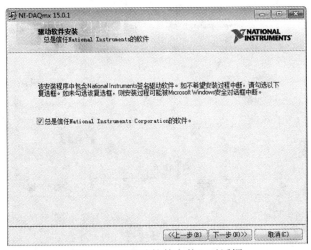

图 8-10 许可协议界面

单击"下一步"按钮,显示安装确认对话框,如图 8-11 所示。

图 8-11 "驱动软件安装"对话框

单击"下一步"按钮，核对安装信息，选择所需要安装的组件安装程序会自动检测系统中已安装的 NI 软件，并且从该 CD 中自动选择最新版本的驱动程序、应用软件和语言支持文件，如图 8-12 所示。

双击一个特征项前面的加号可以展开子特征项的列表，如图 8-12 所示。可以选择附加选项来安装支持文件、范例和文档。请按照软件的提示操作。

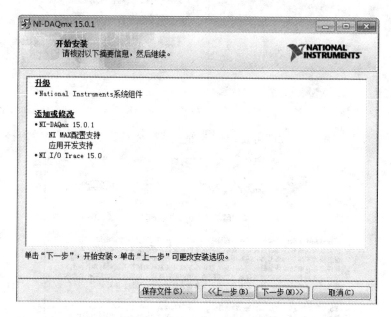

图 8-12　NI-DAQmx 安装界面

直接单击"下一步"按钮，最后出现安装进度条，如图 8-13 所示。

当安装程序完成时显示安装完成对话框，如图 8-14 所示，单击"下一步"按钮，会打开一个消息提示框询问是否想立刻重新启动计算机。重启计算机，即可使用 DAQ。

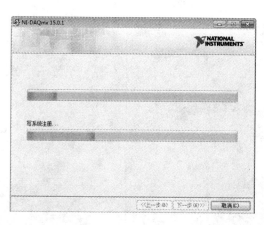

图 8-13　安装进程界面

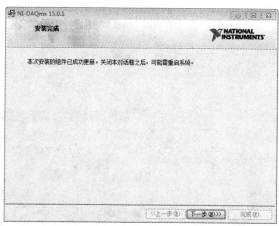

图 8-14　安装完成

8.1.3 安装设备和接口

双击桌面上的 图标，或选择"开始"→"NI MAX"命令。将出现"Measurement & Automation Explorer"窗口。从该窗口中可以看到现在的计算机所拥有的 NI 公司的硬件和软件的情况，如图 8-15 所示。在该窗口中，可以对本计算机拥有的 NI 公司的软、硬件进行管理。

安装完成后，选择 PCI 接口，显示 DAQ 虚拟通道物理通道，在图 8-15 中在"设备和接口"上单击右键选择"新建"命令，如图 8-16 所示。弹出"新建"对话框，选择"仿真 NI-DAQmx 设备或模块化仪器"选项，如图 8-17 所示。单击"完成"按钮，弹出创建"NI-DAQmx 仿真设备"对话框。在对话框中选择所需要接口型号，如图 8-18 所示，单击"确定"按钮，完成接口的选择，如图 8-19 所示。

图 8-15 "Measurement & Automation Explorer"窗口

图 8-16 新建接口

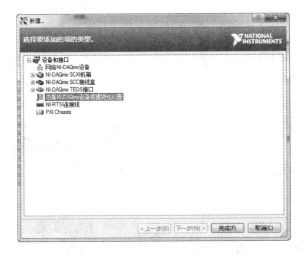

图 8-17 "新建"对话框

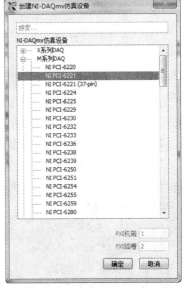

图 8-18 选择接口型号

图 8-19 "Measurement & Automation Explorer" 窗口

8.2 数据采集节点介绍

安装完成 NI-DAQmx 后,函数选板中将出现 DAQ 子选板。

LabVIEW 是通过 DAQ 节点来控制 DAQ 设备完成数据采集的,所有的 DAQ 节点都包含在函数选板中的"测量 I/O"→"DAQmx—数据采集"子选板中,如图 8-20 所示。

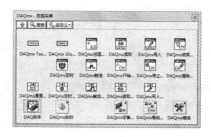

图 8-20 "DAQmx—数据采集"子选板

8.2.1 DAQ 节点常用的参数简介

在详细介绍 DAQ 节点的功能之前,为使用户更加方便地学习和使用 DAQ 节点,有必要先介绍一些 LabVIEW 通用的 DAQ 参数的定义。

1. 设备号和任务号(Device ID 和 Task ID)

输入端口 Device 是指在 DAQ 配置软件中分配给所用 DAQ 设备的编号,每一个 DAQ 设备都有一个唯一的编号与之对应。在使用工具 DAQ 节点配置 DAQ 设备时,这个编号可以由用户指定。输出参数 Task ID 是系统给特定的 I/O 操作分配的一个唯一的标识号,贯穿于以后的 DAQ 操作的始终。

2. 通道(Channels)

在信号的输入、输出时,每一个端口叫作一个 Channels。Channels 中所有指定的通道会形成一个通道组(Group)。VIs 会按照 Channels 中所列出的通道顺序进行采集或输出数据的 DAQ 操作。

3．通道命名（Channel Name Addressing）

要在 LabVIEW 中应用 DAQ 设备，必须对 DAQ 硬件进行配置，为了让 DAQ 设备的 I/O 通道的功能和意义更加直观地为用户所理解，用每个通道所对应的实际物理参数意义或名称来命名通道是一个理想的方法。在 LabVIEW 中配置 DAQ 设备的 I/O 通道时，可以在 Channels 中输入一定物理意义的名称来确定通道的地址。

用户在使用通道名称控制 DAQ 设备时，就不需要再连接 device、input limits 以及 input config 这些输入参数了，LabVIEW 会按照在 DAQ Channel Wizard 中的通道配置自动来配置这些参数。

4．通道编号命名（Channel Number Addressing）

如果用户不使用通道名称来确定通道的地址，那么还可以在 channels 中使用通道编号来确定通道的地址。可以将每个通道编号都作为一个数组中的元素；也可以将数个通道编号填入一个数组元素中，编号之间用逗号隔开；可以在一个数组元素指定通道的范围，例如 0:2，表示通道 0，1，2。

5．I/O 范围设置（Limit Setting）

Limit Setting 是指 DAQ 卡所采集或输出的模拟信号的最大/最小值。请注意，在使用模拟输入功能时，用户设定的最大/最小值必须在 DAQ 设备允许的范围之内。一对最大/最小值组成一个簇，多个这样的簇将形成一个簇数组，每一个通道对应一个簇，这样用户就可以为每一个模拟输入或模拟输出通道单独指定最大/最小值了，如图 8-21 所示。

按照通道设置，第一个设备的 AI0 通道的范围是-10～10。

在模拟信号的数据采集应用中，用户不但需要设定信号的范围，还要设定 DAQ 设备的极性和范围。一个单极性的范围只包含正值或只包含负值，而双极性范围可以同时包含正值和负值。用户需要根据自己的需要来设定 DAQ 设备的极性。

6．组织 2D 数组中的数据

当用户在多个通道进行多次采集时，采集到的数据以 2D 数组的形式返回。在 LabVIEW 中，用户可以用两种方式来组织 2D 数组中的数据。

第一种方式是用数组中的行（row）来组织数据。假如数组中包含了来自模拟输入通道中的数据，那么，数组中的一行就代表一个通道中的数据，这种方式通常称为行顺方式（row major order）。当用户用一组嵌套 for 循环来产生一组数据时，内层的 for 循环每循环一次就产生 2D 数组中的一行数据。用这种方式构成的 2D 数组如图 8-22 所示。

第二种方式是通过 2D 数组中的列（column）来组织数据。节点把从一个通道采集来的数据放到 2D 数组的一列中，这种组织数据的方式通常称之为列顺方式（column major order），此时 2D 数组的构成如图 8-23 所示。

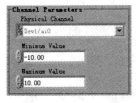

Channel	0	ch0, sc0	ch0, sc1	ch0, sc2	ch0, sc3
Scan	0	ch1, sc0	ch1, sc1	ch1, sc2	ch1, sc3
		ch2, sc0	ch2, sc1	ch2, sc2	ch2, sc3
		ch3, sc0	ch3, sc1	ch3, sc2	ch3, sc3

图 8-21　I/O 范围设置　　　　　　　　图 8-22　行顺方式组织数据

注意

在图 8-22 和图 8-23 中出现了一个术语 Scan，称为扫描。一次扫描是指用户指定的一组通道按顺序进行一次数据采集。

假如需要从这个 2D 数组中取出其中某一个通道的数据，将数组中相对应的一列数据取出即可，如图 8-24 所示。

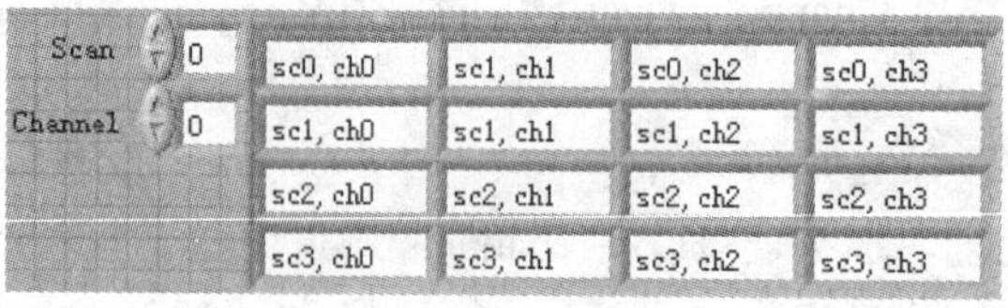

Scan 0
Channel 0
sc0, ch0
sc1, ch1
sc0, ch2
sc0, ch3
sc1, ch0
sc1, ch1
sc1, ch2
sc1, ch3
sc2, ch0
sc2, ch1
sc2, ch2
sc2, ch3
sc3, ch0
sc3, ch1
sc3, ch2
sc3, ch3

图 8-23 列顺序方式组织数据

列顺方式二维数组
索引数组
单通道数据
通道
1.23

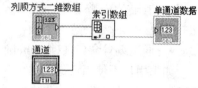

图 8-24 从二维数组中取出其中某一个通道的数据

7．扫描次数（Number of Scans to Acquire）

扫描次数是指在用户指定的一组通道进行数据采集的次数。

8．采样点数（Number of Samples）

采样点数是指一个通道采样点的个数。

9．扫描速率（Scan Rate）

扫描速率是指每秒完成一组指定通道数据采集的次数，它决定了在所有的通道中在一定时间内所进行数据采集次数的总和。

8.2.2 DAQmx 节点

完成 DAQ 安装后，在函数面板中将显示 DAQ 节点函数，下面对常用的 DAQmx 节点进行介绍。

1．DAQmx 创建虚拟通道

NI-DAQmx 创建虚拟通道函数创建了一个虚拟通道并且将它添加成一个任务。它也可以用来创建多个虚拟通道并将它们都添加至一个任务。如果没有指定一个任务，那么这个函数将创建一个任务。NI-DAQmx 创建虚拟通道函数有许多实例。这些实例对应于特定的虚拟通道所实现的测量或生成类型。节点的图标及端口定义如图 8-25 所示。图 8-26 是 4 个不同的 NI-DAQmx 创建虚拟通道 VI 实例的例程。

输入接线端配置
最小值
最大值
任务输入
物理通道
分配名称
单位
错误输入
自定义换算名称
DAQmx
任务输出
错误输出

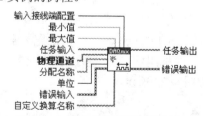

图 8-25 “DAQmx 创建虚拟通道”节点图标及端口定义

AI Voltage
AO Current
Digital Input
CI Angular Encoder

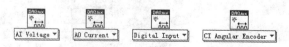

图 8-26 DAQmx 创建的不同类型的虚拟通道

NI-DAQmx 创建虚拟通道函数的输入随每个函数实例的不同而不同，但是，某些输入对大部分函数的实例是相同的。例如一个输入需要用来指定虚拟通道将使用的物理通道（模拟输入和模拟输出）、线数（数字）或计数器。此外，模拟输入、模拟输出和计数器操作使用最小值和最大值输入来配置和优化基于信号最小和最大预估值的测量和生成。而且，一个自定义的刻度可以用于许多虚拟通道类型。在图 8-27 所示的 LabVIEW 程序框图中，NI-DAQmx 创建虚拟通道 VI 用于创建一个热电偶虚拟通道。

2. DAQmx 清除任务

NI-DAQmx 清除任务函数可以清除特定的任务。如果任务现在正在运行，那么这个函数首先中止任务然后释放掉它所有的资源。一旦一个任务被清除，那么它就不能被使用，除非重新创建它。因此，如果一个任务还会使用，那么 NI-DAQmx 结束任务函数就必须用来中止任务，而不是清除它。DAQmx 清除任务的节点的图标及端口定义如图 8-28 所示。

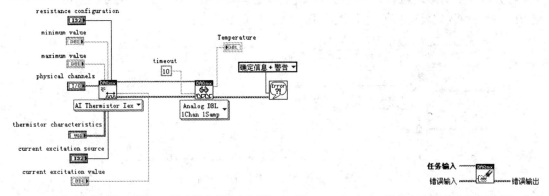

图 8-27 利用创建虚拟通道 VI 创建热电偶虚拟通道　　图 8-28 DAQmx 清除任务的节点图标及端口定义

对于连续的操作，NI-DAQmx 清除任务函数必须用于结束真实的采集或生成。在图 8-29 所示的 LabVIEW 程序框图中，一个二进制数组不断输出直至等待循环退出和 NI-DAQmx 清除任务 VI 执行。

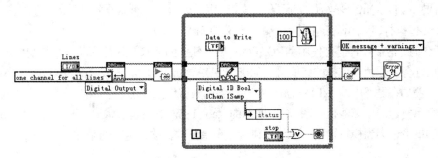

图 8-29 DAQmx Clear Task 应用实例

3. DAQmx 读取

NI-DAQmx 读取函数需要从特定的采集任务中读取采样。这个函数的不同实例允许选择采集的类型（模拟、数字或计数器）、虚拟通道数、采样数和数据类型。其节点的图标及端口定义如图 8-30 所示。图 8-31 是 4 个不同的 NI-DAQmx 读取 VI 实例的例程。

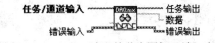

图 8-30 DAQmx 读取的节点图标及端口定义

图 8-31 不同 NI-DAQmx 读取 VI 的实例

可以读取多个采样的 NI-DAQmx 读取函数的实例包括一个输入来指定在函数执行时读取数据的每通道采样数。对于有限采集，通过将每通道采样数指定为-1，这个函数就等待采集完所有请求的采样数，然后读取这些采样。对于连续采集，将每通道采样数指定为-1，可以使得这个函数在执行的时候读取所有现在保存在缓冲中可得的采样。在如图 8-32 所示的 LabVIEW 程序框图中，NI-DAQmx 读取 VI 已经被配置成从多个模拟输入虚拟通道中读取多个采样并以波形的形式返回数据。而且，既然每通道采样数输入已经配置成常数 10，那么每次 VI 执行的时候它就会从每一个虚拟通道中读取 10 个采样。

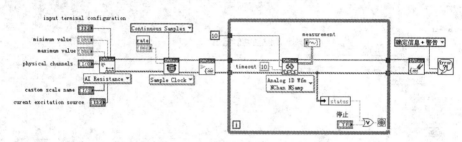

图 8-32 从模拟通道读取多个采样值实例

4. DAQmx 开始任务

NI-DAQmx 开始任务函数可以显式地将一个任务转换到运行状态。在运行状态，这个任务将完成特定的采集或生成。如果没有使用 NI-DAQmx 启动任务函数，那么在 NI-DAQmx 读取函数执行时，一个任务可以隐式地转换到运行状态，或者自动开始。这个隐式的转换也发生在如果 NI-DAQmx 开始任务函数未被使用而且 NI-DAQmx 写入函数与它相应指定的自启动输入一起执行。其节点的图标及端口定义如图 8-33 所示。

虽然不是经常需要，但是使用 NI-DAQmx 启动任务函数来显式地启动一个与硬件定时相关的采集或生成任务是更值得选择的。而且，如果 NI-DAQmx 读取函数或 NI-DAQmx 写入函数将会执行多次，例如在循环中， NI-DAQmx 启动任务函数就应当使用。否则，任务的性能将会降低，因为它将会重复地启动和停止。图 8-34 所示的 LabVIEW 程序框图演示了不需要使用 NI-DAQmx 启动函数的情形，因为模拟输出生成仅仅包含一个单一的、软件定时的采样。

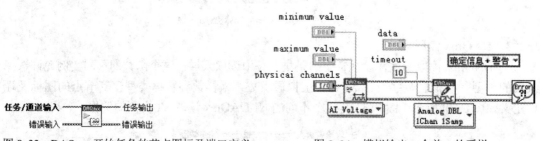

图 8-33 DAQmx 开始任务的节点图标及端口定义　　　　图 8-34 模拟输出一个单一的采样

图 8-35 所示的 LabVIEW 程序框图演示了应当使用 NI-DAQmx 启动函数的情形，因为

NI-DAQmx 读取函数需要执行多次以便在计数器中读取数据。

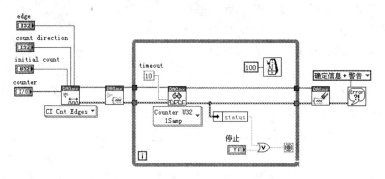

图 8-35　多次读取计数器数据实例

5. DAQmx 停止任务

停止任务。任务经过该节点后将进入
DAQmx Start Task VI 节点之前的状态。

如果不使用 DAQmx 开始任务和
DAQmx 停止任务，而只是多次使用
DAQmx 读取或 DAQmx 写入，例如在一个

图 8-36　DAQmx 停止任务的节点图标及端口定义

循环里，这将会严重降低应用程序的性能。其节点的图标及端口定义如图 8-36 所示。

6. DAQmx 定时

NI-DAQmx 定时函数配置定时用于硬
件定时的数据采集操作。这包括指定操作
是否连续或有限、为有限的操作选择用于
采集或生成的采样数量以及在需要时创建
一个缓冲区。其节点的图标及端口定义如
图 8-37 所示。

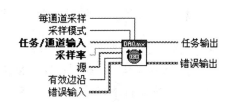

图 8-37　DAQmx 定时的节点图标和端口定义

对于需要采样定时的操作（模拟输入、
模拟输出和计数器），NI-DAQmx 定时函数
中的采样时钟实例设置了采样时钟的源（可以是一个内部或外部的源）和它的速率。采样时
钟控制了采集或生成采样的速率。每一个时钟脉冲为每一个包含在任务中的虚拟通道初始化
一个采样的采集或生成。在图 8-38 中，LabVIEW 程序框图演示了使用 NI-DAQmx 定时 VI
中的采样时钟实例来配置一个连续的模拟输出生成（利用一个内部的采样时钟）。

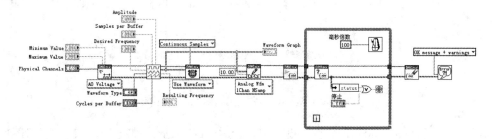

图 8-38　DAQmx Timing 应用实例之一

为了在数据采集应用程序中实现同步，如同触发信号必须在一个单一设备的不同功能区域或多个设备之间传递一样，定时信号也必须以同样的方式传递。NI-DAQmx 也是自动地实现这个传递。所有有效的定时信号都可以作为 NI-DAQmx 定时函数的源输入。例如，在如图8-39 所示的 DAQmx 定时 VI 中，设备的模拟

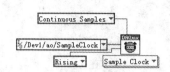

图 8-39　模拟输出时钟作为模拟输入时钟源

输出采样时钟信号作为同一个设备模拟输入通道的采样时钟源，而无须完成任何显式的传递。

大部分计数器操作不需要采样定时，因为被测量的信号提供了定时。NI-DAQmx 定时函数的隐式实例应当用于这些应用程序中。例如，在如图8-40 所示的 DAQmx 定时 VI 中，设备的模拟输出采样时钟信号作为同一个设备模拟输入通道的采样时钟源，而无须完成任何显式的传递。

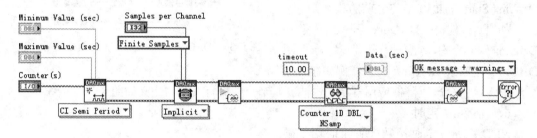

图 8-40　DAQmx Timing 应用实例之二

某些数据采集设备支持将握手作为它们数字 I/O 操作的定时信号的方式。握手使用与外部设备之间请求和确认定时信号的交换来传输每一个采样。NI-DAQmx 定时函数的握手实例为数字 I/O 操作配置握手定时。

7. DAQmx 触发

NI-DAQmx 触发函数配置一个触发器来完成一个特定的动作。最为常用的动作是一个启动触发器（Start Trigger）和一个参考触发器（Reference Trigger）。启动触发器初始化一个采集或生成。参考触发器确定所采集的采样集中的位置，在那里前触发器数据（Pre Trigger）结束，而后触发器（Post Trigger）数据开始。这些触发器都可以配置成发生在数字边沿、模拟边沿或者当模拟信号进入或离开窗口。在下面的 LabVIEW 程序框图中，利用 NI-DAQmx 触发 VI，启动触发器和参考触发器都配置成发生在一个模拟输入操作的数字边沿。其节点的图标及端口定义如图8-41 所示。

图 8-41　DAQmx 触发的节点图标和端口类型

在图8-42 所示的 LabVIEW 程序框图中，利用 NI-DAQmx 触发 VI，启动触发器和参考触发器都配置成发生在一个模拟输入操作的数字边沿。

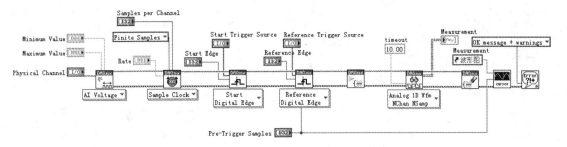

图 8-42　DAQmx Trigger 应用实例

许多数据采集应用程序需要一个单一设备不同功能区域的同步（例如，模拟输出和计数器）。其他的则需要多个设备进行同步。为了达到这种同步性，触发信号必须在一个单一设备的不同功能区域和多个设备之间传递。NI-DAQmx 自动地完成了这种传递。当使用 NI-DAQmx 触发函数时，所有有效的触发信号都可以作为函数的源输入。例如，在图 8-43 所示的 NI-DAQmx 触发 VI 中，用于设备 2 的启动触发器信号可以用作设备 1 的启动触发器的源，而无须进行任何显式的传递。

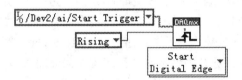

图 8-43　用设备 2 的触发信号触发设备 1

8. DAQmx 结束前等待

NI-DAQmx 结束前等待，函数在结束之前等待数据采集操作的完成。这个函数应当保证在任务结束之前完成了特定的采集或生成。最为普遍的是，NI-DAQmx 等待直至完成函数用于有限操作。一旦这个函数完成了执行，有限采集或生成就完成了，而且无须中断操作就可以结束任务。此外，超时输入允许指定一个最大的等待时间。如果采集或生成不能在这段时间内完成，那么这个函数将退出而且会生成一个合适的错误信号。其节点的图标及端口定义如图 8-44 所示。图 8-45 所示 LabVIEW 程序框图中的 NI-DAQmx 等待直至完成（Wait Until Done）VI 用来验证有限模拟输出操作在任务清除之前就已经完成。

图 8-44　DAQmx 结束前等待函数的节点图标和端口类型

9. DAQmx 写入

NI-DAQmx 写入函数将采样写入指定的生成任务中。这个函数的不同实例允许选择生成类型（模拟或数字）、虚拟通道数、采样数和数据类型。其节点的图标及端口定义如图 8-46 所示。图 8-47 所示是 4 个不同的 NI-DAQmx 写入 VI 实例的例程。

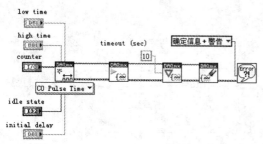

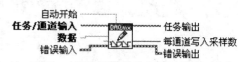

图 8-45　Wait Until Done 节点应用实例　　　　图 8-46　DAQmx 写入函数的节点图标及端口定义

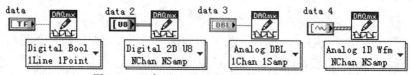

图 8-47　4 个不同 NI-DAQmx 写入 VI 的实例

　　每一个 NI-DAQmx 写入函数实例都有一个自启动输入来确定，如果还没有显式地启动，那么这个函数将隐式地启动任务。正如在本文 NI-DAQmx 启动任务部分所讨论的那样，NI-DAQmx 启动任务函数应当用于显式地启动一个使用硬件定时的生成任务。它也应当用来最大化性能，如果 NI-DAQmx 写入函数将会多次执行。对于一个有限的模拟输出生成，图 8-48 所示的 LabVIEW 程序框图包括一个 NI-DAQmx 写入 VI 的自启动输入值为"假"的布尔值，因为生成任务是硬件定时的。NI-DAQmx 写入 VI 已经被配置将一个通道模拟输出数据的多个采样以一个模拟波形的形式写入任务中。

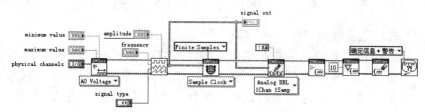

图 8-48　DAQmx Write 应用实例

10．DAQmx 属性节点

　　NI-DAQmx 属性节点提供了对所有与数据采集操作相关属性的访问，如图 8-49 所示。这些属性可以通过写入 NI-DAQmx 属性节点设置，而且当前的属性值可以从 NI-DAQmx 属性节点中读取。而且，在 LabVIEW 中，一个 NI-DAQmx 属性节点可以用于写入多个属性或读取多个属性。例如，图 8-50 所示的 LabVIEW NI-DAQmx 定时属性节点先设置了采样时钟的源，然后读取采样时钟的源，最后设置采样时钟的有效边沿。

图 8-49　DAQmx 的属性节点

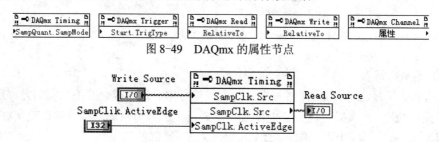

图 8-50　DAQmx Timing 属性节点使用

许多属性可以使用前面讨论的 NI-DAQmx 函数来设置。例如，采样时钟源和采样时钟有效边沿属性可以使用 NI-DAQmx 定时函数来设置。然而，一些相对不常用的属性只可以通过 NI-DAQmx 属性节点来访问。在图 8-51 所示的 LabVIEW 程序框图中，一个 NI-DAQmx 通道属性节点用来使能硬件低通滤波器，然后设置滤波器的截止频率来用于应变测量。

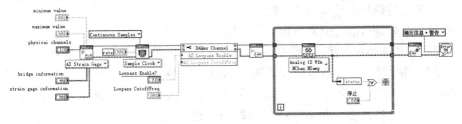

图 8-51　DAQmx 属性节点的使用实例

11. DAQ 助手

DAQ 助手是一个图形化的界面，用于交互式地创建、编辑和运行 NI-DAQmx 虚拟通道和任务。一个 NI-DAQmx 虚拟通道包括一个 DAQ 设备上的物理通道和对这个物理通道的配置信息，例如输入范围和自定义缩放比例。一个 NI-DAQmx 任务是虚拟通道、定时和触发信息以及其他与采集或生成相关属性的组合。DAQ Assistant 配置完成一个应变测量。其节点图标如图 8-52 所示。

图 8-52　未配置前的 DAQ Assistant 图标

8.3　波形分析

现实中数字信号无处不在。由于数字信号具有高保真、低噪声和便于处理的优点，所以得到了广泛的应用，例如通信公司使用数字信号传输语音；广播、电视和高保真印象系统也都在逐渐数字化；太空中的卫星将测得的数据以数字信号的形式发送到地面接收站；对遥远星球和外部空间拍摄的照片也是采用数字方式处理，去除干扰，获得有用的信息；经济数据、人口普查结果和股票市场价格等都可以采用数字信号的形式获得。可用计算机处理的信号都是数字信号。

目前，对于实时分析系统，高速浮点运算和数字信号处理已经变得越来越重要。这些系统被广泛应用到生物医学数据处理、语音识别、数字音频和图像处理等各种领域。数据分析的重要性在于，消除噪声干扰，纠正由于设备故障而遭到破坏的数据，或者补偿环境影响。图 8-53 所示是一个消除噪声前后的例子。

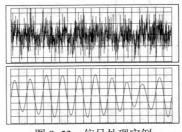

图 8-53　信号处理实例

用于信号分析和处理的虚拟仪器执行的典型测量任务如下。

1）计算信号中存在的总的谐波失真。

2）决定系统的脉冲响应或传递函数。

3）估计系统的动态响应参数，例如上升时间、超调量等。

4）计算信号的幅频特性和相频特性。

5）估计信号中含有的交流成分和直流成分。

所有这些任务都要求在数据采集的基础上进行信号处理。

由采集得到的测量信号是等时间间隔的离散数据序列，LabVIEW 提供了专门描述它们的数据类型——波形数据。由它提取出所需要的测量信息，可能需要经过数据拟合来抑制噪声，减小测量误差，然后在频域或时域经过适当的处理才会得到所需要的结果。另外，一般来说在构造这个测量波形时已经包含了后续处理的要求（如采样率的大小、样本数的多少等）。

LabVIEW 提供了大量的信号分析和处理函数。这些函数节点包含在函数选板中的信号处理子选板中，如图 8-54 所示。合理利用这些函数，会使测试任务达到事半功倍的效果。

下面对信号的分析和处理中用到的函数节点进行介绍。

对于任何测试来说，信号的生成非常重要。例如，当现实世界中的真实信号很难得到时，可以用仿真信号对其进行模拟，向数模转换器提供信号。

常用的测试信号包括正弦波、方波、三角波、锯齿波和各种噪声信号以及由多种正弦波合成的多频信号。

音频测试中最常见的是正弦波。正弦信号波形常用来判断系统的谐波失真度。合成正弦波信号广泛应用于测量互调失真或频率响应。

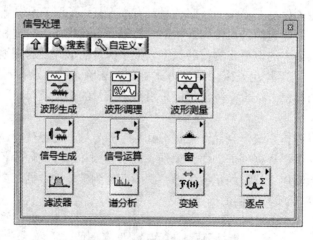

图 8-54　信号处理选板

8.3.1　波形生成

LabVIEW 提供了大量的波形生成节点，它们位于"函数选板"→"信号处理"→"波形生成"子选板中，如图 8-55 所示。

使用这些波形生成函数可以生成不同类型的波形信号和合成波形信号。

下面对这些波形生成函数节点的图标及其使用方法进行介绍。

1. 基本函数发生器

该项功能为产生并输出指定类型的波形。该 VI 会记住前一个波形的时间标识，并从前一个时间标识后面继续增加时间标识。它将根据信号类型、采样信息、占空比及频率的输入量来产生波形。基本函数发生器的节点图标和端口定义如图 8-56 所示。

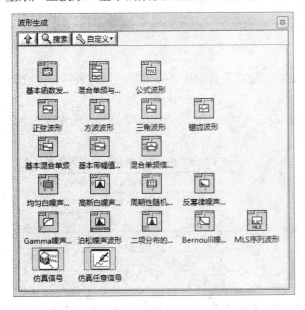

图 8-55　波形生成子选板

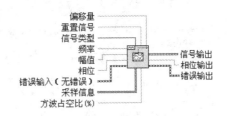

图 8-56　基本函数发生器 VI

- ➤ 偏移量：信号的直流偏移量。默认为 0.0。
- ➤ 重置信号：如果该端口输入为 TRUE，将根据相位输入信息重置相位，并且将时间标识重置为 0。默认为 FALSE。
- ➤ 信号类型：所发生的信号波形的类型。包括正弦波、三角波、方波和锯齿波。
- ➤ 频率：产生信号的频率，以赫兹为单位。默认为 10。
- ➤ 幅值：波形的幅值。幅值也是峰值电压。默认为 1.0。
- ➤ 相位：波形的初始相位，以度为单位。默认为 0。如果重置信号输入为 FALSE，VI 将忽略相位输入值。
- ➤ 采样信息：输入值为簇，包含了采样的信息。包括 Fs 和采样数。Fs 是以每秒采样的点数表示的采样率，默认为 1000。采样数是指波形中所包含的采样点数，默认为 1000。
- ➤ 方波占空比：在一个周期中高电平相对于低电平占的时间百分比。只有当信号类型输入端选择方波时，该端子才有效。默认为 50。
- ➤ 信号输出：所产生的信号波形。
- ➤ 相位输出：波形的相位，以度为单位。

利用基本函数发生器节点可以产生不同形式的信号波形，其频率、幅值和相位等参数可调。前面板及程序框图如图 8-57 和 8-58 所示。

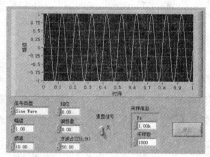

图 8-57　前面板图

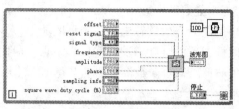

图 8-58　程序框图

2．公式波形

该项功能为生成公式字符串所规定的波形信号。公式波形 VI 的节点图标及端口定义如图 8-59 所示。

公式：用来产生信号输出波形。默认为 sin(w*t)*sin(2*pi(1)*10)。表 8-1 列出了已定义的变量的名称。

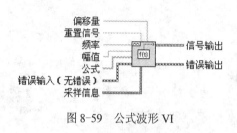

图 8-59　公式波形 VI

表 8-1　公式波形 VI 中定义的变量名称

变量	说明
f	频率输入端输入的频率
a	幅值输入端输入的幅值
w	2*pi*f
n	到目前为止产生的样点数
t	已运行的秒数
Fs	采样信息端输入的 Fs，即采样频率

可以根据表 8-1 所列出的变量名改变公式输入中的公式。并对公式中所涉及的变量的值进行调节。波形图显示波形。前面板及程序框图如图 8-60 和图 8-61 所示。

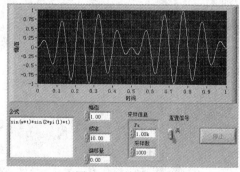

图 8-60　前面板

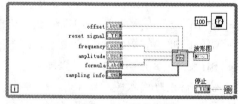

图 8-61　程序框图

3．正弦波形

该项功能为产生正弦信号波形。该 VI 是重复输入的，因此可用于仿真连续采集信号。如果重置信号输入端为 FALSE，接下来对 VI 的调用将产生下一个包含 *n* 个采样点的波形。如果重置信号输入端为 FALSE，该 VI 记忆当前 VI 的相位信息和时间标识，

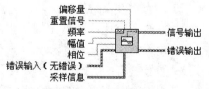

图 8-62　正弦波形 VI

并据此来产生下一个波形的相关信息。正弦波形 VI 的节点图标及端口定义如图 8-62 所示。

利用正弦波形 VI 可以产生不同形式的信号波形，其频率、幅值和相位等参数可调。前面板及程序框图如图 8-63 和 8-64 所示。

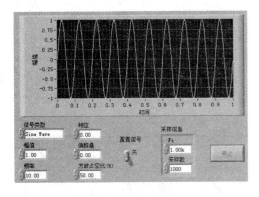

图 8-63　前面板图

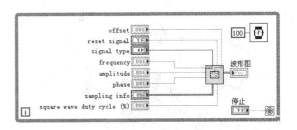

图 8-64　程序框图

4．基本混合单频

该项功能为产生多个正弦信号的叠加波形。所产生的信号的频率谱在特定频率处是脉冲而在其他频率处是 0。根据频率和采样信息产生单频信号。单频信号的相位是随机的，它们的幅值相等。最后将这些单频信号进行合成。基本混合单频 VI 的节点图标及端口定义如图 8-65 所示。

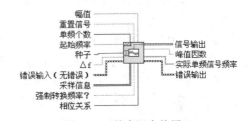

图 8-65　基本混合单频 VI

> 幅值：合成波形的幅值，是合成信号中幅值中绝对值的最大值。默认值为-1。
> 将波形输出到模拟通道时，幅值的选择非常重要。如果硬件支持的最大幅值为 5 V，那么应将幅值端口接 5。

> 重置信号：如果为 TRUE，将相位重置为相位输入端的相位值，并将时间标识重置为 0。默认为 FALSE。

> 单频个数：在输出波形中出现的单频的个数。

> 起始频率：产生的单频的最小频率。该频率必须为采样频率和采样数之比的整数倍。默认值为 10。

> 种子：如果相位关系输入选择为线性，将忽略该输入值。

> Δf：两个单频之间频率的间隔幅度。Δf 必须是采样频率和采样数之比的整数倍。

> 采样信息：包含 Fs 和采样数，是一个簇数据类型。Fs 是以每秒采样的点数表示的采样率，默认为 1000。采样数是指波形中所包含的采样点数，默认为 1000。

> 强制转换频率？：如果该输入为 TRUE，特定单频的频率将被强制为最相近的 Fs/n 的整数倍。

> 相位关系：所有正弦单频的相位分布方式。该分布影响整个波形峰值与平均值的比。包括 random（随机）和 linear（线性）两种方式。随机方式，相位是从 0 到 360°之间随机选择的。线性方式，会给出最佳的峰值与均值比。

- ➢ 信号输出：产生的波形信号。
- ➢ 峰值因数：输出信号的峰值电压与平均值电压的比。
- ➢ 实际单频信号频率：如果强制频率转换为 TRUE，则输出强制转换频率后为单频的频率。

能对混合单频的各种参数进行调节，并输出必要信息。前面板及程序框图如图 8-66 和图 8-67 所示。

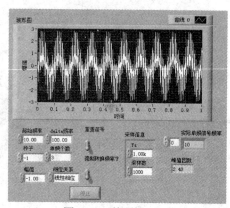

图 8-66　前面板

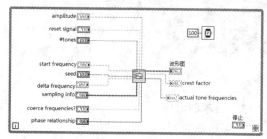

图 8-67　程序框图

5. 混合单频与噪声波形

该项功能为产生一个包含正弦单频、噪声及直流分量的波形信号。混合单频与噪声波形 VI 的节点图标及端口定义如图 8-68 所示。

噪声：所添加高斯噪声的 rms 水平。默认值为 0.0。

6. 基本带幅值混合单频

该项功能为产生多个正弦信号的叠加波形。所产生信号的频率谱在特定频率处是脉冲而其他频率处是 0。单频的数量由单频幅值数组的大小决定。根据频率、幅值和采样信息的输入值产生单频。单频间的相位关系由"相位关系"输入决定。最后将这些单频信号进行合成。基本带幅值混合单频 VI 的节点图标及端口定义如图 8-69 所示。

单频幅值：是一个数组，数组的元素代表一个单频的幅值。该数组的大小决定了所产生单频信号的数目。

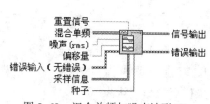

图 8-68　混合单频与噪声波形 VI

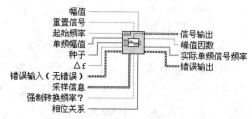

图 8-69　基本带幅值混合单频 VI

7. 混合单频信号发生器

该项功能为产生正弦单频信号的合成信号波形。所产生的信号的频率谱在特定频率处是脉冲而其他频率处是 0。单频的个数由单频频率、单频幅值及单频相位端口输入数组的大小决定。使用单频频率、单频幅值、单频相位端口输入的信息将产生正弦单频。最后将所有产生的单频信号合成。混合单频信号发生器 VI 的节点图标及端口定义如图 8-70 所示。

　　LabVIEW 默认为单频相位输入端输入的是正弦信号的相位。如果单频相位输入的是余弦信号的相位，则将单频相位输入信号加 90° 即可。图 8-71 所示的代码说明了怎样使用单频相位输入信息改变余弦相位。

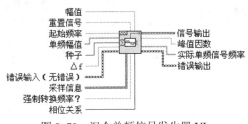

图 8-70　混合单频信号发生器 VI

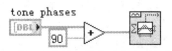

图 8-71　单频相位输入信息改变余弦相位

8．均匀白噪声波形

　　该项功能为产生伪随机白噪声。均匀白噪声波形 VI 的节点图标及端口定义如图 8-72 所示。

图 8-72　均匀白噪声波形 VI

　　该 VI 对所产生的白噪声的相关参数进行调节，波形图中显示了所产生的白噪声波形信号。实例的前面板及程序框图如图 8-73 和图 8-74 所示。

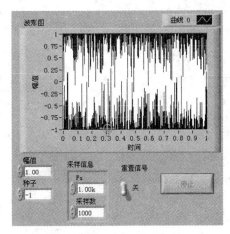

图 8-73　程序前面板

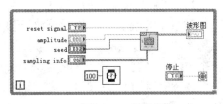

图 8-74　程序框图

9．周期性随机噪声波形

　　输出数组包含了一个整周期的所有频率。每个频率成分的幅度谱由幅度谱输入决定，且相位是随机的。输出的数组也可以认为是具有相同幅值随机相位的正弦信号的叠加和。周期性随机噪声波形 VI 的节点图标及端口定义如图 8-75 所示。

10．二项分布的噪声波形信号

　　二项分布的噪声波形 VI 的节点图标及端口定义如图 8-76 所示。

图 8-75　周期性随机噪声波形 VI

图 8-76　二项分布的噪声波形 VI

> 试验概率：给定试验为 TRUE（1）的概率。默认值为 0.5。
> 试验：为一个输出信号元素所发生的试验的个数。默认值为 1.0。

11．Bernoulli 噪声波形

该项功能为产生伪随机 0-1 信号。信号输出的每一个
元素经过取 1 概率的输入值运算。如果取 1 概率输入端的
值为 0.7，那么信号输出的每一个元素将有 70%的概率为
1，有 30%的概率为 0。Bernoulli 噪声波形 VI 的节点图标
及端口定义如图 8-77 所示。

图 8-77　Bernoulli 噪声波形 VI

8.3.2　波形调理

波形调理主要用于对信号进行数字滤波和加窗处理。波形调理 VI 节点位于"函数选
板"→"信号处理"→"波形调理"子选板中，如图 8-78 所示。

图 8-78　波形调理子选板

下面对波形调理选板中包含的 VI 及其使用方法进行介绍。

1．数字 FIR 滤波器

数字 FIR 滤波器可以对单波形和多波形进行滤波。如果对多波形进行滤波，则 VI 将对
每一个波形进行相同的滤波。信号输入端和 FIR 滤波器规范输入端的数据类型决定了使用哪
一个 VI 多态实例。数字 FIR 滤波器 VI 的节点图标和端口定义如图 8-79 所示。

该 VI 根据 FIR 滤波器规范和可选 FIR 滤波器规范的输入数组来对波形进行滤波。如果对多
波形进行滤波，VI 将对每一个波形使用不同的滤波器，并且会保证每一个波形是相互分离的。

FIR 滤波器规范：选择一个 FIR 滤波器的最小值。FIR 滤波器规范是一个簇类型，它所
包含的信息如图 8-80 所示。

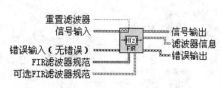

图 8-79　数字 FIR 滤波器

图 8-80　FIR 滤波器规范和可选 FIR 滤波器规范

- 拓扑结构：决定了滤波器的类型，包括的选项是 Off（默认）、FIR by Specification、Equi-ripple FIR 和 Windowed FIR。
- 类型：类型选项决定了滤波器的通带。包括 Lowpass（低通）、Highpass（高通）、Bandpass（带通）和 Bandstop（带阻）。
- 抽头数：FIR 滤波器的抽头的数量。默认值为 50。
- 最低通带：两个通带频率中低的一个。默认值为 100 Hz。
- 最高通带：两个通带频率中高的一个。默认值为 0 Hz。
- 最低阻带：两个阻带中低的一个。默认值为 200 Hz。
- 最高阻带：两个阻带中高的一个。默认值为 0 Hz。
- 可选 FIR 滤波器规范：用来设定 FIR 滤波器的可选的附加参数，是一个簇数据类型，如图 8-80 所示。
- 通带增益：通带频率的增益。可以是线性或对数来表示。默认值为-3 dB。
- 阻带增益：阻带频率的增益。可以是线性或对数来表示。默认值为-60 dB。
- 标尺：决定了通带增益和阻带增益的翻译方法。
- 窗：选择平滑窗的类型。平滑窗将减小滤波器通带中的纹波，并改善阻带中滤波器衰减频率的能力。

2. 数字 IIR 滤波器

输出信号通过数字 IIR 滤波器 VI 进行滤波。通过 IIR 滤波器规范和可选 IIR 滤波器规范簇中包含的输入控件可以对滤波器的滤波参数进行调节。当拓扑结构选择 Off 时，滤波器被关闭，波形图中输出的是仿真信号 VI 输出的信号波形。演示的程序前面板及运行结果如图 8-81 所示，程序框图如图 8-82 所示。

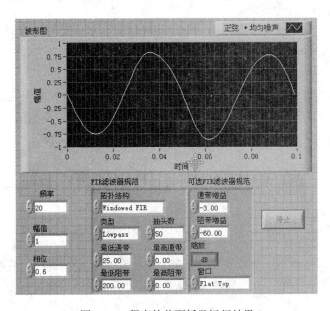

图 8-81　程序的前面板及运行结果

数字 IIR 滤波器可以对单个波形或多个波形中的信号进行滤波。数字 IIR 滤波器 VI 的节点图标和端口定义如图 8-83 所示。

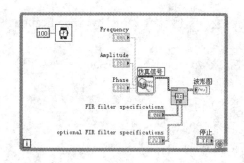

图 8-82　程序框图

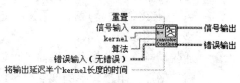

图 8-83　数字 IIR 滤波器

3．连续卷积（FIR）

该项功能为将单个或多个信号和一个或多个具有状态信息的 kernel 相卷积，该节点可以连续调用。连续卷积（FIR）VI 的节点图标和端口定义如图 8-84 所示。

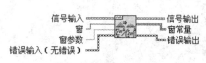

图 8-84　连续卷积（FIR）

- ➢ 信号输入：输入要和 kernel 进行卷积的信号。
- ➢ kernel：被信号输入端输入的信号进行卷积的信号。
- ➢ 算法：选择计算卷积的方法。当算法选择为 direct 时，VI 使用直接的线性卷积进行计算。当算法选择 frequency domain（默认）时，VI 使用基于 FFT 的方法计算卷积。
- ➢ 将输出延迟半个 kernel 长度的时间：当该端口输入为 TRUE 时，将输出信号在时间上延迟半个 kernel 的长度。半个 kernel 长度是通过 $0.5 \times N \times dt$ 得到的。N 为 kernel 中的元素的个数，dt 为时间间隔。

4．按窗函数缩放

该项功能为对输入的时域信号加窗。根据信号输入的类型不同将使用不同的多态实例。按窗函数缩放 VI 的节点图标及端口定义如图 8-85 所示。

5．波形对齐（连续）

该项功能为将波形按元素对齐，并返回对齐的波形。根据波形输入端输入的波形类型不同将用不同的多态 VI。波形对齐（连续）VI 的节点图标和端口定义如图 8-86 所示。

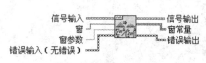

图 8-85　按窗函数缩放

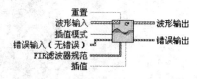

图 8-86　波形对齐（连续）

6．波形对齐（单次）

该项功能为使两个波形的元素对齐并返回对齐的波形。根据连线至波形输入端的数据类型可以确定使用的多台实例。波形对齐（单次）VI 的初始图标如图 8-87 所示。

7．滤波器

该 Express VI 用于通过滤波器和窗对信号进行处理。在"函数选板"→"Express"→"信号分析"子选板中也包含该 VI。滤波器 Express VI 的初始图标如图 8-88 所示。滤波器 Express VI 也可以像其他 Express VI 一样对图标的显示样式进行改变。

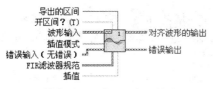

图 8-87　波形对齐（单次）

图 8-88　滤波器

当滤波器 Express VI 放置在程序框图上时，弹出图 8-89 所示的"配置滤波器"对话框。使用鼠标左键双击滤波器图标或者在右键快捷菜单中选择"属性"选项也会显示该配置对话框。

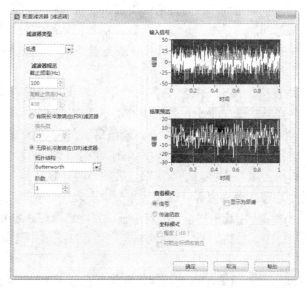

图 8-89　"配置滤波器"对话框

在该对话框中可以对滤波器 Express VI 的参数进行配置。下面对话框中的各选项进行介绍。

（1）滤波器类型

在下列滤波器中指定使用的类型：低通、高通、带通、带阻和平滑。默认值为低通。

（2）滤波器规范

➤ 截止频率（Hz）：指定滤波器的截止频率。只有从滤波器类型下拉菜单中选择低通或高通时，才可以使用该选项。默认值为 100。

➤ 低截止频率（Hz）：指定滤波器的低截止频率。低截止频率（Hz）必须比高截止频率（Hz）低，且符合 Nyquist 准则。默认值为 100。只有从滤波器类型下拉菜单中选择带通或带阻时，才可以使用该选项。

➤ 高截止频率（Hz）：指定滤波器的高截止频率。高截止频率（Hz）必须比低截止频率（Hz）高，且符合 Nyquist 准则。默认值为 400。只有从滤波器类型下拉菜单中选择带通或带阻时，才可以使用该选项。

➤ 有限长冲激响应（FIR）滤波器：创建一个 FIR 滤波器，该滤波器仅依赖于当前和过去的输入。因为滤波器不依赖于过往输出，在有限时间内脉冲响应可衰减至零。因为 FIR 滤波器返回一个线性相位响应，所以 FIR 滤波器可用于需要线性相位响应的应用程序。

➤ 抽头数：指定 FIR 系数的总数，系数必须大于零。默认值为 29。只有选择了有限长冲激响应（FIR）滤波器选项，才可以使用该选项。增加抽头数的值，可以使带通和带阻之间的转化更加急剧。但是，抽头数增加的同时会降低处理速度。

➢ 无限长冲激响应（IIR）滤波器：创建一个 IIR 滤波器，该滤波器是带脉冲响应的数字滤波器，它的长度和持续时间在理论上是无穷的。

➢ 拓扑结构：确定滤波器的设计类型。可创建 Butterworth、Chebyshev、反 Chebyshev、椭圆或 Bessel 滤波器设计。只有选中了无限长冲激响应（IIR）滤波器，才可以使用该选项。默认值为 Butterworth。

➢ 阶数：IIR 滤波器的阶数必须大于零。只有选中了无限长冲激响应（IIR）滤波器，才可以使用该选项。默认值为 3。阶数值的增加将使带通和带阻之间的转换更加急剧。但是，阶数值增加的同时，处理速度会降低，信号开始时的失真点数量也会增加。

➢ 移动平均：产生前向（FIR）系数。只有从滤波器类型下拉菜单中选择平滑时，才可以使用该选项。

➢ 矩形：移动平均窗中的所有采样在计算每个平滑输出采样时有相同的权重。只有从滤波器类型下拉菜单中选中平滑，且选中移动平均选项时，才可以使用该选项。

➢ 三角形：用于采样的移动加权窗为三角形，峰值出现在窗中间，两边对称斜向下降。只有从滤波器类型下拉菜单中选中平滑，且选中移动平均选项时，才可以使用该选项。

➢ 半宽移动平均：指定采样中移动平均窗的宽度的一半。默认值为 1。若半宽移动平均为 M，则移动平均窗的全宽为 $N=1+2M$ 个采样。因此，全宽 N 总是奇数个采样。只有从滤波器类型下拉菜单中选中平滑，且选中移动平均选项时，才可以使用该选项。

➢ 指数：产生首序 IIR 系数。只有从滤波器类型下拉菜单中选择平滑时，才可以使用该选项。

➢ 指数平均的时间常量：指数加权滤波器的时间常量（秒）。默认值为 0.001。只有从滤波器类型下拉菜单中选中平滑，且选中指数选项时，才可以使用该选项。

（3）输入信号

该项功能为显示输入信号。如将数据连往 Express VI，然后运行，则输入信号将显示实际数据。如关闭后再打开 Express VI，则输入信号将显示采样数据，直到再次运行该 VI。

（4）结果预览

该项功能为显示测量预览。如将数据连往 Express VI，然后运行，则结果预览将显示实际数据。如关闭后再打开 Express VI，则结果预览将显示采样数据，直到再次运行该 VI。

（5）查看模式

➢ 信号：以实际信号形式显示滤波器响应。

➢ 显示为频谱：指定将滤波器的实际信号显示为频谱，或保留基于时间的显示方式。频率显示适用于查看滤波器如何影响信号的不同频率成分。在默认状态下，按照基于时间的方式显示滤波器响应。只有选中信号，才可以使用该选项。

➢ 传递函数：以传递函数形式显示滤波器响应。

（6）坐标模式

幅度（dB）：以 dB 为单位显示滤波器的幅度响应。

对数坐标频率响应：在对数标尺中显示滤波器的频率响应。

（7）幅度响应

显示滤波器的幅度响应。只有将查看模式设置为传递函数，才可以用该显示框。

（8）相位响应

显示滤波器的相位响应。只有将查看模式设置为传递函数，才可以用该显示框。

8．对齐和重采样

该 Express VI 用于改变开始时间，对齐信号或改变时间间隔，对信号进行重新采样。该 Express VI 返回经调整的信号。对齐和重采样 Express VI 的初始图标如图 8-90 所示。该 Express VI 的图标也可以像其他 Express VI 图标一样改变显示样式。

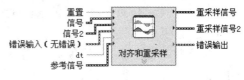

图 8-90　对齐和重采样 VI

将对齐和重采样 Express VI 放置在程序框图上后，将显示"配置对齐和重采样"对话框。在该对话框中，可以将对齐和重采样 Express VI 的各项参数进行设置和调整，如图 8-91 所示。

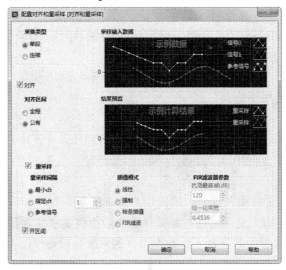

图 8-91　"配置对齐和重采样"对话框

下面对话框中的各个选项进行介绍。

（1）采集类型

➢ 单段：每次循环分别进行对齐或重采样。

➢ 连续：将所有循环作为一个连续的信号段，进行对齐或重采样。

（2）对齐

对齐信号，使信号的开始时间相同。

（3）对齐区间

➢ 全程：在最迟开始的信号的起始处及最早结束的信号的结尾处补零，将信号的开始和结束时间对齐。

➢ 公有：使用最迟开始信号的开始时间和最早结束信号的结束时间，将信号的开始时间和结束时间对齐。

（4）重采样

按照同样的采样间隔，对信号进行重新采样。

（5）速率

➢ 最小 dt：取所有信号中最小的采样间隔，对所有信号重新采样。

➢ 指定 dt：按照用户指定的采样间隔，对所有信号重新采样。

➢ Dt ⬚ 列表框：由用户自定义采样间隔。默认值为 1。

➢ 参考信号：按照参考信号的采样间隔，对所有信号重新采样。

（6）插值模式

重采样时，可能需要向信号添加点。插值模式控制 LabVIEW 如何计算新添加的数据点的幅值。插值模式包含下列选项。

➢ 线性：返回的输出采样值等于时间上最接近输出采样的两个输入采样的线性插值。

➢ 强制：返回的输出采样值等于时间上最接近输出采样的输入采样的值。

➢ 样条插值：使用样条插值算法计算重采样值。

➢ FIR 滤波：使用 FIR 滤波器计算重采样的值。

（7）FIR 滤波器参数

➢ 抗混叠衰减（dB）：指定重新采样后混叠的信号分量的最小衰减水平。默认值为120。只有选中 FIR 滤波，才可以使用该选项。

➢ 归一化带宽：指定新的采样速率中不衰减的比例。默认值为 0.4536。只有选择了 FIR 滤波，才可以使用该选项。

（8）开区间

指定输入信号属于开区间还是闭区间。默认值为 TRUE，即选中开区间。例如，假设一个输入信号 t0 = 0，dt = 1，Y = {0, 1, 2}。开区间返回最终时间值 2；闭区间返回最终时间值 3。

（9）采样输入数据

显示可用作参考的采样输入信号，确定用户选择的配置选项如何影响实际输入信号。如将数据连往该 Express VI，然后运行，则采样输入数据将显示实际数据。如果关闭后再打开 Express VI，则采样输入数据将显示采样数据，直到再次运行该 VI。

（10）结果预览

显示测量预览。如果将数据连往 Express VI，然后运行，则结果预览将显示实际数据。如果关闭后再打开 Express VI，则结果预览将显示采样数据，直到再次运行该 VI。

VI 的输入端子可以对其中默写参数进行调节，使用方法请参见以上对配置窗口中对选项的介绍。

9．触发与门限

触发与门限 Express VI 用于使用触发、提取信号中的一个片段。触发器状态可基于开启或停止触发器的阈值，也可以是静态的。触发器为静态时，触发器立即启动，Express VI 返回预定数量的采样。触发与门限 Express VI 的初始图标如图 8-92 所示。该 Express VI 的图标也可以像其他 Express VI 图标一样改变显示样式。

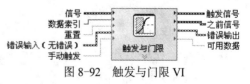

图 8-92　触发与门限 VI

将触发与门限 Express VI 放置在程序框图上后，将显示"配置触发与门限"对话框。在该对话框中，可以对触发与门限 Express VI 的各项参数进行设置和调整，如图 8-93 所示。

下面对配置对话框中的各选项及其使用方法进行介绍。

（1）开始触发

➢ 阈值：使用阈值指定开始触发的时间。

- ➤ 起始方向：指定开始采样的信号边缘。选项为上升、上升或下降、下降。只有选择阈值时，才可以使用该选项。
- ➤ 起始电平：Express VI 开始采样前，信号在起始方向上必须到达的幅值。默认值为 0。只有选择阈值时，该选项才可以用。
- ➤ 之前采样：指定起始触发器返回前发生的采样数量。默认值为 0。只有选择阈值时，该选项才可用。
- ➤ 即时：马上开始触发。信号开始时即开始触发。

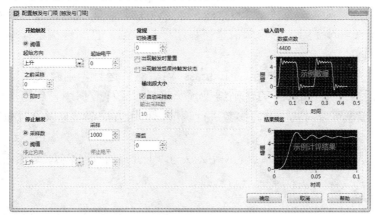

图 8-93　"配置触发与门限" VI

（2）停止触发

- ➤ 采样数：当 Express VI 采集到采样中指定数目的采样时，停止触发。
- ➤ 采样：指定停止触发前采集的采样数目。默认值为 1000。
- ➤ 阈值：通过阈值指定停止触发的时间。
- ➤ 停止方向：指定停止采样的信号边缘。选项为上升、上升或下降、下降。只有选择阈值时，才可以使用该选项。
- ➤ 停止电平：Express VI 开始采样前，信号在停止方向上必须到达的幅值。默认值为 0。只有选择阈值时，该选项才可以用。

（3）常规

- ➤ 切换通道：如动态数据类型输入包含多个信号，指定要使用的通道。默认值为 0。
- ➤ 出现触发时重置：每次找到触发后均重置触发条件。如果选中该选项，"触发与门限" Express VI 每次循环时，都不将数据存入缓冲区。如果每次循环都有新数据集合，且只需找到与第一个触发点相关的数据，则可勾选该复选框。如果只为循环传递一个数据集合，然后在循环中调用"触发与门限" Express VI 获取数据中所有的触发，勾选该复选框。如未选择该选项，"触发与门限" Express VI 将缓冲数据。需要引起注意的是，如在循环中调用"触发与门限" Express VI，且每个循环都有新数据，该操作将积存数据（因为每个数据集合包括若干触发点）。因为没有重置，来自各个循环的所有数据都进入缓冲区，方便查找所有触发。但是不可能找到所有的触发。
- ➤ 出现触发后保持触发状态：找到触发后保持触发状态。只有选择开始触发部分的阈值时，该选项才可以用。
- ➤ 滞后：指定检测到触发电平前，信号必须穿过起始电平或停止电平的量。默认值为

0。使用信号滞后，防止发生错误触发引起的噪声。对于上升缘起始方向或停止方向，检测到触发电平穿越之前，信号必须穿过的量为起始电平或停止电平减去滞后。对于下降缘起始方向或停止方向，检测到触发电平穿越之前，信号必须穿过的量为起始电平或停止电平加上滞后。

（4）输出段大小

指定每个输出段包括的采样数。默认值为 100。

（5）输入信号

显示输入信号。如将数据连往 Express VI，然后运行，则输入信号将显示实际数据。如关闭后再打开 Express VI，则输入信号将显示采样数据，直到再次运行该 VI。

（6）结果预览

显示测量预览。如果将数据连往 Express VI，然后运行，则结果预览将显示实际数据。如果关闭后再打开 Express VI，则结果预览将显示采样数据，直到再次运行该 VI。

VI 的输入端子可以对其中默写参数进行调节，使用方法请参见以上对配置窗口中对选项的介绍。

波形调理子选板中的其他 VI 节点的使用方法与以上介绍的节点类似，这里不再一一叙述。

8.3.3　波形测量

使用波形测量选板中的 VI 进行最基本的时域和频域测量，例如直流、平均值、单频频率/幅值/相位测量、谐波失真测量和信噪比及 FFT 测量等。波形测量 VI 在"函数选板"→"信号处理"→"波形测量"子选板中，如图 8-94 所示。

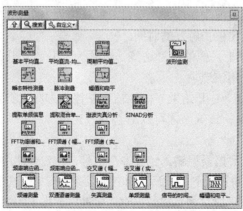

图 8-94　波形测量 VI

1. 基本平均直流-均方根

该项功能从信号输入端输入一个波形或数组，对其加窗，根据平均类型输入端口的值计算加窗口信号的平均直流及均方根。信号输入端输入的信号类型不同，将使用不同的多态 VI 实例。基本平均直流-均方根 VI 的节点图标及端口定义如图 8-95 所示，其程序前面板和程序框图分别如图 8-96 和图 8-97 所示。

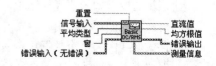

图 8-95　基本平均直流-均方根 VI

316

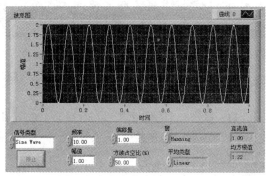

图 8-96　程序前面板

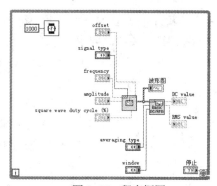

图 8-97　程序框图

> 平均类型：在测量期间使用的平均类型。可以选择 Linear（线性）或 Exponential（指数）。

> 窗：在计算 DC/RMS 之前给信号加的窗。可以选择 Rectangular（无窗）、Hanning 或 Low side lobe。

2．瞬态特性测量

该项功能输入一个波形或波形数组，测量其瞬态持续时间（上升时间或下降时间）、边沿斜率和前冲或过冲。信号输入端输入的信号的类型不同，将使用不同的多态 VI 实例。瞬态特性测量 VI 的节点图标和端口定义如图 8-98 所示。

极性（上升）：瞬态信号的方向，上升或下降，默认为上升。

3．提取单频信息

提取单频信息主要对输入信号进行检测，返回单频频率、幅值和相位信息。时间信号输入端输入的信号类型决定了使用的多态 VI 的实例。提取单频信息 VI 的节点图标和端口定义如图 8-99 所示。

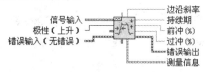

图 8-98　瞬态特性测量 VI

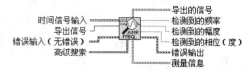

图 8-99　提取单频信息 VI

> 导出信息：选择导出的信号输出端输出的信号。选择项包括 none（无返回信号，用于快速运算）、input signal（输入信号）、detected signal（正弦单频）和 residual signal（残余信号）。

> 高级搜索：控制检测的频率范围、中心频率及带宽。使用该项缩小搜索的范围。该输入是一个簇数据类型，如图 8-100 所示。

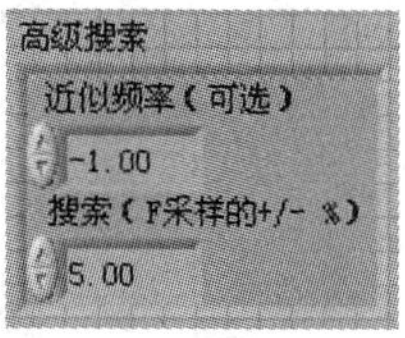

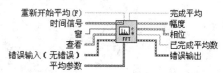

图 8-100　高级搜索

近似频率：在频域中搜索正弦单频时所使用的中心频率。

搜索：在频域中搜索正弦单频时所使用的频率宽度，是采样的百分比。

4．FFT 频谱（幅度-相位）

该项功能为计算时间信号的 FFT 频谱。FFT 频谱的返回结果是幅度和相位。时间信号输入端输入信号的类型决定使用何种多态 VI 实例。FFT 频谱（幅值-相位）VI 的节点图标和端口定义如图 8-101 所示。

图 8-101　FFT 频谱（幅度-相位）VI

317

➢ 重新开始平均（F）：如果重新开始平均过程时，需要选择该端。

➢ 窗：所使用的时域窗。包括矩形窗、Hanning 窗（默认）、Hamming 窗、Blackman-Harris 窗、Exact Blackman 窗、Blackman 窗、Flat Top 窗、4 阶 Blackman-Harris 窗、7 阶 Blackman-Harris 窗、Low Sidelobe 窗、Blackman Nuttall 窗、三角窗、Bartlett-Hanning 窗、Bohman 窗、Parzen 窗、Welch 窗、Kaiser 窗、Dolph-Chebyshev 窗和高斯窗。

➢ 查看：定义了该 VI 不同的结果怎样返回。输入量是一个簇数据类型，如图 8-102 所示。

显示为 dB（F）：结果是否以分贝的形式表示。默认为 FALSE。

展开相位（F）：是否将相位展开。默认为 FALSE。

转换为度（F）：是否将输出相位结果的弧度表示转换为度表示。默认为 FALSE。说明在默认情况下相位输出是以弧度来表示的。

➢ 平均参数：是一个簇数据类型，定义了如何计算平均值，如图 8-103 所示。

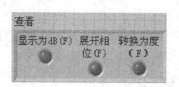

图 8-102　查看端口输入控件

图 8-103　平均参数输入控件

平均模式：选择平均模式。包括 No averaging（默认）、Vector averaging、RMS averaging 和 Peak hold 4 个选择项。

加权模式：为 RMS averaging 和 Vector averaging 模式选择加权模式。包括 Linear（线性）模式和 Exponential（指数）模式（默认）。

平均数目：进行 RMS 和 Vector 平均是使用的平均的数目。如果加权模式为 Exponential（指数）模式，平均过程连续进行。如果加权模式为 Linear（线性），在所选择的平均数目被运算后，平均过程将停止。

该 VI 前面板及运行结果如图 8-104 所示，程序框图如图 8-105 所示。

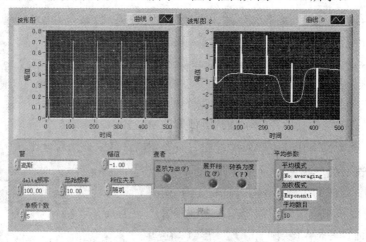

图 8-104　VI 的前面板及运行结果

318

5. 频率响应函数（幅度-相位）

该项功能为计算输入信号的频率相应及相关性。结果返回幅度相位及相关性。一般来说时间信号 X 是激励，而时间信号 Y 是系统的响应。每一个时间信号对应一个单独的 FFT 模块，因此必须将每一个时间信号输入到一个 VI 中。频率响应函数（幅度-相位）VI 的节点图标及端口定义如图 8-106 所示。

> 重新开始平均（F）：VI 是否重新开始平均。如果重新开始平均输入为 TRUE，VI 将重新开始所选择的平均过程。如果重新开始平均输入为 FALSE，VI 不重新开始所选择的平均过程。默认为 FALSE。当第一次调用该 VI 时，平均过程自动重新开始。

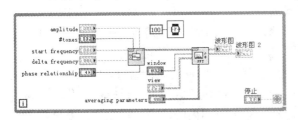

图 8-105　程序框图

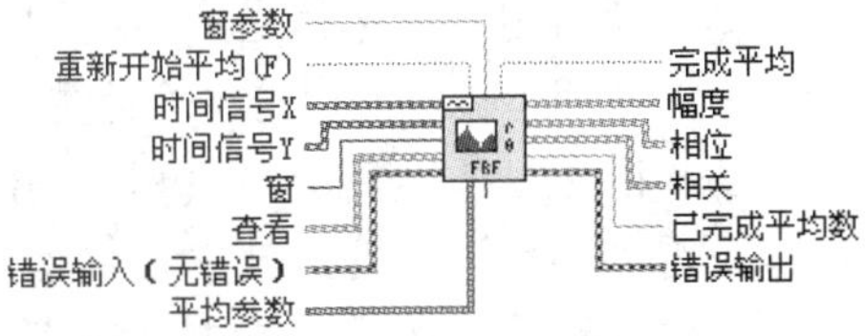

图 8-106　频率响应函数（幅度-相位）VI

6. 频谱测量

频谱测量 Express VI 用于进行基于 FFT 的频谱测量，如信号的平均幅度频谱、功率谱和相位谱。频谱测量 Express VI 的初始图标如图 8-107 所示。该 Express VI 的图标也可以像其他 Express VI 图标一样改变显示样式。

图 8-107　频谱测量 Express VI

频谱测量 Express VI 放置在程序框图上后，将显示配置频谱测量对话框。在该对话框中，可以对频谱测量 Express VI 的各项参数进行设置和调整，如图 8-108 所示。

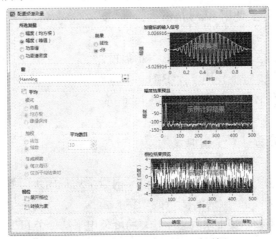

图 8-108　"配置频谱测量"对话框

下面对配置频谱测量对话框中的选项进行介绍。

（1）频谱测量

> 幅度（峰值）：测量频谱，并以峰值的形式显示结果。该测量通常与要求幅度和相位信

息的高级测量配合使用。例如峰值测量频谱幅度。幅值为 A 的正弦波在频谱的相应的频率上产生了一个幅值 A。将相位分别设置为展开相位或转换为度，可展开相位频谱或将其从弧度转换为角度。如勾选平均复选框，平均运算后相位输出为 0。

➢ 幅度（均方根）：测量频谱，并以均方根（RMS）的形式显示结果。该测量通常与要求幅度和相位信息的高级测量配合使用。频谱的幅度通过均方根测量。例如，幅值为 A 的正弦波在频谱的相应的频率上产生了一个 $0.707*A$ 的幅值。将相位分别设置为展开相位或转换为度，可展开相位频谱或将其从弧度转换为角度。如勾选平均复选框，平均运算后相位输出为 0。

➢ 功率谱：测量频谱，并以功率的形式显示结果。所有相位信息都在计算中丢失。该测量通常用来检测信号中的不同频率分量。虽然平均化计算功率频谱不会降低系统中的非期望噪声，但是平均计算提供了测试随机信号电平的可靠统计估计。

➢ 功率谱密度：测量频谱，并以功率谱密度（PSD）的形式显示结果。将频率谱归一化可得到频率谱密度，其中各频率谱区间中的频率按照区间宽度进行归一化。通常使用这种测量检测信号的本底噪声，或特定频率范围内的功率。根据区间宽度归一化频率谱，使该测量独立于信号持续时间和样本数量。

（2）结果

➢ 线性：以原单位返回结果。

➢ dB：以分贝（dB）为单位返回结果。

（3）窗

➢ 无：不在信号上使用窗。

➢ Hanning：在信号上使用 Hanning 窗。

➢ Hamming：在信号上使用 Hamming 窗。

➢ Blackman-Harris：在信号上使用 Blackman-Harris 窗。

➢ Exact Blackman：在信号上使用 Exact Blackman 窗。

➢ Blackman：在信号上使用 Blackman 窗。

➢ Flat Top：在信号上使用 Flat Top 窗。

➢ 4 阶 B-Harris：在信号上使用 4 阶 B-Harris 窗。

➢ 7 阶 B-Harris：在信号上使用 7 阶 B-Harris 窗。

➢ Low Sidelobe：在信号上使用 Low Sidelobe 窗。

（4）平均

指定该 Express VI 是否计算平均值。

（5）模式

➢ 向量：直接计算复数 FFT 频谱的平均值。向量平均从同步信号中消除噪声。

➢ 均方根：平均信号 FFT 频谱的能量或功率。

➢ 峰值保持：在每条频率线上单独求平均，将峰值电平从一个 FFT 记录保持到下一个。

（6）加权

➢ 线性：指定线性平均，求数据包的非加权平均值，数据包的个数由用户在平均数目中指定。

➢ 指数：指定指数平均，求数据包的加权平均值，数据包的个数由用户在平均数目中指定。求指数平均时，数据包的时间越新，其权重值越大。

（7）平均数目

指定待求平均的数据包数量。默认值为 10。

（8）生成频谱

- ➤ 每次循环：Express VI 每次循环后返回频谱。
- ➤ 仅当平均结束时：只有当 Express VI 收集到在平均数目中指定数目的数据包时，才返回频谱。

（9）相位

- ➤ 展开相位：在输出相位上启用相位展开。
- ➤ 转换为度：以度为单位返回相位结果。

（10）加窗后输入信号

显示通道 1 的信号。该图形显示加窗后的输入信号。如果将数据连向 Express VI，然后运行，则加窗后输入信号将显示实际数据。如果关闭后再打开 Express VI，则加窗后输入信号将显示采样数据，直到再次运行该 VI。

（11）幅度结果预览

显示信号幅度测量的预览。如果将数据连往 Express VI，然后运行，则幅度结果预览将显示实际数据。如果关闭后再打开 Express VI，则幅度结果预览将显示采样数据，直到再次运行该 VI。

7. 失真测量

失真测量 Express VI 用于在信号上进行失真测量，如音频分析、总谐波失真（THD）、信号与噪声失真比（SINAD）。失真测量 Express VI 的初始图标如图 8-109 所示。该 Express VI 的图标也可以像其他 Express VI 图标一样改变显示样式。

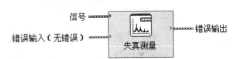

图 8-109　失真测量 Express VI

失真测量 Express VI 放置在程序框图上后，将显示"配置频谱测量"对话框。在该对话框中，可以对失真测量 Express VI 的各项参数进行设置和调整，如图 8-110 所示。

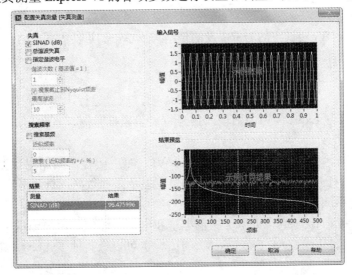

图 8-110　"配置失真测量"对话框

下面对"配置失真测量"对话框中的选项进行介绍。

（1）失真

➢ SINAD（dB）：计算测得的信号与噪声失真比（SINAD）。信号与噪声失真比（SINAD）是信号 RMS 能量与信号 RMS 能量减去基波能量所得结果之比，单位为 dB。如果需要以 dB 为单位计算 THD 和噪声，可以取消选择 SINAD。

➢ 总谐波失真：计算达到最高谐波时测量到的总谐波失真（包括最高谐波在内）。THD 是谐波的均方根总量与基频幅值之比。要将 THD 作为百分比使用，乘以 100 即可。

➢ 指定谐波电平：返回用户指定的谐波。

➢ 谐波次数（基波值＝1）：指定要测量的谐波。只有选中指定谐波电平时，才可以使用该选项。

➢ 搜索截止到 Nyquist 频率：指定在谐波搜索中仅包含低于 Nyquist 频率（即采样频率的一半）的频率。只有选中了总谐波失真或指定谐波电平，才可以使用该选项。取消勾选搜索截止到 Nyquist 频率，则该 VI 继续搜索超出 Nyquist 频率的频域，更高的频率成分已根据下列方程混叠：aliased f = Fs − (f modulo Fs)

其中 Fs = 1/dt = 采样频率。

➢ 最高谐波：控制最高谐波，包括基频，用于谐波分析。例如，对于三次谐波分析，将最高谐波设为 3，以测量基波、二次谐波和三次谐波。只有选中了总谐波失真或指定谐波电平，才可以使用该选项。

（2）搜索频率

➢ 搜索基频：控制频域搜索范围，指定中心频率和频率宽度，用于寻找信号的基频。

➢ 近似频率：用于在频域中搜索基频的中心频率。默认值为 0。如将近似频率设为–1，则该 Express VI 将使用幅值最大的频率作为基频。只有勾选了搜索基频复选框，才可以使用该选项。

➢ 搜索（近似频率的+/-%）：频带宽度，以采样频率的百分数表示，用于在频域中搜索基频。默认值为 5。只有勾选了搜索基频复选框，才可以使用该选项。

（3）结果

显示该 Express VI 所设定的测量以及测量结果。单击测量栏中列出的任何测量项，结果预览中将出现相应的数值或图表。

（4）输入信号

显示输入信号。如果将数据连接到 Express VI，然后运行，则输入信号将显示实际数据。如关闭后再打开 Express VI，则输入信号将显示采样数据，直到再次运行该 VI。

（5）结果预览

显示测量预览。如果将数据连往 Express VI，然后运行，则结果预览将显示实际数据。如果关闭后再打开 Express VI，则结果预览将显示采样数据，直到再次运行该 VI。

8. 幅值和电平测量

幅值和电平测量 Express VI 用于测量电平和电压。幅值和电平测量 Express VI 的初始图标，如图 8-111 所示。该 Express VI 的图标也可以像其他 Express VI 图标一样改变显示样式。

幅值和电平测量 Express VI 放置在程序框图上后，将显示"配置幅值和电平测量"对话框。在该对话框中，可以对幅值和电平测量 Express VI 的各项参数进行设置和调整，如图 8-112 所示。

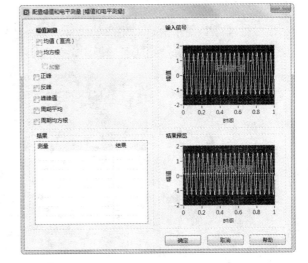

图 8-111　幅值和电平测量 Express VI　　　　图 8-112　"配置幅值和电平测量"对话框

下面对"配置幅值和电平测量"对话框中的选项进行介绍。

（1）幅值测量

➢ 均值（直流）：采集信号的直流分量。

➢ 均方根：计算信号的均方根值。

➢ 加窗：给信号加一个 low side lobe 窗。只有勾选了均值或均方根复选框，才可以使用该选项。平滑窗可用于缓和有效信号中的急剧变化。如果能采集到整数个周期或对噪声谱进行分析，则通常不在信号上加窗。

➢ 正峰：测量信号中的最高正峰值。

➢ 反峰：测量信号中的最低负峰值。

➢ 峰峰值：测量信号最高正峰和最低负峰之间的差值。

➢ 周期平均：测量周期性输入信号一个完整周期的平均电平。

➢ 周期均方根：测量周期性输入信号一个完整周期的均方根值。

（2）结果

显示该 Express VI 所设定的测量以及测量结果。单击测量栏中列出的任何测量项，结果预览中将出现相应的数值或图表。

（3）输入信号

显示输入信号。如果将数据连往 Express VI，然后运行，则输入信号将显示实际数据。如果关闭后再打开 Express VI，则输入信号将显示采样数据，直到再次运行该 VI。

（4）结果预览

显示测量预览。如果将数据连往 Express VI，然后运行，则结果预览将显示实际数据。如果关闭后再打开 Express VI，则结果预览将显示采样数据，直到再次运行该 VI。

波形调理子选板中的其他 VI 节点的使用方法与以上介绍的节点类似。

8.4 信号分析

信号处理 VI 用于执行对生成的信号、频谱进行分析。这些函数节点同样包含在"信号处理"函数选板中的信号处理子选板中，如图 8-113 所示。

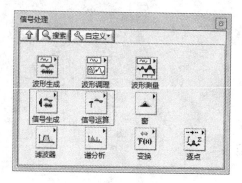

图 8-113 "信号处理"子选板

8.4.1 信号生成

信号生成 VI 在"函数选板"→"信号处理"→"信号生成"子选板中，如图 8-114 所示。使用信号生成 VI 可以得到特定波形的一维数组。在该选板上的 VI 可以返回通常的 LabVIEW 错误代码，或者特定的信号处理错误代码。

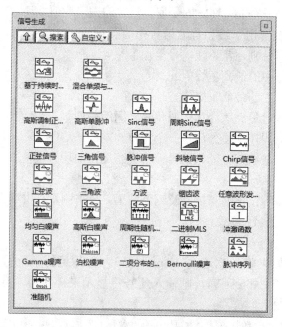

图 8-114 "信号生成"选板

下面对信号生成选板中的函数节点及其用法进行介绍。

1．基于持续时间的信号发生器

该项功能产生信号类型所决定的信号。基于持续时间的信号发生器 VI 的节点图标和端口定义如图 8-115 所示。信号频率的单位是 Hz（周期/秒），持续时间单位是秒。采样点数和持续时间决定了采样率，而采样率必须是信号频率的两倍（遵从奈奎斯特定律）。如果奈奎斯特定律没有满足，必须增加采样点数，或者减小持续时间，或者减小信号频率。

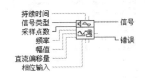

图 8-115　基于持续时间的信号发生器

- 持续时间：以秒为单位的输出信号的持续时间。默认值为 1.0。
- 信号类型：产生信号的类型。包括 sine（正弦）信号、cosine（余弦）信号、triangle（三角）信号、square（方波）信号、saw tooth（锯齿波）信号、increasing ramp（上升斜坡）信号和 decreasing ramp（下降斜坡）信号。默认信号类型为 sine（正弦）信号。
- 采样点数：输出信号中采样点的数目。默认值为 100。
- 频率：输出信号的频率，单位为 Hz。默认值为 10。代表了一秒内产生整周期波形的数目。
- 幅值：输出信号的幅值。默认值为 1.0。
- 直流偏移量：输出信号的直流偏移量。默认值为 0。
- 相位输入：输出信号的初始相位，以度为单位。默认值为 0。
- 信号：产生的信号数组。

可以对所产生的信号的类型进行选择，对特定波形的参数进行调节。波形数组送入波形图进行显示。演示的前面板及程序框图如图 8-116 和图 8-117 所示。

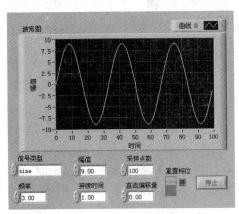

图 8-116　前面板

2．混合单频与噪声

该项功能产生一个包含正弦单频、噪声和直流偏移量的数组。与产生波形子选板中的混合单频与噪声波形相类似。节点图标和端口定义如图 8-118 所示。

3．高斯调制正弦波

该项功能产生一个包含高斯调制正弦波的数组。高斯调制正弦波 VI 的节点图标和端口定义如图 8-119 所示。

➢ 衰减（dB）：在中心频率两侧功率的衰减，这一值必须大于0。默认值为6dB。

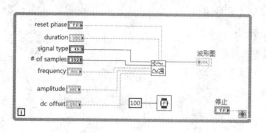

图 8-117　程序框图

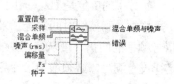

图 8-118　混合单频与噪声

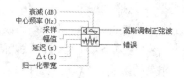

图 8-119　高斯调制正弦波

➢ 中心频率（Hz）：中心频率或者载波频率，以 Hz 为单位。默认值为 1。
➢ 延迟（s）：高斯调制正弦波峰值的偏移。默认值为 0。
➢ Δt（s）：采样间隔。采样间隔必须大于 0。如果采样间隔小于或等于 0，输出数组将被置为空数组，并且返回一个错误。默认值为 0.1。
➢ 归一化带宽：该值与中心频率相乘，从而在功率谱的衰减（dB）处达到归一化。归一化带宽输入值必须大于 0。默认值为 0.15。

信号生成子选板中的其他 VI 与波形生成中相应的 VI 的使用方法类似。关于它们的使用方法，请参见波形生成子选板中 VI 的介绍部分。

8.4.2　信号运算

使用信号运算选板中的 VI 进行信号的运算处理。信号运算 VI 在"函数选板"→"信号处理"→"信号运算"子选板中，如图 8-120 所示。

"信号运算"选板上的 VI 节点的端口定义都比较简单，因此使用方法也比较简单，下面只对该选板中包含的两个 Express VI 进行介绍。

1. 卷积和相关

卷积和相关 Express VI 用于在输入信号上进行卷积、反卷积和相关操作。卷积和相关 Express VI 的初始图标如图 8-121 所示。该 Express VI 的图标也可以像其他 Express VI 图标一样改变显示样式。

卷积和相关 Express VI 放置在程序框图上后，将显示配置卷积和相关对话框。在该对话框中，可以对卷积和相关 Express VI 的各项参数进行设置和调整，如图 8-122 所示。

下面对配置卷积和相关窗口中的选项进行介绍。

（1）信号处理
➢ 卷积：计算输入信号的卷积。
➢ 反卷积：计算输入信号的反卷积。

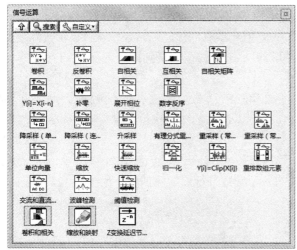

图 8-120　"信号运算"子选板

图 8-121　卷积和相关 Express VI

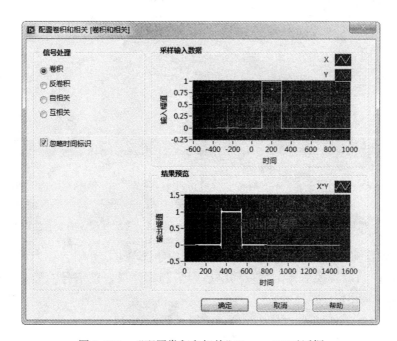

图 8-122　"配置卷积和相关" Express VI 对话框

> 自相关：计算输入信号的自相关。
> 互相关：计算输入信号的互相关。
> 忽略时间标识：忽略输入信号的时间标识。只有勾选了卷积或反卷积复选框，才可以使用该选项。

（2）采样输入数据

显示可以用作参考的采样输入信号，确定用户选择的配置选项如何影响实际输入信号。如果将数据连往该 Express VI，然后运行，则采样输入数据将显示实际数据。如果关闭后再打开 Express VI，则采样输入数据将显示采样数据，直到再次运行该 VI。

（3）结果预览

显示测量预览。如果将数据连往 Express VI，然后运行，则结果预览将显示实际数据。如果关闭后再打开 Express VI，则结果预览将显示采样数据，直到再次运行该 VI。

2．缩放和映射

缩放和映射 Express VI 用于通过缩放和映射信号，改变信号的幅值。缩放和映射 Express VI 的初始图标如图 8-123 所示。该 Express VI 的图标也可以像其他 Express VI 图标一样改变显示样式。

缩放和映射 Express VI 放置在程序框图上后，将显示"配置缩放和映射"对话框。在该对话框中，可以对缩放和映射 Express VI 的各项参数进行设置和调整，如图 8-124 所示。

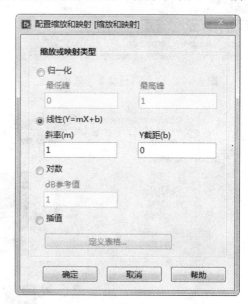

图 8-123　缩放和映射 Express VI　　　图 8-124　"配置缩放和映射"对话框

下面对"配置缩放和映射"Express VI 对话框中的选项进行介绍。

➢ 归一化：确定转换信号所需要的缩放因子和偏移量，使信号的最大值出现在最高峰，最小值出现在最低峰。

➢ 最低峰：指定将信号归一化所用的最小值。默认值为 0。

➢ 最高峰：指定将信号归一化所用的最大值。默认值为 1。

➢ 线性（$Y=mX+b$）：将缩放映射模式设置为线性，基于直线缩放信号。

➢ 斜率（m）：用于线性（$Y=mX+b$）缩放的斜率。默认值为 1。

➢ Y 截距（b）：用于线性（$Y=mX+b$）缩放的截距。默认值为 0。

➢ 对数：将缩放映射模式设置为对数，基于参考分贝缩放信号。LabVIEW 使用下列方程缩放信号：$y = 20\log10$（x/参考 db）。

➢ dB 参考值：用于对数缩放的参考。默认值为 1。

➢ 插值：基于缩放因子的线性插值表，用于缩放信号。

➢ 定义表格：显示定义信号对话框，定义用于插值缩放的数值表。

8.5 其余 VI

除了波形与信号外，还可以对其余数据类型，下面介绍滤波器、窗等 VI 的使用。

8.5.1 窗

窗选板中的 VI 使用平滑窗对数据加窗处理。该选板中的 VI 可以返回一个通用 LabVIEW 错误代码或者特殊信号处理错误代码。信号运算 VI 在"函数选板"→"信号处理"→"窗"子选板中，如图 8-125 所示。

下面对该选板中的 VI 节点进行简要介绍。

1. 时域缩放窗

对输入 X 序列加窗。X 输入端输入信号的类型决定了节点所使用的多态 VI 实例。时域缩放窗 VI 也返回所选择窗的属性信息。当计算功率谱时，这些信息是非常重要的。时域缩放窗 VI 的节点图标及端口定义如图 8-126 所示。

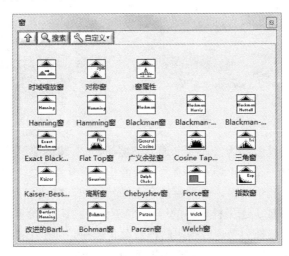

图 8-125　窗子选板

2. 窗属性

计算窗的相干增益和等效噪声带宽。窗属性 VI 的节点图标和端口定义如图 8-127 所示。

图 8-126　时域缩放窗 VI　　　　　　图 8-127　窗属性 VI

窗选板中的 VI 节点都比较简单，其他 VI 节点这里不再叙述。

8.5.2 滤波器

使用滤波器 VI 进行 IIR、FIR 和非线性滤波。滤波器选板上的 VI 可以返回一个通用

LabVIEW 错误代码或一个特定的信号处理代码。滤波器 VI 在"函数选板"→"信号处理"→"滤波器"子选板中，如图 8-128 所示。

1. Butterworth 滤波器

通过调用 Butterworth 滤波器 VI 节点来产生一个数字 Butterworth 滤波器。X 输入端输入信号的类型决定了节点所使用的多态 VI 实例。Butterworth 滤波器 VI 的节点图标和端口定义如图 8-129 所示。

➢ 滤波器类型：对滤波器的通带进行选择。包括 Lowpass（低通）、Highpass（高通）、Bandpass（带通）和 Bandstop（带阻）4 种类型。

➢ 采样频率：采样频率必须高于 0。默认值为 1.0。如果采样频率高于或等于 0，VI 将滤波后的 X 输出为一个空数组并且返回一个错误。

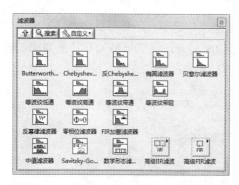

图 8-128 "滤波器"子选板

图 8-129 Butterworth 滤波器 VI

➢ 高截止频率：当滤波器为低通或高通滤波器时，VI 将忽略该参数。当滤波器为带通或带阻滤波器时，高截止频率必须大于低截止频率。

➢ 低截止频率：低截止频率，必须遵从奈奎斯特定律。默认值为 0.125。如果低截止频率低于或等于 0 或大于采样频率的一半，VI 将滤波后 X 设置为空数组并且返回一个错误。当滤波器选择为带通或带阻时，低截止频率必须小于高截止频率。

➢ 阶数：选择滤波器的阶数，该值必须大于 0。默认值为 2。如果阶数小于或等于 0，VI 将滤波后的 X 输出为一个空数组并且返回一个错误。

➢ 初始化/连续：内部状态初始化控制。默认值为 FALSE。第一次运行该 VI 或初始化/连续输入端口为 FALSE，LabVIEW 将内部状态初始化为 0。如果初始化/连续输入端为 TRUE，LabVIEW 初始化该 VI 的状态为最后调用 VI 实例的状态。

使用该 VI 的前面板及运行结果如图 8-130 所示，程序框图如图 8-131 所示。

2. Chebyshev 滤波器

调用 Chebyshev 滤波器 VI 节点会生成一个 Chebyshev 数字滤波器。X 输入端输入信号的类型决定了节点所使用的多态 VI 实例。Chebyshev 滤波器 VI 的节点图标和端口定义如图 8-132 所示。

纹波（dB）：通带中的纹波。纹波必须大于 0，并且是以分贝的形式表示的。默认值为 0.1。如果纹波输入小于或等于 0，VI 将滤波后的 X 输出为一个空数组并且返回一个错误。

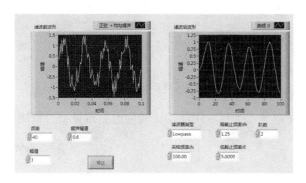

图 8-130　程序前面板　　　　　　　　图 8-131　程序框图

图 8-132　Chebyshev 滤波器 VI

　　滤波器选板中的其他 VI 节点同以上两个 VI 节点的用法类似，这里不再叙述这些节点的用法。

8.5.3　谱分析

　　使用谱分析分析 VI 节点进行基于数组的谱分析。谱分析选板上的 VI 可以返回一个通用 LabVIEW 错误代码或一个特定的信号处理代码。谱分析 VI 在"函数选板"→"信号处理" →"谱分析"子选板中，如图 8-133 所示。

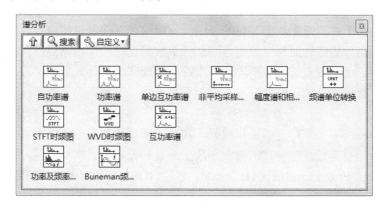

图 8-133　"谱分析"子选板

1. 自功率谱

　　计算输入信号的自功率谱 Sxx。信号输入端输入信号的类型决定了节点所使用的多态 VI 实例。自功率谱 VI 的节点图标和端口定义如图 8-134 所示。

2. 幅度谱和相位谱

　　计算输入信号的单边幅度谱和相位谱。幅度谱和相位谱 VI 的节点图标和端口定义如图 8-135 所示。

图 8-134　自功率谱 VI　　　　　　图 8-135　幅度谱和相位谱 VI

谱分析选版中的其他 VI 节点与上述两节点类似，用法均比较简单，这里不再叙述。

8.5.4　变换

使用变换 VI 进行信号处理中常用的变换。基于 FFT 的 LabVIEW 变换 VI 使用不同的单位和标尺。变换选板上的 VI 可以返回一个通用 LabVIEW 错误代码或一个特定的信号处理代码。变换 VI 在"函数选板"→"信号处理"→"变换"子选板中，如图 8-136 所示。变换选板中的 VI 节点的使用方法都比较简单，单个节点的使用方法不再叙述。

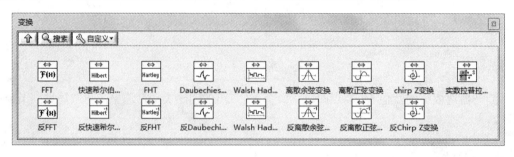

图 8-136　"变换"子选板

8.5.5　逐点

传统的基于缓冲和数组的数据分析过程是缓冲区准备、数据分析和数据输出，分析是按数据块进行的。由于构建数据块需要时间，因此使用这种方法难以构建实时的系统。在逐点信号分析中，数据分析是针对每个数据点的，一个数据点接一个数据点连续进行的，数据可以实现实时处理。使用逐点信号分析库能够跟踪和处理实时事件，分析可以与信号同步，直接与数据相连，数据丢失的可能性更小，编程更加容易，而且因为无须构建数组，所以对采样速率要求更低。

逐点信号分析具有非常广泛的应用前景。实时的数据采集和分析需要高效稳定的应用程序，逐点信号分析是高效稳定的，因为它与数据采集和分析是紧密相连的，因此它更适用于控制 FPGA（Field Programmable Gate Array）芯片、DSP 芯片、内嵌控制器、专用 CPU 和 ASIC 等。

在使用逐点 VI 时应注意以下两点。

1）初始化。逐点信号分析的程序必须进行初始化，以防止前后设置发生冲突。

2）重入（Re-entrant）。逐点 VI 必须被设置称为可重入的。可重入 VI 在每次被调用时将产生一个副本，每个副本都会使用不同的存储区，所以使用相同 VI 的程序间不会发生冲突。

逐点节点位于"函数选板"→"信号处理"→"逐点"子选板中,如图 8-137 所示。逐点节点的功能与相应的标准节点相同只是工作方式有所差异,在此不再一一列出。

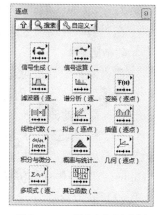

图 8-137 "逐点"子选板

8.6 综合实例——火车故障检测系统

在本例中,火车站的维护人员必须检测到火车上存在故障的车轮。当前的检测方式是由铁路工人使用锤子敲击车轮,通过听取车轮是否传出异常声响判定车轮是否存在问题。自动监控必须替代手动检测,因为手动检测速度过慢、容易出错且很难发现微小故障。自动解决方案提供了动态检测功能,因为火车车轮在检测过程中可处于运转状态,而无须保持静止。逐点检测应用必须分别分析高频和低频组件。数组最大值与最小值(逐点)VI 提取波形数据,该波形反映了每个车轮、火车末端及每个车轮末端的能量水平。

1. 设置工作环境

1)新建 VI。选择菜单栏中的"文件"→"新建 VI"命令,新建一个 VI,一个空白的 VI 包括前面板及程序框图。

2)保存 VI。选择菜单栏中的"文件"→"另存为"命令,输入 VI 名称为"火车故障检测系统"。

2. 设置传感器参数

1)在"函数"选板中选择"编程"→"数组"→"数组常量"和"编程"→"数值"→"DBL 数值常量",组合数组常量,单击右键选择"属性"命令,如图 8-138 所示,弹出"数组常量属性"对话框,勾选"显示垂直滚动条"复选框,单击"确定"按钮,关闭对话框。

2)在数组索引框输入 5,则显示 5 个数值,如图 8-139 所示,在该数组常量中设置传感器仿真数据。

图 8-138 "数组常量属性"对话框

图 8-139 创建数组常量

3. 过滤数据

在"函数"选板上选择"编程"→"结构"→"While 循环"函数,在该循环中检测火车车轮故障。

在"函数"选板上选择"信号处理"→"逐点"→"滤波器(逐点)"→"Butterworth 滤波器(逐点)"VI,创建两个逐点滤波。

(1)高频滤波

在"低截止频率"输入端创建"高频"输入控件,"阶数"输入端创建"滤波器阶数"输入控件,设置滤波器类型为"Highpass",将传感器仿真数据连接到"x"输入端。

(2)低频滤波

在"低截止频率"输入端创建"低频"输入控件,"阶数"输入端连接到"滤波器阶数"输入控件,设置滤波器类型为"Lowpass",将传感器仿真数据连接到"x"输入端。

程序设计如图 8-140 所示,

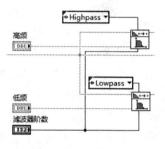

图 8-140 过滤数据

4. 获取车轮最大频率

在"函数"选板上选择"编程"→"数值"→"绝对值"函数,对高频滤波后的 x 取绝对值。

在"函数"选板上选择"信号处理"→"逐点"→"滤波器(逐点)"→"数组最大值与最小值(逐点)"VI,输入高频率波结果。

在"函数"选板上选择"编程"→"数值"→"表达式节点"函数,设置表达式为"4*x",将输入控件"窗长度"进行计算,之后将"采样数"连接到"数组最大值与最小值(逐点)"VI 输入端。

输出"最大值"显示在"阈值数据"波形图中,前面板显示如图 8-141 所示。

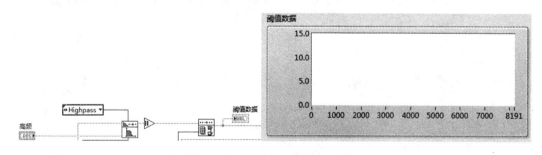

图 8-141 显示"阈值数据"控件

5. 检测数据峰值

(1)仿真数据

在"函数"选板上选择"编程"→"簇、类与变体"→"捆绑"函数,在输入端连接传感器仿真数据、低频滤波 x,"阈值"输入控件,组合"滤波""原始数据""阈值",将显示在"仿真数据"显示控件中,如图 8-142 所示。

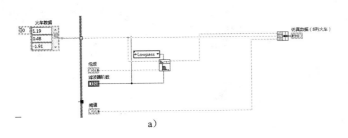

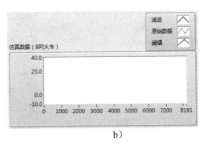

图 8-142　生成仿真数据

a）程序框图　b）前面板

（2）检测的火车

在"函数"选板上选择"信号处理"→"逐点"→"滤波器（逐点）"→"数组最大值与最小值（逐点）"VI，输入低频率波 x，设置"采样数"为"表达式节点"输出值。

将计算的"最大值"与输入的"阈值"进行"大于"函数计算，显示是否检测到火车，并将检测到的火车显示在输出控件上。

（3）检测到的车轮

在"函数"选板上选择"信号处理"→"逐点"→"滤波器（逐点）"→"数组最大值与最小值（逐点）"VI，输入低频率波 x，设置"采样数"为"窗长度"输入值。

将计算的"最大值"与输入的"阈值"进行"大于"函数计算，显示是否检测到车轮，并显示在输出控件上。

程序框图显示如图 8-143 所示。

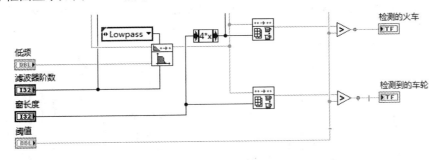

图 8-143　显示检测结果

（4）输出检测数据

在"函数"选板上选择"信号处理"→"逐点"→"滤波器（逐点）"→"其余函数（逐点）"→"布尔值转换（逐点）"VI，分别转换将检测结果从布尔类型转换为数值类型，在"方向"输入端创建常量，设置参数为"true-false"，转换成数值型后，真值初始值为 0。

在"函数"选板上选择"信号处理"→"逐点"→"滤波器（逐点）"→"其余函数（逐点）"→"加 1（逐点）"VI，对转换数值加 1，并分别输出在"火车数量"与"车轮数量"控件上。

前面板与程序框图显示如图 8-144 所示。

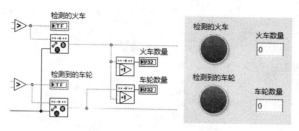

图 8-144 显示检测数据

6. 显示车轮故障

在"函数"选板上选择"编程"→"结构"→"条件结构",拖动鼠标,创建条件结构,将"车轮数量"布尔转换值连接到"分支选择器"上,根据车轮好坏显示结果。将数组常量"空波形""阈值数据"与"火车数量"布尔转换值连接到条件结构上。

(1)在选择器标签中选择"真"

在"函数"选板上选择"编程"→"数组"→"创建数组"函数,将数组常量"空波形"与"阈值数据"连接到输入端,输出的数组通过移位寄存器连接到循环结构边框上,获取检测车轮时,窗的最大振动值。

(2)在选择器标签中选择"假"

将"火车数量"布尔转换值连接到"分支选择器"上,每检测到一辆火车,就进行一轮新数据显示。在"函数"选板上选择"编程"→"结构"→"条件结构",为嵌套条件结构。

1)选择"真"。每检测到一辆新火车,显示最大值并重置为零,清除旧数据,在"坏/好的车轮"显示控件上显示新火车车轮情况,如图 8-145 所示。

2)选择"假"条件。若没检测到新火车,则不刷新数据,继续监测数据,如图 8-146 所示。

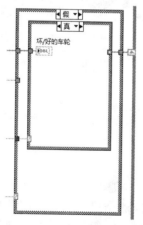

图 8-145 设置"真"条件

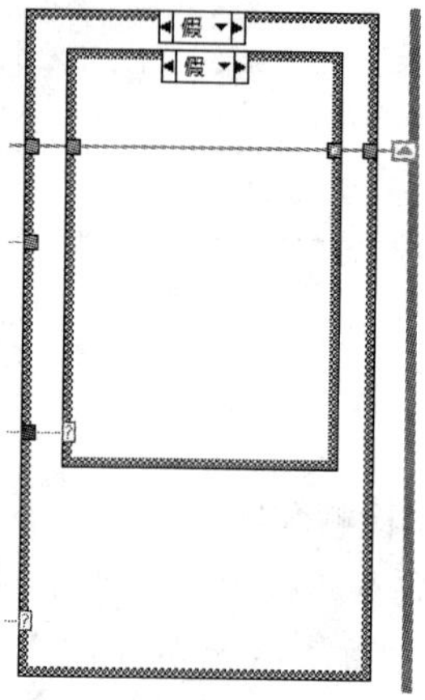

图 8-146 设置"假"条件

7. 清除缓存图表数据

创建图表控件"阈值数据"与"仿真数据"的属性节点"历史数据",连接到"While 循环"上,根据循环清除这两个图表控件缓存数据,如图 8-147 所示。

在"函数"选板上选择"编程"→"数组"→"数组

图 8-147 创建属性节点

336

大小"函数,连接"火车数据"数组常量,统计该数组的大小,将结果连接到循环结构上。

若数组元素个数与循环次数相等或单击"停止"按钮,则循环结束,完成火车车轮故障检测。

程序框图如图 8-148 所示。

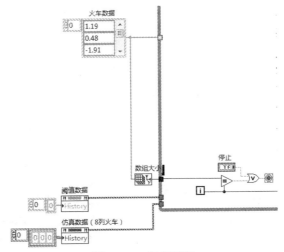

图 8-148　程序框图

8. 火车运行速度设置

设置每 3 次循环,使用等待减速,程序框图如图 1-149 所示。

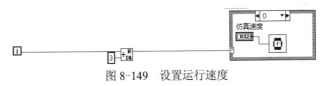

图 8-149　设置运行速度

单击工具栏中的"整理程序框图"按钮, 整理程序框图,结果如图 8-150 所示。

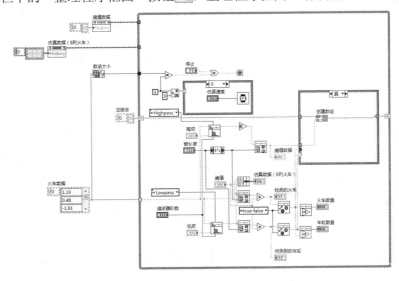

图 8-150　程序框图

选择菜单栏中的"窗口"→"显示前面板"命令，打开其前面板，如图 8-151 所示

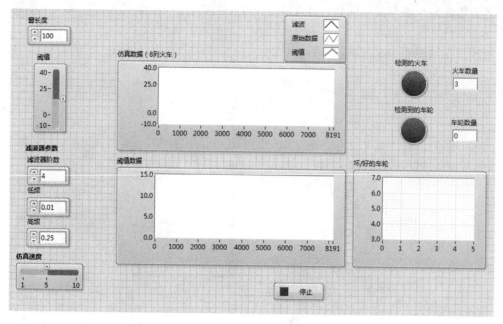

图 8-151　前面板设计结果

9．运行程序

在前面板窗口或程序框图窗口的工具栏中单击"运行"按钮⬇，运行 VI 结果如图 8-152 所示。

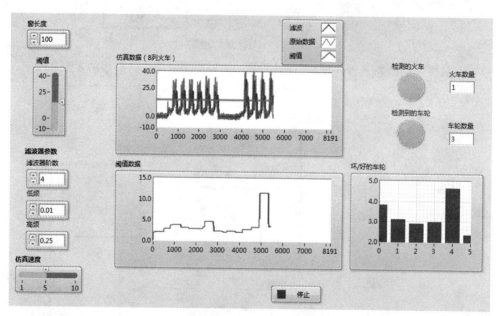

图 8-152　运行结果

第 9 章 数 学 计 算

LabVIEW 的应用范围广泛，在数学计算方面有明显的优势，它为用户提供了非常丰富的 VI 执行复杂的数学公式计算。

信号、波形被采集后，除了显示、对比外，数据计算是必不可少的一步。这些 VI 的使用，极大地方便了相关数据的计算，使得用户使用 LabVIEW 进行数据分析、处理变得游刃有余。

 学习要点

● 初等与特殊函数和 VI
● 概率与统计 VI
● V 微分方程 VI

9.1　数学函数

LabVIEW 除了简单的数值计算外，还可以进行精密的数学计算，对输入的常量、生成的波形、采集的信号进行必要的数学计算，这些函数主要集中在"函数"选板中的"数学"子选板中，如图 9-1 所示。该面板中的函数或 VI 用于进行多种数学分析。数学算法也可以与实际测量任务相结合来实现实际解决方案。

图 9-1 "数学"子选板

该面板中的"数值"子选板与"编程"→"数值"子选板中的函数相同，可以对数值创建和执行算术及复杂的数学运算，或将数值从一种数据类型转换为另一种数据类型。这里不再赘述，下面介绍其余子选板。

9.2 初等与特殊函数和 VI

初等与特殊函数和 VI 用于常见数学函数的运算，常用函数包含三角函数和对数函数，如图 9-2 所示。包括 12 大类函数，下面介绍常用的几种。

9.2.1 三角函数

三角函数是数学中常见的一类关于角度的函数。也可以说以角度为自变量，角度对应任意两边的比值为因变量的函数叫作三角函数，三角函数将直角三角形的内角和它的两个边长度的比值相关联，也可以等价地用与单位圆有关的各种线段的长度来定义。三角函数在研究三角形和圆等几何形状的性质时有重要作用，也是研究周期性现象的基础数学工具。在数学分析中，三角函数也被定义为无穷极限或特定微分方程的解，允许它们的取值扩展到任意实数值，甚至是复数值。

三角函数属于初等函数，用于计算三角函数及其反函数，如图 9-3 所示。

图 9-2 "初等与特殊函数"子选板

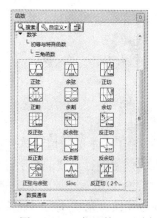

图 9-3 "三角函数"子选板

常见的三角函数包括正弦函数、余弦函数和正切函数。在航海学、测绘学和工程学等其他学科中，还会用到如余切函数、正割函数、余割函数、正矢函数、余矢函数、半正矢函数、半余矢函数等其他的三角函数。不同的三角函数之间的关系可以通过几何直观或者计算得出，称为三角恒等式。在表 9-1 中具体介绍各三角函数。

表 9-1 常见的三角函数

函数	缩写	计算公式	图 像
正弦	Sin	计算 x 的正弦，x 以弧度为单位。	$y = \sin x (x \in R)$
余弦	cos	计算 x 的余弦，x 以弧度为单位。	$y = \cos x, x \in R$

340

正切	tan	计算 x 的正切，x 以弧度为单位。	
余切	cot	计算 x 的余切，x 为弧度。余切为正切的倒数。	
正割	sec	计算 x 的正割，x 为弧度。正割为余弦的倒数。	
余割	csc	计算 x 的余割，x 为弧度。余割为正弦的倒数。	
反正弦	arcSin	计算 x 的反正弦。	
反余弦	arccos	计算 x 的反余弦。	

| 反正切 | arctan | 计算 x 的反正切。 | |
| 反余切 | arccot | 计算 x 的反余切。 | |

9.2.2　指数函数

该类函数用于计算指数函数与对数函数，如图 9-4 所示。

1. 指数函数

以指数为自变量底数为大于 0 且不等于 1 常量的函数称为指数函数，它是初等函数中的一种，如图 9-5 所示为指数函数。

指数函数是数学中重要的函数。应用到值 e 上的这个函数写为 exp(x)。还可以等价的写为 e^x，这里的 e 是数学常数，就是自然对数的底数，近似等于 2.718281828，还称为欧拉数。

当 $a>1$ 时，指数函数对于 x 的负数值非常平坦，对于 x 的正数值迅速攀升，在 x 等于 0 的时候，y 等于 1。当 $0<a<1$ 时，指数函数对于 x 的负数值迅速攀升，对于 x 的正数值非常平坦，当 x 等于 0 的时候，y 等于 1。在 x 处的切线的斜率等于此处 y 的值乘上 $\ln a$。即由导数知识得：

图 9-4　"指数函数"子选板

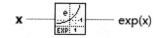

图 9-5　指数函数

$$\frac{\mathrm{d}\left(a^x\right)}{\mathrm{d}x}=a^x\ln a$$

作为实数变量 x 的函数,

$$y = \mathrm{e}^x$$

的图像总是正的(在 x 轴之上)并递增(从左向右看)。它永不触及 x 轴,尽管它可以无限程度地靠近 x 轴,所以, x 轴是这个图像的水平渐近线。它的反函数是自然对数 $\ln(x)$,它定义在所有正数 x 上。

有时,尤其是在科学中,术语指数函数更一般性的用于形如

$$k = a^x$$

(k 属于 **R**)的函数,这里的 a 叫作"底数",是不等于 1 的任何正实数。本文最初集中于带有底数为欧拉数 e 的指数函数,如图 9-6 所示。

指数函数的一般形式为

$$y = a^x$$

($a > 0$ 且 $\neq 1$) ($x \in \mathbf{R}$),从上面我们关于幂函数的讨论就可以知道,要想使得 x 能够取整个实数集合为定义域,则只有使得 $a > 0$ 且 $a \neq 1$。

2. 对数函数

一般地,函数 $y = \log_a x$ ($a > 0$,且 $a \neq 1$)叫作对数函数,也就是说以指数为自变量,幂为因变量,底数为常量的函数,叫对数函数。

由于底数的特殊性,与对数相关函数底数为定值,对"底数为 x 的对数"函数,如图 9-7 所示。其中,如果 y 为 0,输出为 $-\infty$。如果 x 和 y 都是非复数,且 x 小于等于 0,或 y 小于 0,输出为 NaN。连线板可显示该多态函数的默认数据类型。

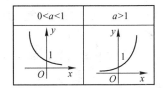

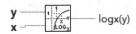

图 9-6 指数函数   图 9-7 "底数为 x 的对数"函数

9.2.3 双曲函数

在数学中,双曲函数类似于常见的(也叫作圆函数的)三角函数。基本双曲函数是双曲正弦" sinh ",双曲余弦" cosh ",从它们导出双曲正切" tanh "等。也类似于三角函数的推导。反函数是反双曲正弦" arsinh "(也叫作" arcsinh "或" asinh ")。该函数子选板基本用于计算双曲函数机器反函数,如图 9-8 所示。

在表 9-2 中显示函数基本信息。

图 9-8 "双曲函数"子选板

表 9-2　双曲函数

函　数	缩　写	公　式
双曲正弦	sinh	$\sinh x = \dfrac{e^{x} - e^{-x}}{2}$
双曲余弦	cosh	$\cosh x = \dfrac{e^{x} + e^{-x}}{2}$
双曲正切	tanh	$\tanh x = \dfrac{\sinh x}{\cosh x} = \dfrac{e^{x} - e^{-x}}{e^{x} + e^{-x}}$
双曲余切	coth	$\coth x = \dfrac{1}{\tanh x} = \dfrac{e^{x} + e^{-x}}{e^{x} - e^{-x}}$
双曲正割	sech	$\operatorname{sech} x = \dfrac{1}{\cosh x} = \dfrac{2}{e^{x} + e^{-x}}$
双曲余割	csch	$\operatorname{csch} x = \dfrac{1}{\sinh x} = \dfrac{2}{e^{x} - e^{-x}}$

双曲函数与三角函数有如下的关系：

$$\sinh x = -i\sin ix$$

$$\cosh x = \cos ix$$

$$\tanh x = -i\tan ix$$

$$\coth x = i\cot ix$$

$$\operatorname{sech} x = \sec ix$$

$$\operatorname{csch} x = i\csc ix$$

9.2.4　离散数学

离散数学是传统的逻辑学、集合论（包括函数）、数论基础、算法设计、组合分析、离散概率、关系理论、图论与树、抽象代数（包括代数系统，群、环、域等）、布尔代数和计算模型（语言与自动机）等汇集起来的一门综合学科。离散数学的应用遍及现代科学技术的诸多领域。

该选板下的函数用于计算如组合数学及数论领域的离散数学函数，如图 9-9 所示。

9.2.5　贝塞尔曲线

贝兹曲线，又称贝塞尔曲线（Bézier curve），是计算机图形学中相当重要的参数曲线。一般的矢量图形软件通过它来精确画出曲线，贝塞尔曲线由线段与节点组成，节点是可拖动的支点，线段像可伸缩的皮筋，在绘图工具上看到的钢笔工具就是来做这种矢量曲线的。该选板下的函数，主要用来计算各类贝塞尔曲线，如图 9-10 所示。

贝塞尔曲线是计算机图形图像造型的基本工具，是图形造型运用得最多的基本线条之一。它通过控制曲线上的 4 个点（起始点、终止点以及两个相互分离的中间点）来创造、编辑图形。其中起重要作用的是位于曲线中央的控制线。这条线是虚拟的，中间与贝塞尔曲线交叉，两端是控制端点。移动两端的端点时贝塞尔曲线改变曲线的曲率（弯曲的程度）；移动中间点（也就是移动虚拟的控制线）时，贝塞尔曲线在起始点和终止点锁定的情况下做均匀移动。

图 9-9 "离散数学"子选板

图 9-10 "贝塞尔函数"子选板

9.2.6　Gamma 函数

Gamma 曲线是一种特殊的色调曲线，当Gamma 值等于 1 的时候，曲线为与坐标轴成 45°的直线，这个时候表示输入和输出密度相同。高于 1 的 Gamma 值将会造成输出亮化，低于 1 的 Gamma 值将会造成输出暗化。

该类函数主要用于计算 Gamma 相关函数，如图 9-11 所示。

9.2.7　超几何函数

在数学中，高斯超几何函数或普通超几何函数 2F1(a,b;c;z)是一个用超几何级数定义的函数，很多特殊函数都是它的特例或极限。所有具有 3 个正则奇点的二阶线性常微分方程的解都可以用超几何函数表示。

这种函数多与物理学的微分方程问题中的其他函数结合在一起，很少作为某个特殊问题的解本身而出现，如图 9-12 所示。

图 9-11 "Gamma 函数"子选板

图 9-12 "超几何函数"子选板

9.2.8　椭圆积分函数

在积分学中，椭圆积分最初出现于椭圆的弧长有关的问题中。现代数学将椭圆积分定义为：可以表达为如下形式的任何函数 f 的积分——其中 R 是其两个参数的有理函数，P 是一个无重根的 3 或 4 阶多项式的平方根，而 c 是一个常数。

通常，椭圆积分不能用基本函数表达。这个一般规则的例外出现在 P 有重根的时候，或者是 R(x,y) 没有 y 的奇数幂时。

通过适当的简化公式，每个椭圆积分可以变为只涉及有理函数和 3 个经典形式的积分。在函数选板中，包含第一、第二类的椭圆积分，如图 9-13 所示。

9.2.9　指数积分函数

在数学中，指数积分是函数的一种，它不能表示为初等函数。对任意实数，$Ei(x)=\int e^{\wedge}t/t\ dt$ $(-\infty\sim x)$，这个积分必须用 柯西主值来解释。该子选板主要包括各类积分函数，如图 9-14 所示。

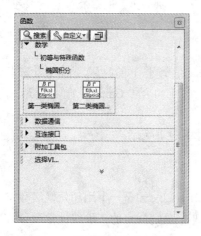

图 9-13　"椭圆积分"子选板

图 9-14　"指数积分"子选板

9.2.10　误差函数

在数学中，误差函数（也称之为高斯误差函数，error function or Gauss error function）不是初等函数，是非基本函数，定义为：erf(∞)=1 和 erf(-x)=-erf(x)。如图 9-15 所示。

图 9-15　"误差函数"子选板

9.2.11 椭圆与抛物函数

该选板下的函数主要包括"雅可比椭圆函数"与"抛物柱面函数"两种，如图 9-16 所示。

图 9-16 "椭圆与抛物函数"子选板

1. 雅可比椭圆函数

"雅可比椭圆"函数的节点如图 9-17 所示，包括两个输入，4 个输出。详细数据介绍如下。

➤ X 是输入参数。

➤ k 是积分参数。

➤ cn 返回 Jacobi 椭圆函数 cn 的值。

➤ dn 返回 Jacobi 椭圆函数 dn 的值。

➤ sn 返回 Jacobi 椭圆函数 sn 的值。

➤ phi 是用于定义函数的积分上限。

下列等式为 3 个雅可比椭圆函数。

图 9-17 "雅可比椭圆"函数的节点

$$\mathrm{dn}(x.k) = \sqrt{1 - k\sin^2\phi}\ \mathrm{cn}(x, k) = \cos()$$

$$\mathrm{sn}(x, k) = \sin()$$

其中，该函数在下列输入值域中有定义。对于单位区间中的任意实数被积参数 k，函数适用于任意实数值 x。

2. 抛物柱面函数

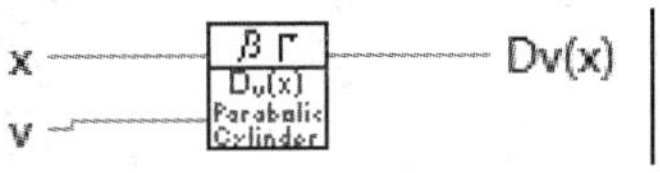

抛物柱面函数计算抛物柱面函数，也称韦伯函数，函数节点如图 9-18 所示。

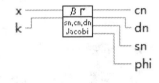

图 9-18 函数节点

抛物柱面函数 Dv(x)，是下列微分方程的解：

$$\frac{\mathrm{d}^2 w}{\mathrm{d}x^2} - \left(\frac{x^2}{4} - v - \frac{1}{2}\right)w = 0$$

9.3 线性代数 VI

线性代数是工程数学的主要组成部分，其运算量非常大，LabVIEW 中有一些专门的 VI 可以进行线性代数方面的研究。线性代数 VI 用于进行矩阵相关的计算和分析，如图 9-19 所示。

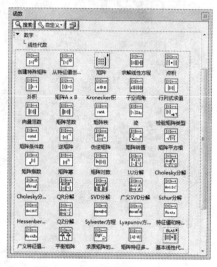

图 9-19 "线性代数"子选板

9.3.1 矩阵

在"函数"选板中选择"数学"→"线性代数"→"矩阵"子选板，如图 9-20 所示。该选板中的矩阵函数可以对矩阵或二维数组矩阵中的元素、对角线或子矩阵进行操作，多数矩阵函数可进行数组运算，也可以提供矩阵的数学运算。"矩阵"与"数组"函数类似，矩阵最少为二维矩阵，数组包含一维数组。

图 9-20 "矩阵"子选板

1. 创建矩阵

"创建矩阵"函数可按照行或列添加矩阵元素。在程序框图上添加函数时，只有输入端可用。右键单击函数，在快捷菜单中选择添加输入，或调整函数大小，均可向函数增加输入端。函数的演示程序框图与前面板显示如图9-21、图9-22所示。

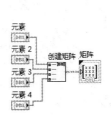

图 9-21 程序框图

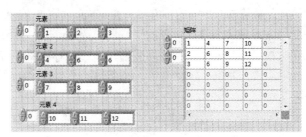

图 9-22 前面板

"创建矩阵"函数可进行两种模式的运算：按行添加或按列添加。在程序框图上放置函数时，默认模式为按列添加。

如果右键单击函数，选择"创建矩阵模式"→"按行添加"，则函数在第一列的最后一行后添加元素或矩阵。如右键单击函数，选择"创建矩阵模式"→"按列添加"，则函数在第一行的最后一列后添加元素或矩阵。

连线至"创建矩阵"函数的输入有不同的维度。通过用默认的标量值填充较小的输入，LabVIEW 可创建添加的矩阵。

如果元素为空矩阵或数组，函数可忽略空的维数。但是，元素的维数和数据类型可影响添加矩阵的数据类型和维数。

如果连线不同的数值类型至"创建矩阵"函数，添加的矩阵可存储所有输入且无精度损失。

2．矩阵大小

从矩阵获取行数与列数，并返回这些数据。该函数不可调整连线模式，在图9-23中演示矩阵大小的程序框图。

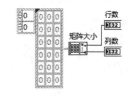

图 9-23 矩阵大小程序框图

9.3.2 矩阵范数

范数对于矩阵相当于距离对于路程，不同的是，一个定义在平面线上，一个定义在线性空间上。范数的本质是描述线性空间中元素的"长度""大小"与"距离"。

"矩阵范数"函数计算输入矩阵的范数。通过连接至输入矩阵的数据确定使用的多态实例，也可以手动选择实例。函数节点如图9-24所示。

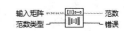

图 9-24 "矩阵范数"函数节点

范数类型：表明用于计算范数的范数类型。

➢ 2-范数—$\|A\|_2$ 是输入矩阵的最大奇异值。

➢ 范数—$\|A\|_1$ 是输入矩阵列之和的最大值绝对值。

➢ F-范数—$\|A\|_f$ 等于，diag(ATA)表示矩阵 ATA 的对角元素并且 AT 是 A 的转置。

➢ 无穷范数—$\|A\|$ 是输入矩阵行之和的最大绝对值。

求解输出矩阵最大奇异值的程序框图如图9-25所示。

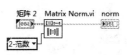

图 9-25 求解矩阵范数

1. 矩阵平方根

该函数用于计算输入矩阵的平方根。函数节点如图 9-26 所示。与一般数据的平方根求解相同，矩阵的平方根求解为可以理解为矩阵中各元素的平方根求解。同样的，矩阵的幂、指数和对数求解均可以此类推进行理解。

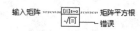

图 9-26　矩阵平方根求解

2. 逆矩阵

由于矩阵的乘法不满足交换律，所以在求解过程中引入逆矩阵的概念，对于矩阵 *A*、*B*，若 *AB*=*BA*=*E*，则 *A*、*B* 互为可逆矩阵。

9.4　拟合 VI

所谓拟合是指已知某函数的若干离散函数值$\{f1,f2,\cdots,fn\}$，通过调整该函数中若干待定系数f（$\lambda1, \lambda2,\cdots,\lambda n$），使得该函数与已知点集的差别（最小二乘意义）最小。如果待定函数是线性，就叫作线性拟合或者线性回归（主要在统计中），否则叫作非线性拟合或者非线性回归。表达式也可以是分段函数，这种情况下叫作样条拟合。

拟合以及插值还有逼近是数值分析的三大基础工具，通俗意义上它们的区别在于：拟合是已知点列，从整体上靠近它们；插值是已知点列并且完全经过点列；逼近是已知曲线，或者点列，通过逼近使得构造的函数无限靠近它们。

拟合 VI 用于进行曲线拟合的分析或回归运算，拟合函数如图 9-27 所示。

图 9-27　"拟合"子选板

1. 线性拟合 VI

线性拟合 VI 表示通过最小二乘法、最小绝对残差或 Bisquare 方法返回数据集(X, Y)的线性拟合。

该 VI 通过循环调用广义最小二乘方法和 Levenberg-Marquardt 方法使实验数据拟合为下列等式代表的直线方程一般式：

$$f=ax+b$$

x 是输入序列 X，*a* 是斜率，*b* 是截距。该 VI 将得到观测点 (X, Y)的最佳拟合 *a* 和 *b* 的值。

下列等式用于描述由线性拟合算法得到的线性曲线：

$$y[i] = ax[i] + b$$

该 VI 节点如图 9-28 所示。

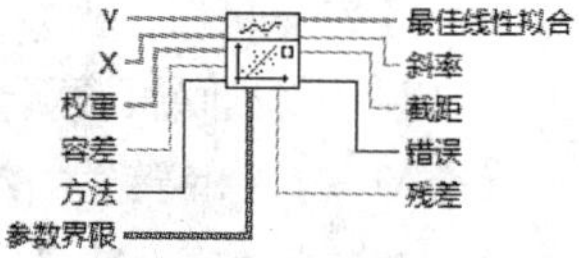

下面介绍各输入、输出端选项含义。

图 9-28　函数节点

➤ Y：由因变值组成的数组。Y 的长度必须大于等于未知参数的元素个数。

➢ X：由自变量组成的数组。X 的元素数必须等于 Y 的元素数。

➢ 权重：观测点(X, Y)的权重数组。权重的元素数必须等于 Y 的元素数。权重的元素必须不为 0。如果权重中的某个元素小于 0，VI 将使用元素的绝对值。如果权重未连线，VI 将把权重的所有元素设置为 1。

➢ 容差：确定使用最小绝对残差或 Bisquare 方法时，何时停止斜率和截距的迭代调整。对于最小绝对残差方法，如果两次连续的交互之间残差的相对差小于容差，则该 VI 将返回结果残差。

➢ 参数界限：包含斜率和截距的上下限。如果知道特定参数的值，可以设置参数的上下限为该值。

➢ 最佳线性拟合：返回拟合模型的 Y 值。

➢ 斜率：返回拟合模型的斜率。

➢ 截距：返回拟合模型的截距。

➢ 错误：返回 VI 的任何错误或警告。将错误连接至"错误代码至错误簇转换"VI，可将错误代码或警告转换为错误簇。

➢ 残差：返回拟合模型的加权平均误差。如果方法设为最小绝对残差法，则残差为加权平均绝对误差。否则残差为加权均方误差。

2. 指数拟合 VI

通过最小二乘法、最小绝对残差或 Bisquare 方法返回数据集(X, Y)的指数拟合，如图 9-29 所示。

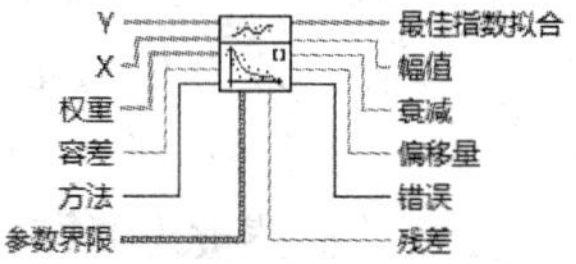

该 VI 通过循环调用广义最小二乘方法和 Levenberg-Marquardt 方法使数据拟合为通用形式由下列等式描述的指数曲线：

图 9-29　指数拟合 VI

$$f = ae^{bx} + c$$

x 是输入序列 X，a 是幅值，b 是衰减，c 是偏移量。VI 可以查找最佳拟合观测(X, Y)的 a、b 和 c 的值。

下列等式用于描述由指数拟合算法得到的指数曲线：

$$y[i] = ae^{bx[i]} + c$$

9.5　内插与外推 VI

内插与外推 VI 可以用于进行一维和二维插值、分段插值、多项式插值和傅里叶插值，如图 9-30 所示。

图 9-30　"内插与外推"子选板

1. 一维插值 VI

通过选定的方法进行一维插值，方法由 X 和 Y 定义的查找表确定，该 VI 节点如图 9-31 所示。

下面介绍各输入、输出端选项含义。

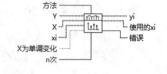

➤ 方法：指定插值方法。

1）最近——选择与当前 xi 值最接近的 X 值对应的 Y 值。LabVIEW 在最近的数据点设置插值。

图 9-31　一维插值 VI 节点

2）线性——设置连接 X 和 Y 数据点的线段上的点的插值。

3）样条——保证在数据点上三次插值多项式的一阶和二阶导数也是连续的。

4）cubic Hermite——保证三次插值多项式的一阶导数是连续的，设置端点的导数为特定值可保持 Y 数据的形状和单调性。

5）拉格朗日——使用重心拉格朗日插值算法。

➤ Y：指定由因变量值组成的数组。

➤ X：指定由自变量值组成的数组。X 的长度必须等于 Y 的长度。

➤ xi：指定由自变量值组成的数组，LabVIEW 在这些自变量的位置计算插值 yi。

➤ X 为单调变化：指定 X 中的值是否随索引单调增加。如果 X 为单调变化的值为 TRUE，插值算法可避免对 X 进行排序，也可以避免重新对 Y 排序。如果 X 为单调变化的值为 FALSE，VI 将按照升序排列输入数组 X 并对 Y 排序。

➤ n 次：确定插值 xi 的位置，得到当 xi 为空时，每个 Y 元素之间的插值。Y 元素之间的插值被重复 n 次。如果 xi 输入端已连线，则该 VI 将忽略 n 次。

➤ yi：返回插值的输出数组，插值与 xi 自变量值相对应。

➤ 使用的 xi：是因变量 yi 的插值待计算时，自变量值的一维数组。如果 xi 为空，则使用的 xi 返回 $(2n-1)*(N-1)+N$ 个点，$(2n-1)$ 个点均匀分布在 X 中相邻两个元素之间，N 是 X 的长度。如连线 xi 输入，VI 将忽略 n，使用的 xi 等于 xi。

➤ 错误：返回 VI 的任何错误或警告。将错误连接至"错误代码至错误簇转换" VI，可将错误代码或警告转换为错误簇。

该 VI 的输入为因变量 Y 和自变量 X，输出与 xi 对应的插值 yi。该 VI 查找 X 中的每个 xi 值，并使用 X 的相对地址查找 Y 中同一相对地址的插值 yi。

该 VI 可提供 5 种不同的插值方法。

（1）最近方法

该方法用于查找最接近 X 中 xi 的点，然后使对应的 y 值分配给 Y 中的 yi。

（2）线性方法

如果 xi 在 X 中两个点 $(xj, xj+1)$ 之间，该方法在连接 $(xj, xj+1)$ 的线段间进行插值 yi。

（3）样条方法

该方法为三次样条方法。通过该方法，VI 可得出相邻两点间隔的三阶多项式。多项式满足下列条件。

➤ 在 xj 点的一阶和二阶导数连续。

➤ 多项式满足所有数据点。

➤ 起始点和末尾点的二阶导数为 0。

（4）Cubic Hermite 方法

三次 Hermitian 样条方法是分段三次 Hermitian 插值。通过该方法可以得到每个区间的 Hermitian 三阶多项式，且只有插值多项式的一阶导数连续。三次 Hermitian 方法比三次样条方法有更好的局部属性。如果更改数据点 x_j，对插值结果的影响在$[x_{j-1}, x_j]$和$[x_j, x_{j+1}]$

（5）拉格朗日方法

通过该方法可得到 $N-1$ 多项式，它满足 X 和 Y 中的 N 个点，N 是 X 和 Y 的长度。该方法是对牛顿多项式的重新表示，可避免计算差商。下列方程为拉格朗日方法：

$$yi_m = \sum_{j=0}^{n-1} c_j y_j \text{ 其中 } c_j = \prod_{K-0, k}^{N-1} \frac{xi_m - x_k}{x_j - x_k}$$

下列方法有助于选择适当的插值方法

➤ 最近方法和线性方法最简单但在多数应用中精度不能满足要求。

➤ 样条方法返回的结果最平滑。

➤ 三次 Hermite 的局部属性优于样条方法和拉格朗日方法。

➤ 拉格朗日方法宜于应用但不适用于应用计算。与样条方法相比，拉格朗日方法得到的插值结果带有极限导数。

2. 多项式插值 VI

给定点集$(x[i]y[i])$，在 x 处对函数 f 进行内插或外插，$f(x[i]) = y[i]$，f 为任意函数，x 值为给定值。VI 计算输出的插值 $P[n-1](x)$，$P[n-1]$ 是满足点 $n(x[i]y[i])$ 的阶数为 $n-1$ 的唯一多项式。VI 节点如图 9-32 所示。

3. 样条插值 VI

返回 x 值的样条插值，给定$(x[i], y[i])$和通过样条插值VI 得到的二阶导数插值。点由输入数组 X 和 Y 确定。VI 节点如图 9-33 所示。

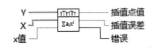

图 9-32　"多项式插值 VI"节点　　　　图 9-33　"样条插值 VI"节点

在区间$[x_i, x_i+1]$，下列等式为输出插值 y。

$y = Ay_i + By_i + 1 + Cy''i + Dy''i + 1$

其中

$$A = \frac{x_{i+1} - x}{x_{i+1} - x_i}$$

$$B = 1 - A$$

$$C = \frac{1}{6}\left(A^3 - A\right)\left(x_i + 1 - x_i\right)^2$$

$$D = \frac{1}{6}\left(B^3 - B\right)\left(x_{i+1} - x_i\right)^2$$

9.6 概率与统计 VI

概率与统计的理论方法在技术领域的应用十分广泛，在信号的测试与处理中，它既可控制整个过程，又可以提高信号的分辨率。

概率与统计 VI 用于执行概率、叙述性统计、方差分析和插值函数方面。其子选板函数如图 9-34 所示。

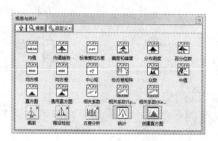

图 9-34 "概率与统计"子选板

概率（Probability）一词来源于拉丁语"Probabilitas"，又可以解释为 Probity。Probity 的意思是"正直，诚实"，在欧洲 probity 用来表示法庭案例中证人证词的权威性，且通常与证人的声誉相关。总之与现代意义上的概率"可能性"含义不同。

1. 古典定义

如果一个试验满足两条：

1）试验只有有限个基本结果；

2）试验的每个基本结果出现的可能性是一样的。

这样的试验便是古典试验。

对于古典试验中的事件 A，它的概率定义为：$P(A)=m/n$，其中 n 表示该试验中所有可能出现的基本结果的总数目。m 表示事件 A 包含的试验基本结果数。这种定义概率的方法称为概率的古典定义。

2. 频率定义

随着人们遇到问题的复杂程度的增加，等可能性逐渐暴露出它的弱点，特别是对于同一事件，可以从不同的等可能性角度算出不同的概率，从而产生了种种悖论。另一方面，随着经验的积累，人们逐渐认识到，在做大量重复试验时，随着试验次数的增加，一个事件出现的频率，总在一个固定数的附近摆动，显示出一定的稳定性。R.von米泽斯把这个固定数定义为该事件的概率，这就是概率的频率定义。从理论上讲，概率的频率定义是不够严谨的。

3. 统计定义

在一定条件下，重复做 n 次试验，nA 为 n 次试验中事件 A 发生的次数，如果随着 n 逐渐增大，频率 nA/n 逐渐稳定在某一数值 p 附近，则数值 p 称为事件 A 在该条件下发生的概率，记作 $P(A)=p$。这个定义成为概率的统计定义。

在历史上，第一个对"当试验次数 n 逐渐增大，频率 nA 稳定在其概率 p 上"这一论断给以严格的意义和数学证明的是雅各布·伯努利（Jacob Bernoulli）。

从概率的统计定义可以看到，数值 p 就是在该条件下刻画事件 A 发生可能性大小的一个数量指标。

由于频率 nA/n 总是介于 0 和 1 之间，从概率的统计定义可知，对任意事件 A，皆有 $0 \le P(A) \le 1$，$P(\Omega)=1$，$P(\Phi)=0$。其中 Ω、Φ 分别表示必然事件（在一定条件下必然发生的事件）和不可能事件（在一定条件下必然不发生的事件）。

4. 公理化定义

柯尔莫哥洛夫于 1933 年给出了概率的公理化定义，如下：

设 E 是随机试验，S 是它的样本空间。对于 E 的每一事件 A 赋于一个实数，记为 $P(A)$，称为事件 A 的概率。这里 $P(\cdot)$ 是一个集合函数，$P(\cdot)$ 要满足下列条件：

1）非负性：对于每一个事件 A，有 $P(A) \ge 0$；

2）规范性：对于必然事件 Ω，有 $P(\Omega)=1$；

3）可列可加性：设 $A1$，$A2$… 是两两互不相容的事件，即对于 $i \neq j$，$Ai \cap Aj = \varphi$，$(i,j=1,2…)$，则有 $P(A1 \cup A2 \cup …) = P(A1) + P(A2) + …$

选择"概率"，弹出如图 9-35 所示的"概率"子选板，下面介绍几种概率函数 VI。

图 9-35 "概率"子选板

1. 累积分布函数（连续）VI

计算连续累积分布函数（CDF）或随机方差 x 的值小于等于 x 的概率，x 为选定分布的类型。必须手动选择所需要的多态实例，如图 9-36 所示。

2. 逆累积分布函数（连续）VI

该 VI 计算各种分布的连续逆累积分布函数（CDF），节点如图 9-37 所示

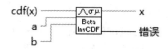

图 9-36　累积分布函数（连续）VI 节点　　　图 9-37　逆累积分布函数（连续）VI 节点

9.7　最优化 VI

最优化 VI 用于确定一维或 n 维实数的局部最大值和最小值，函数选板显示如图 9-38 所示。

最优化（Optimization），是应用数学的一个分支，主要研究以下形式的问题。

给定一个函数，寻找一个元素满足 A 中的，取得最小化；或者最大化。

这类定式有时还称为"数学规划"（例如，线性规划）。许多现实和理论问题都可以建模成这样的一般性框架。

最优化是一门应用相当广泛的学科，它讨论决策问题的最佳选择之特性，构造寻求最佳解的计算方法，研究这些计算方法的理论性质及实际计算表现。伴随着计算机的高速发展和优化计算方法的进步，规模越来越大的优化问题得到解决。因为最优化问题广泛见于经济计划、工程设计、生产管理、交通运输和国防等重要领域，它已受到政府部门、科研机构和产业部门的高度重视。

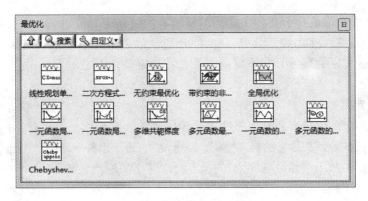

图 9-38 "最优化"子选板

9.8　微分方程 VI

微分方程指描述未知函数的导数与自变量之间的关系的方程。微分方程的解是一个符合方程的函数。而在初等数学的代数方程，其解是常数值。

微分方程的应用十分广泛，可以解决许多与导数有关的问题。物理中许多涉及变力的运动学、动力学问题，如空气的阻力为速度函数的落体运动等问题，很多可以用微分方程求解。此外，微分方程在化学、工程学、经济学和人口统计等领域都有应用。

数学领域对微分方程的研究着重在几个不同的方向，但大多数都是关注微分方程的解。只有少数简单的微分方程可以求得解析解。不过即使没有找到其解析解，仍然可以确认其解的部份性质。在无法求得解析解时，可以利用数值分析的方式，利用计算机来找到其数值解。 动力系统理论强调对于微分方程系统的量化分析，而许多数值方法可以计算微分方程的数值解，且有一定的准确度。

微分方程 VI 用于求解微分方程，函数选板如图 9-39 所示

图 9-39 "微分方程"子选板

9.9　多项式 VI

由若干个单项式的和组成的代数式叫作多项式（减法中有：减一个数等于加上它的相反数）。多项式中每个单项式叫作多项式的项，这些单项式中的最高次数，就是这个多项式的次数。

在数学中，多项式（polynomial）是指由变量、系数以及它们之间的加、减、乘、幂运算（正整数次方）得到的表达式。

对于比较广义的定义，1 个或 0 个单项式的和也算多项式。按这个定义，多项式就是整式。实际上，还没有一个只对狭义多项式起作用，对单项式不起作用的定理。0 作为多项式时，次数定义为负无穷大（或 0）。单项式和多项式统称为整式。

多项式中不含字母的项叫作常数项。如：$5X+6$ 中的 6 就是常数

多项式是简单的连续函数，它是平滑的，它的微分也必定是多项式。

356

泰勒多项式的特性在于以多项式逼近一个平滑函数，此外闭区间上的连续函数都可以写成多项式的均匀极限。

多项式 VI 用于进行多项式的计算和求解，子选板如图 9-40 所示。

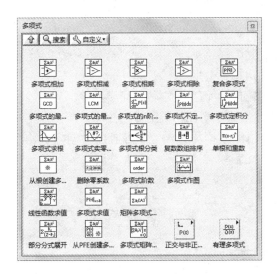

图 9-40 "多项式"子选板

9.10 综合实例——预测成本

本例演示用广义线性拟合 VI 预测成本的方法。

1. 设置工作环境

1）新建 VI。选择菜单栏中的"文件"→"新建 VI"命令，新建一个 VI，一个空白的 VI 包括前面板及程序框图。

2）保存 VI。选择菜单栏中的"文件"→"另存为"命令，输入 VI 名称为"预测成本"。

2. 构造 H 型矩阵

1）在"函数"选板中选择"银色"→"数组、矩阵与簇"→"数组（数值）"控件，放置两个数组 X1、X2，如图 9-41 所示。

2）在"函数"选板中选择"编程"→"数组"→"数组大小"函数，计算 X1 数组常数量。

3）在"函数"选板中选择"编程"→"数组"→"初始化数组"函数，将 X1 元素个数设置为 1 维数组中的元素。

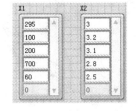

图 9-41 放置数组控件

4）在"函数"选板中选择"编程"→"数组"→"创建数组"函数，连接初始化后的数组 X1、X2，创建新数组。

5）在"函数"选板中选择"编程"→"数组"→"二维数组转置"函数，输出转置新数组 H。

6）程序框图的显示如图 9-42 所示。

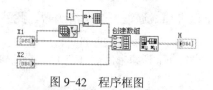

图 9-42 程序框图

3. 拟合数据

1）在"函数"选板上选择"数学"→"拟合"→"广义线性拟合"函数，在"Y""H"输入端连接数组，输出拟合数据。

2）在"残差"输出端创建"均方差"数值显示控件。

3）在"系数"输出端创建"系数"数组显示控件。

4）将"最佳拟合"输出数据与数组"Y"通过"创建数组"函数，输出显示"波形图"显示控件上。

5）程序设计如图 9-43 所示。

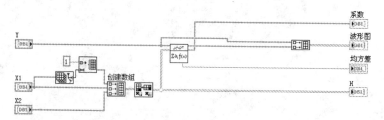

图 9-43 拟合数据

4. 显示方程

1）在"函数"选板上选择"编程"→"字符串"→"字符串/数值转换函数"→"数值至小数字符串转换"函数，设置精度值为2，转换系数类型。

2）在"函数"选板上选择"编程"→"数组"→"索引数组"函数，输出转换后的系数中的元素 a、b、c。

3）在"函数"选板上选择"编程"→"字符串"→"连接字符串"函数，根据索引输出的3个元素创建方程关系 $Y=a+bX1+cX2$，输出显示控件"方程"，显示结果。

4）程序框图、前面板的显示如图 9-44、图 9-45 所示。

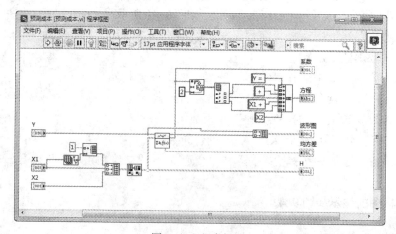

图 9-44 程序框图

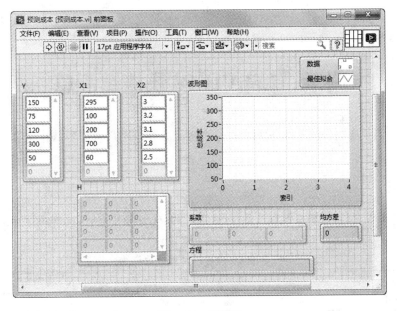

图 9-45　前面板

5. 运行程序

在前面板窗口或程序框图窗口的工具栏中单击"运行"按钮 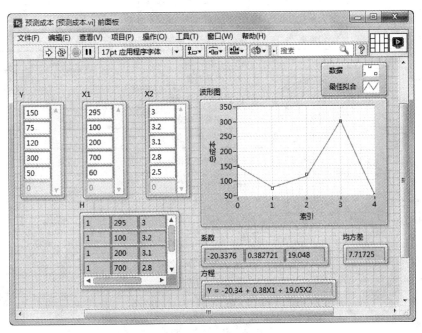，运行 VI 结果如图 9-46 所示。

图 9-46　运行结果

附录：LabVIEW 快捷键汇总

下表列出了 LabVIEW 环境下的键盘组合键。此外，用户也可为 VI 菜单项创建自定义的快捷方式。

 注意

下列快捷方式中的〈Ctrl〉键对应于（OS X）的〈Option〉或〈Command〉键，（Linux）的〈Alt〉键。

表 1　快捷键对象/动作

键盘组合键	说　　明
Shift+单击	选取多个对象；将对象添加到当前选择之中
方向箭头键	将选中的对象每次移动一个像素
Shift+方向箭头键	将选中的对象每次移动若干像素
Shift+单击（拖曳）	沿轴线移动对象
Ctrl+K	对象重新排序，将选中的对象在一组对象中前移一层
Ctrl+J	对象重新排序，将选中的对象在一组对象中后移一层
Ctrl+Shift+K	对象重新排序，将选中的对象移至一组对象的顶层
Ctrl+Shift+J	对象重新排序，将选中的对象移至一组对象的底层
Ctrl+单击（拖曳）	复制选中对象
Ctrl+Shift+单击（拖曳）	复制选中对象，并沿轴线移动对象
Shift+调整大小	调整选中对象的大小，并保持长宽比例
Ctrl+调整大小	调整选中对象的大小，并保持中心点
Ctrl+Shift+调整大小	调整选中对象的大小，并保持中心点和长宽比例
Ctrl+在空白位置拖曳出长方形区域	在前面板和程序框图上添加更多工作空间
Ctrl+A	选择前面板或程序框图上的所有对象
Ctrl+Shift+A	在对象上进行最终对齐操作
Ctrl+D	在对象上进行最终分布操作
双击空白区域	如已启用自动工具选择，则将在前面板或程序框图上添加一个自由标签
Ctrl+鼠标滚轮	依次浏览条件、事件或层叠式顺序结构的子程序框图
空白键（拖曳）	移动标签和标题时，禁用预设对齐位置
Ctrl+U	重新连接已有连线并重新自动排列程序框图对象

浏览 LabVIEW 环境

键盘组合键	说　　明
Ctrl+F	搜索对象或文本
Ctrl+Shift+F	打开搜索结果窗口或查找项目项对话框，其中显示上次搜索结果
Ctrl+G	搜索 VI 中的下一个对象或文本

Ctrl+Shift+G	搜索 VI 中的上一个 VI、对象或文本
Ctrl+Tab	根据窗口在屏幕上显示的顺序依次浏览 LabVIEW 窗口。（Linux）窗口的顺序取决于窗口管理器
Ctrl+Shift+Tab	按照相反的顺序浏览 LabVIEW 窗口
Ctrl+L	显示错误列表窗口
Ctrl+Shift+E	在项目浏览器窗口中显示当前 VI
Ctrl+Shift+W	显示全部窗口对话框
Ctrl+Shift+B	打开类浏览器窗口

浏览前面板和程序框图

键盘组合键	说　明
Ctrl+E	显示前面板或程序框图
Ctrl+Space	显示快速放置对话框。在中文键盘上，按〈Ctrl+Shift+Space〉键。(OS X) 按〈Command+Shift+Space〉组合键
Ctrl+#	启用或禁用网格对齐。在法语键盘上，按〈Ctrl+"〉键。(OS X) 按〈Command+*〉键
Ctrl+/	最大化窗口或还原窗口原始大小
Ctrl+T	分左右或上下两栏显示前面板和程序框图
Ctrl+Shift+N	显示导航窗口
Ctrl+I	显示 VI 属性对话框
Ctrl+Y	显示历史窗口

浏览 VI 层次结构窗口

键盘组合键	说　明
Ctrl+D	重新绘制 VI 层次结构窗口
Ctrl+A	在 VI 层次结构窗口中显示所有 VI
Ctrl+单击 VI	显示在 VI 层次结构窗口中选中 VI 的子 VI 和其他构成该 VI 的节点
Enter	在 VI 层次结构窗口中初始化一个搜索，输入文本，按回车键查找下一个匹配的节点
Shift+Enter	在 VI 层次结构窗口中初始化一个搜索，输入文本，按〈Shift+Enter〉键查找上一个匹配的节点

调试

键盘组合键	说　明
Ctrl+向下箭头	单步步入节点
Ctrl+向右箭头	单步步过节点
Ctrl+向上箭头	单步步出节点

文件操作

键盘组合键	说　明
Ctrl+N	打开一个空 VI
Ctrl+O	打开一个现有 VI

键盘组合键	说　明
Ctrl+W	关闭 VI
Ctrl+S	保存 VI
Ctrl+Shift+S	保存所有打开的文件
Ctrl+P	打印窗口
Ctrl+Q	退出 LabVIEW

基本编辑

键盘组合键	说　明
Ctrl+Z	撤销上次操作
Ctrl+Shift+Z	重做上次操作
Ctrl+X	剪切选中对象
Ctrl+C	复制选中对象
Ctrl+V	粘贴最近剪切或复制的对象

帮助

键盘组合键	说　明
Ctrl+H	显示即时帮助窗口。（OS X）按〈Command+Shift+H〉组合键
Ctrl+Shift+L	锁定即时帮助窗口
Ctrl+?或〈F1〉	显示 LabVIEW 帮助

工具和选板

键盘组合键	说　明
Ctrl	切换到下一个最有用的工具
Shift	切换至定位工具
在空白区域按〈Ctrl+ Shift〉	切换至滚动工具
空白键	如自动工具选择被禁用，在两个最常用的工具间循环选择
Shift+Tab	启用自动工具选择
Tab	如通过单击自动工具选择按钮禁用了自动工具选择，则按〈Tab〉键可在最常用的 4 个工具中循环选择。　如通过其他方式禁用了自动工具选择，则按〈Tab〉键将启用自动工具选择
方向箭头键	在临时的控件和函数选板上进行方向移动
Enter	选择并进入一个临时选板
Esc	跳出一个临时选板
Shift+右键单击	在光标处显示临时的工具选板

子 VI

键盘组合键	说　明
双击子 VI	显示子 VI 的前面板
Ctrl+双击子 VI	显示子 VI 的前面板和程序框图
拖曳 VI 图标至程序框图	将该 VI 作为子 VI 放置在程序框图上
Shift+拖曳 VI 图标至程序框图	将该 VI 作为子 VI 放置在程序框图上，并将没有默认值的输入控件与常量相连
Ctrl+右键单击程序框图并从选板中选择 VI	打开所选 VI 的前面板

执　行

键盘组合键	说　明
Ctrl+R	运行 VI
Ctrl+.	停止 VI，在 VI 运行时使用
Ctrl+M	切换至运行或编辑模式
Ctrl+运行按钮	重新编译当前 VI
Ctrl+Shift+运行按钮	重新编译内存中的所有 VI
Ctrl+向下箭头	将选中光标移入数组或簇，在 VI 运行时使用
Ctrl+向上箭头	将选中光标移出数组或簇，在 VI 运行时使用
Tab	按Tab 键顺序轮流选择控件，在 VI 运行时使用
Shift+Tab	按 Tab 键反序选择控件，在 VI 运行时使用

连　线

键盘组合键	说　明
Ctrl+B	删除 VI 中的所有断线。如选择的结构或程序框图中有断线，该快捷方式仅删除选中区域的断线
Esc，右键单击或单击接线端	取消已开始的连线操作
单击连线	选中一个连线段
双击连线	选中一个连线分支
三击连线	选中整条连线
A	连线时，暂停禁用自动连线路径选择
双击	连线时暂时停止另一端的连接，不连往另一个接线端
空白键	将连线方向在水平和垂直方向之间切换
空白键	移动对象时，在自动连线和非自动连线之间切换
Shift+单击	撤销对连线设置的最后一个点
Ctrl+单击有两个输入端函数的某个输入端	互换两条输入连线的位置

文　本

键盘组合键	说　明
双击	选中字符串中的一个单词
三次单击	选中整个字符串
Ctrl+向右箭头	使用单字节字符的文本（如西方字符集）时，在字符串中向前移一个词。使用多字节字符的文本（如亚洲字符集）时，在字符串中向前移一个字符
Ctrl+向左箭头	使用单字节字符的文本（如西方字符集）时，在字符串中向后移一个词。使用多字节字符的文本（如亚洲字符集）时，在字符串中向后移一个字符
Home	移至字符串当前行的行首
End	移至字符串当前行的行尾
Ctrl+Home	移至整个字符串的开始位置
Ctrl+End	移至整个字符串的结束位置

Shift+Enter	在枚举型控件和常量、下拉列表控件和常量或条件结构中添加新项。在字符串常量中，按下〈Shift+Enter〉键，可禁用已启用的自动调整大小功能。如已禁用自动调整大小功能，按下〈Shift+Enter〉键时将在常量中显示滚动条
Ctrl+Shift+Enter	编辑条件选择器标签时复制条件结构的可见分支
Esc	取消当前对字符串的编辑
Ctrl+Enter	结束字符串输入
Ctrl+=	加大当前字号
Ctrl+-	减小当前字号
Ctrl+0	显示字体样式对话框
Ctrl+1	改变字体样式对话框中应用程序的字体
Ctrl+2	改变字体样式对话框中的系统字体
Ctrl+3	改变字体样式对话框中的对话框字体
Ctrl+4	改变字体样式对话框中的当前字体

下表列出了快速放置对话框为活动状态时可以使用的键盘组合方式。在英文键盘上，按〈Ctrl+Space〉组合键打开快速放置对话框。中文键盘按〈Ctrl+Shift+Space〉组合键。(OS X) 按〈Command+Shift+Space〉组合键。(Linux) 按〈Alt+Space〉组合键。

此外，还可使用快速放置配置对话框创建自定义快速放置组合方式。如果要打开快速放置配置对话框，则需要单击快速放置对话框的配置按钮。

 注意

如果要对指定的程序框图或前面板对象表 2 快速放置快捷键方式应用快捷方式，须在打开快速放置对话框前选中该对象。

键盘组合键	说 明
Ctrl+D	为所选程序框图对象所有未连接的输入和输出创建输入或显示控件
Ctrl+Shift+D	为所选程序框图对象所有未连接的输入创建常量
Ctrl+W	为选中的一排或平行的多排程序框图对象连线
Ctrl+Shift+W	为选中的一排或平行的多排程序框图对象连线，并整理所选对象连线
Ctrl+R	删除所选程序框图对象及与其相连的连线和常量，并为先前连接至该对象输入、输出端的相同数据类型连线
Ctrl+T	将 VI 顶层程序框图中所有输入控件的标签移至接线端左侧，显示控件的标签移至接线端的右侧。如果只需要移动选中对象的标签位置，可选择程序框图上的多个对象，打开快速放置对话框，然后按〈Ctrl-T〉组合键
Ctrl+Shift+T	将 VI 程序框图中所有输入控件（包括子程序框图中的输入控件）的标签移至接线端的左侧，显示控件的标签移至接线端的右侧
Ctrl+P	将所选前面板或程序框图对象替换为当前在快速放置对话框中选中的对象
Ctrl+I	在选中的程序框图连线上插入快速放置对话框中选中的对象
Ctrl+Shift+I	在多条选中的连线上插入快速放置对话框中所选对象的单个实例
Ctrl+B	将所选属性节点、调用节点和/或类说明符常量的 VI 服务器类更改为快速放置窗口中输入的类
Ctrl+Shift+B	将选中的属性节点或调用节点的属性或方法转换为快速放置对话框中输入的属性或方法

参 考 文 献

[1] 胡仁喜. LabVIEW 2013 中文版虚拟仪器从入门到精通[M]. 北京：机械工业出版社, 2014.

[2] 陈树学. LabVIEW 实用工具详解[M]. 北京：电子工业出版社, 2014.

[3] 李静. LabVIEW 2013 完全自学手册[M]. 北京：化学工业出版社, 2015.

[4] 陈树学. LabVIEW 宝典[M]. 北京：电子工业出版社, 2011.

[5] 白云. 基于 LabVIEW 的数据采集与处理技术[M]. 西安：西安电子科技大学出版社, 2009.

[6] 李江全. LabVIEW 虚拟仪器从入门到测控应用 130 例[M]. 北京：电子工业出版社, 2013.

[7] 雷振山. LabVIEW 高级编程与虚拟仪器工程应用[M]. 北京：中国铁道出版社, 2013.

[8] 特拉维斯. LabVIEW 大学实用教程[M]. 3 版.北京：电子工业出版社, 2008.

[9] 曲丽蓉. LabVIEW、MATLAB 及其混合编程技术[M]. 北京：机械工业出版社, 2011.

[10] 周鹏. 精通 LabVIEW 信号处理[M]. 北京：清华大学出版社, 2013.